多种新型掺杂铌酸锂晶体的生长和光学性能研究

代 丽 著

科 学 出 版 社

北 京

内 容 简 介

铌酸锂晶体是集电光、声光、非线性光学等性能于一身的一种人工晶体材料，本书以多种新型掺杂铌酸锂晶体为研究对象，以铁系列的光折变性能和镱系列的稀土发光性能为主题，总结了作者近五年来在新型掺杂铌酸锂晶体的制备和光学性能方面的最新研究成果，尤其是镱钬系列双掺杂铌酸锂晶体的光学性能。

本书可供在材料科学、物理和化学领域中从事晶体制备或掺杂离子光学性能研究的科技工作者、高等院校相关专业教师和研究生参考。

图书在版编目(CIP)数据

多种新型掺杂铌酸锂晶体的生长和光学性能研究/代丽著. —北京：科学出版社，2016

ISBN 978-7-03-049475-7

Ⅰ. ①多… Ⅱ. ①代… Ⅲ. ①晶体生长-研究②晶体-光学性质-研究 Ⅳ. ①078②0734

中国版本图书馆 CIP 数据核字（2016）第 179911 号

责任编辑：任加林 / 责任校对：王万红

责任印制：吕春珉 / 封面设计：耕者设计工作室

科学出版社出版

北京东黄城根北街 16 号

邮政编码：100717

http://www.sciencep.com

三河市骏杰印刷有限公司印刷

科学出版社发行　各地新华书店经销

*

2016 年 7 月第 一 版　开本：B5（720×1000）

2016 年 7 月第一次印刷　印张：15 3/4

字数：307 000

定价：62.00 元

（如有印装质量问题，我社负责调换 <骏杰>）

前　　言

铌酸锂晶体具有优良的电光效应和非线性光学效应，是一种应用广泛的多功能晶体。这种晶体物理、化学、机械性能稳定，耐高温、耐腐蚀、易加工，并且生长的原料价格低廉；它的居里温度高，从室温到居里温度的范围内无相变，并且不易发生退极化现象，可以反复使用。而铌酸锂晶体又因掺杂不同的离子而具备多种优异的光学特性备受人们青睐。多种掺杂铌酸锂晶体恰恰是结合了铌酸锂晶体的非线性、抗光损伤离子的特性和稀土离子的上转换特性，成为了研究者们的重点研究对象，一直是国内外持续的研究热点。

目前，铌酸锂晶体在离子占位和应用方面有待继续探讨。近些年作者对新型多掺杂铌酸锂晶体进行了大量的研究，主要集中在以下几个方面：①单掺杂铌酸锂晶体的生长、缺陷结构及占位研究；②双掺杂铌酸锂晶体的生长、缺陷结构及占位研究；③三掺杂铌酸锂晶体的生长、缺陷结构及占位研究；④单掺杂铌酸锂晶体的光折变性能；⑤双掺杂铌酸锂晶体的光折变性能；⑥三掺杂铌酸锂晶体的光折变性能；⑦双掺杂铌酸锂晶体的抗光损伤性能；⑧三掺杂铌酸锂晶体的抗光损伤性能；⑨稀土掺杂铌酸锂晶体的上转换发光性能。本书系统地阐述了新型多掺杂铌酸锂晶体的生长、缺陷结构和光学性能，以及它们之间的密切关系，将掺杂离子的特性和铌酸锂晶体的应用有机结合，具有广泛的应用前景。本书共分为六章：第一章是绪论，第二章是多种新型掺杂铌酸锂晶体的生长，第三章是多种新型掺杂铌酸锂晶体的缺陷结构，第四章是多种新型掺杂铌酸锂晶体的光折变性能，第五章是多种新型掺杂铌酸锂晶体的抗光散射性能，第六章是多种新型掺杂铌酸锂晶体的存储性能。

本书由哈尔滨理工大学代丽撰写。本书在写作和出版过程中得到下列项目的支持：①国家自然科学基金（编号：51301055）；②黑龙江省自然科学基金（编号：QC2015061）；③国家博士后特别资助项目（编号：2015T80365）；④黑龙江省博士后特别资助项目（编号：LBH-TZ0614）；⑤哈尔滨科技创新人才项目（编号：2015RQQXJ045）；⑥黑龙江省教育厅面上项目（编号：12531098）；⑦山东大学晶体材料实验室开放课题项目（编号：KF1409）；⑧哈尔滨理工大学青年拔尖人才项目。

由于作者水平有限，书中不妥之处，敬请读者批评指正。

目　　录

第一章 绪 论

铌酸锂（$LiNbO_3$，缩写 LN）晶体是一种集电光、声光、非线性光学等性能于一身的人工晶体材料。这种晶体物理、化学、机械性能稳定，耐高温、耐腐蚀、易加工，并且生长的原料价格低廉；它的居里温度（T_c）高，从室温到居里温度的范围内无相变，并且不易发生退极化现象，可以反复使用；另外在 $LiNbO_3$ 晶体中掺入不同种类的离子，晶体就会表现出多种特殊性能，可用作光波导放大器、倍频转换器、光存储介质等[1]。因此对 $LiNbO_3$ 晶体及掺杂 $LiNbO_3$ 晶体性能的研究一直是国内外持续的热点。

获取适合的存储介质材料对实现体全息存储器实用化至关重要。光学体全息存储材料需要具备高灵敏度、高衍射效率、低散射噪声及材料本身的稳定性等。目前存储介质材料可分为无机材料（光折变晶体）和有机材料（光聚合物）两类。有机聚合物材料的优点是信息存储快并且保存时间长，但是聚合物在受热等条件下会收缩老化的缺点制约了它的实际应用。无机晶体材料可以通过掺杂、后处理、调节掺杂离子浓度等方式来改进晶体的性能，使其满足应用的需要。因此无机光折变晶体仍是目前体全息存储器的首选介质材料。在所有光折变晶体中，铌酸锂晶体是一种最有前途的晶体材料。

1.1 铌酸锂晶体概述

1.1.1 同成分铌酸锂晶体

在 $LiNbO_3$ 晶体中，Li^+和 Nb^{5+}所处的晶格环境和半径相似，而 Nb^{5+}—O^{2-}的键能大于 Li^+—O^{2-}键，因此 $LiNbO_3$ 晶体会偏离化学计量比。

从相图中（图 1.1）看 $LiNbO_3$ 晶体存在固溶体范围，晶体中的 Li 浓度大概在 44mol%～50mol%。改变熔体的 Li/Nb 比，晶体中的 Li 浓度也会相应变化，熔点也会随之改变。采用提拉法（Czochralski method）生长晶体时，为了保证熔体和晶体的组分一致避免分凝现象，获得高光学质量的单晶，通常选择固液同成分点生长晶体。关于铌酸锂晶体的同成分配比，不同的研究者因为采用的原料及生长条件不同经常得出不同的数值，其变化范围一般在[Li]/[Nb]=（48.3～48.6）/（51.7～51.4）。经过多年的实践，目前大家比较认可的结果是[Li]/[Nb]=48.4/51.6。

同成分的最大优势是晶体的组分均匀，目前国际上最大的铌酸锂晶体生产厂家 Crystal Technology Inc.生产的 3in（1in=2.54cm）铌酸锂晶体中[Li_2O]的含量已经可以控制在摩尔分数 0.01%以内。均匀的组分减小了晶体生长的难度，提高了晶体的光学质量，使得大尺寸光学级铌酸锂晶体的生长成为可能。目前 3in 光学级铌酸锂晶体的生长已经步入了产业化，并已经有了 5in 铌酸锂晶体的生产报道。

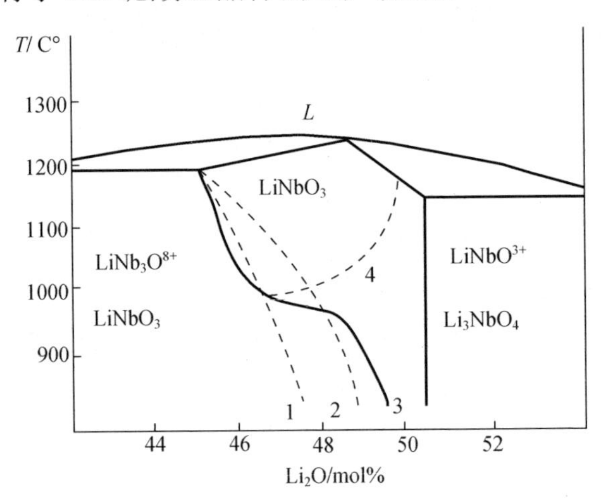

图 1.1 Li_2O–Nb_2O_5 二元体系相图 11

1、2、3 分别为 1968 年、1972 年和 1974 年测定；4. 由顺电相向铁电相转变

1.1.2 近化学计量比铌酸锂晶体

大量的研究表明铌酸锂晶体的诸多物理性能与其本征缺陷有着密

切的关系，当组分接近化学计量比时，诸多物理性能尤其是光学性能有了很大程度的提高，如：

1）当组分接近化学计量比时，铌酸锂晶体中的本征缺陷浓度显著减小，紫外吸收边向短波方向移动，如图 1.2 所示，OH^-红外吸收峰也向短波方向移动，高能部分的吸收强度逐渐变小，并且吸收峰明显变窄[2]。

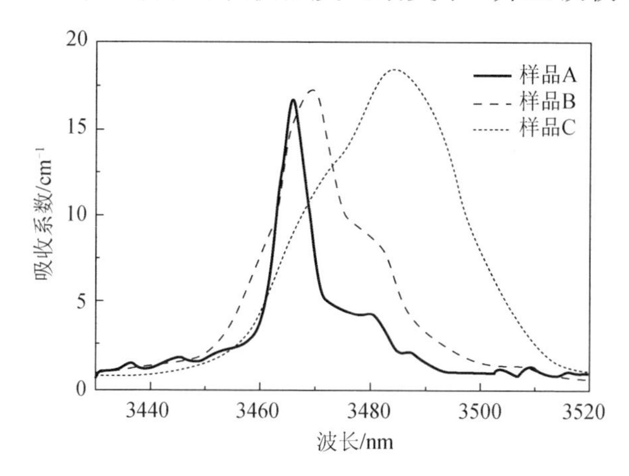

图 1.2 不同锂铌比的铌酸锂晶体的OH^-红外吸收谱[2]

样品 A. [Li]/[Li+Nb]=49.8mol%；样品 B. [Li]/[Li+Nb]=49.6mol%；样品 C. [Li]/[Li+Nb]=48.4mol%

2）利用提拉法生长得到的近化学计量比晶体即为单畴结构，无需在高温下进行极化处理，这样不仅简化了晶体的生长工艺，同时也避免了极化过程中可能会引入的新缺陷和极化电场造成的杂质分布不均。

3）近化学计量比铌酸锂晶体在低光强下（$1W/cm^2$）的光折变灵敏度和光致折射率改变比纯同成分晶体提高了一个数量级以上[3]，其二波定态耦合系数比同成分掺杂晶体增加了两倍，而其吸收系数却远低于同成分掺杂晶体。

4）在近化学计量比铌酸锂晶体中可实现连续激光强度照射下的双色光栅的写入，实现光栅的非破坏读出，这为铌酸锂晶体在光学海量存储方面的应用开辟了新的途径。

5）近化学计量比铌酸锂晶体具有更高的电光系数。

1.1.3 铌酸锂晶体的结构

铌酸锂晶体是无色透明晶体，属三方晶系，室温下为铁电相，高温时（通常在 1000℃以上，与晶体的组分和掺杂离子浓度有关）会发生铁电相-顺电相转变。$LiNbO_3$ 晶体为类钙钛矿结构，可看作是由氧原子的畸变六角紧密堆积形成的三种氧八面体，如图 1.3（a）所示。

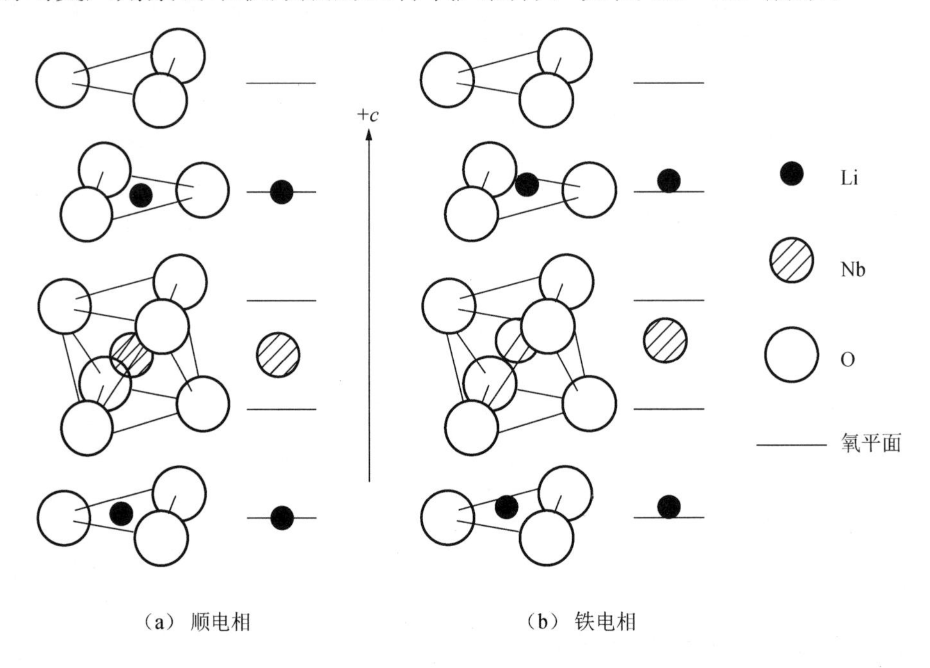

图 1.3 铌酸锂晶体结构示意图

1.1.4 铌酸锂晶体的性质

理想的情况下六角堆积最紧密，形成正八面体。但实际上，该八面体是畸变的，而且$[LiO_6]$和$[NbO_6]$八面体畸变的程度不同。顺电相时，Li 位于氧三角形平面内，Nb 位于两层氧平面之间，即氧八面体中心，无自发极化。转变为铁电相后，晶格发生畸变，Li 和 Nb 都有一小段位移，Li 沿着晶体的+*c* 轴移动 0.071nm，Nb 移动约 0.026nm，这样 Li 进入两层氧平面之间，而 Nb 也偏离氧八面体中心，由此晶格产生畸变[4]。

铌酸锂是无色或略带黄绿色的透明晶体，在室温条件下对潮湿的环境不敏感，化学性质相对稳定。它是应用广泛的固体材料之一，用来实现制备器件，这要求必须选择合适的生长方法和最佳的生长工艺参数，并且符合应用要求的设备来保证晶体优良的质量和光学性能的均匀性。铌酸锂晶体的基本性质总结见表 1.1[5]。

表 1.1　铌酸锂晶体的基本性质[3]

熔点	约 1260℃
密度	4.70×10^3kg/ m^3
晶格结构	三角晶系，3*m* 点群
单晶的生长方法	提拉法
硬度	5Mohs
锂铌比	非化学计量比，6%Li 缺乏
铁电性	居里温度 T_c=1150℃
	自发极化 P_s（RT）约 96C/ m^2
透过区	VIS/NearIR（350nm～5μm）
光学一致性	单轴对称，*c* 轴
折射率	n_o=2.286，n_e=2.203（632.8nm）
光学效应	声光
	电光
	二级非线性
	体光压效应
	光损伤-光折变效应

1.1.5　铌酸锂晶体的本征缺陷

商用的 $LiNbO_3$ 晶体为了获得大尺寸的晶体和保证质量，都是采用固液同成分配比的熔体生长的。这样就导致了晶体中 Li 的缺少，形成了本征缺陷。由于晶体的结构对其性能会产生很大的影响，因此人们对于 $LiNbO_3$ 晶体的本征缺陷做了大量的研究工作，提出了以下几种有代表性的模型[6~9]。

1. 氧空位模型

氧空位模型是指同成分 $LiNbO_3$ 晶体中存在氧空位，补偿由于缺少 Li 而形成部分空位。然而其后对 $LiNbO_3$ 晶体密度的测量否定了这一假设，现在普遍认为即使 $LiNbO_3$ 晶体中存在少量氧空位也不是主要的缺陷。

2. 铌空位模型

铌空位模型认为 $LiNbO_3$ 晶体中没有氧空位，缺少的 Li 会由 Nb 占据，形成一种特殊的结构本征缺陷反位铌（Nb_{Li}^{4+}），同时 Nb 位产生一定数量的铌空位（V_{Nb}^{5-}）来平衡电荷。该模型一度被广泛采用。但经过精确计算后发现该模型中铌空位和反位铌的数量分别达到 4mol%和 5mol%以上，这从能量的角度看是不合适的。

3. 锂空位模型

锂空位模型的基本观点是非化学计量比 $LiNbO_3$ 晶体中不存在氧空位或者铌空位，Li 的缺少造成一定的锂空位（V_{Li}^{-}），同时一部分 Nb 进入 Li 位形成反位铌（Nb_{Li}^{4+}）（数量为 1mol%左右）实现电荷平衡。此时晶体的化学式可以用$[Li_{1-5x}V_{4x}Nb_x]NbO_3$表示。该模型比铌空位模型的提出更早，但直到经过中子衍射、核磁共振等测试验证后锂空位模型才被大多数研究者接受。时至今日，锂空位模型可以很好的解释 $LiNbO_3$ 晶体中的大多数实验现象，因此该模型是目前研究 $LiNbO_3$ 晶体结构和掺杂离子占位的基础。三种模型中缺陷基团对比见表 1.2。

表 1.2　纯 $LiNbO_3$ 晶体缺陷模型对比

模型	锂空位	氧空位	铌空位	反位铌
氧空位模型	√	√	—	—
铌空位模型	—	—	√	√
锂空位模型	√	—	—	√

4. 钛铁矿结构

钛铁矿结构的思想是在正常的铌酸锂晶格中，Li 和 Nb 的排列顺序沿+*c* 方向可表示为 LiNb□LiNb□LiNb□LiNb□LiNb□，其中□表示晶格中的空位。而钛铁矿铌酸锂的排列顺序为 LiNb□NbLi□LiNb□NbLi□，这样正常晶格中的 LiNb□NbLiVNb□LiNb 在钛铁矿晶格中就变为 LiNb□NbVLi□LiNb□，它们的出现使高电荷补偿的复合缺陷结构 $[(NbLi)^{4+}$和$(VNb)^{5-}]$变成了简单的 1 价锂空位。然而到目前为止，还没有在正常的铌酸锂晶体结构中发现钛铁矿晶体结构的试验报道。

1.1.6 铌酸锂晶体的能级结构

$LiNbO_3$ 晶体中，有氧的 2p 能级形成满价带，而最底层空导带是铌离子的 d 轨道。也就是说，导带和价带之间的间隙直接受 Nb—O 键的键合强度影响，这个间隙即为 $LiNbO_3$ 晶体的禁带宽度。刘思敏[10]等人通过大量的研究工作发现，$LiNbO_3$ 晶体的直接能隙大约为 3.8eV，晶体的吸收在 3.8eV 以上时大多以直接跃迁为主，而在 3.8eV 以下时多为间接跃迁。通常情况下，$LiNbO_3$ 晶体都为非理想配比（即非化学计量比），这会导致本征缺陷数量的差异，从而影响 Nb—O 键合强度，在吸收光谱上表现为本征吸收边的紫移或红移。随后刘思敏等人又发现在同成分点附近 $LiNbO_3$ 晶体的吸收边会发生紫移[11]。他们认为同成分 $LiNbO_3$ 晶体的 Nb—O 键强强于其他组分的晶体，即同成分 $LiNbO_3$ 晶体更稳定。

极化子（polaron）是晶体中的载流子与周围的离子通过声子耦合作用所形成的一种准粒子。Schirmer 等人[12]在 $LiNbO_3$ 晶体的 ESR 谱中发现了表征 Nb^{4+}离子的 10 线超精细结构，而且该超精细结构具有轴向对称性，由此证明了 Nb^{4+}小极化子的存在。小极化子是由占据 Li 位的 Nb^{5+}离子捕获一个电子形成的。随后 Faust[13]在高掺 Mg 的 $LiNbO_3$ 晶体 ESR 谱发现 10 线超精细结构消失，证明了小极化子的形成与反位铌有关。Ketchum[14]发现了纯 $LiNbO_3$ 晶体中对应小极化子的吸收在 1.6eV（约为

760nm)。同时，还发现了另一个位于 2.5eV 的宽幅吸收带。他认为这是由一个处于 Li 位的 Nb 离子与一个处于正常格位的 Nb 离子分别捕获一个电子后形成的一种复合集团，即 Nb_{Li}^{4+} - Nb_{Nb}，称为双极化子。显然，在适当的辐照条件下小极化子和双极化子可以分解或俘获电子，因此在 $LiNbO_3$ 晶体中这两种极化子可以作为光折变中心。

另外，Akhmadullin 报道了[15]吸收位于 3.5eV 附近的四极化子，这个集团是由两个双极化子构成的。由于这种极化子在能级中的位置较深且数量较少，因而在仅有可见光照射时对晶体的光学性能影响相对比较小。最近，阎文博等人[16]对不同 Li/Nb 的未掺杂 $LiNbO_3$ 晶体光折变性能研究发现，随着晶体中 Li/Nb 比的增大，会发生四极化子—双极化子—小极化子的转变。

1.1.7 铌酸锂晶体的非本征缺陷

$LiNbO_3$ 晶体众多丰富多彩的性能和广泛的应用领域与其掺杂元素密不可分。$LiNbO_3$ 晶体独特的结构使得很多金属离子可以掺入晶体中，因而对新型掺杂 $LiNbO_3$ 晶体性能的探索一直以来都是各国研究人员关注的热点。

1. H 离子在 $LiNbO_3$ 晶体中的占位

$LiNbO_3$ 晶体中的氢离子通常不是人为掺杂的，而是由于原料和生长的气氛中含有微量的水汽，水汽的氢会少量进入晶体中，并且与晶体中的在晶体中的氧形成 OH^-，这种现象在氧化物晶体在生长过程中都会存在。Kasemir 等人[17]发现纯 $LiNbO_3$ 晶体在 3480cm^{-1} 附近有一吸收峰，由这个吸收峰可以计算出 OH^- 离子的浓度，并且 $LiNbO_3$ 晶体中的 Li/Nb 比变化和掺杂都会影响 OH^- 吸收峰的位置。这样 OH^- 红外光谱成为分析 $LiNbO_3$ 晶体组分和结构的工具之一。Kovacs[18]通过对 $LiNbO_3$ 晶体 OH^- 红外光谱的研究发现 Li/Nb 比接近 1 的 $LiNbO_3$ 晶体中 OH^- 吸收峰存在 3 个峰位，分别位于 3466cm^{-1}、3481cm^{-1}、3490cm^{-1}。同成分 $LiNbO_3$

晶体的 OH^-吸收光谱展现为一个宽的吸收峰，这个吸收峰是非对称结构，随着晶体中 Li 数量的增加，OH^-吸收峰位置发生移动，同时逐渐变为一个窄的对称峰。

2. 掺杂金属离子在 $LiNbO_3$ 晶体中的占位

在 $LiNbO_3$ 晶体中掺杂不同金属元素，会对 $LiNbO_3$ 晶体的一些性能产生影响。研究者利用 X-射线扩展射线吸收精细结构（EXAFS）、质子诱导射线发射（PIXE）、原子核反应分析（NRA）、卢瑟福散射（RBS）和电子原子核双共振研究（ENDOR）等不同的分析手段，对 $LiNbO_3$ 晶体的结构缺陷进行了研究，获得了部分金属离子在 $LiNbO_3$ 晶体中的占位情况。表 1.3 给出了已有的部分研究成果。

表 1.3 金属离子在 $LiNbO_3$ 晶体中的占位

金属离子	占位	掺杂浓度
Na^+	Li	1.0mol%
Mg^{2+}	Li	<1.5mol%
	2/3Li, 1/3Nb	>1.5mol%
Zn^{2+}	Li	—
In^{3+}	Li	<2.0mol%
	Li, Nb	>2.0mol%
Cr^{3+}	Li, Nb	0.05～0.2*wt*%
Ho^{3+}	Li（-0.3Å）	1.0mol%
Fe^{3+}	Nb	0.5～1.0mol%
	Li	0.02mol%
	Li（−0.05Å）	0.015mol%
	Li（−0.18Å）	—
Hf^{4+}	Li	0.5～1.3mol%

Rebouta 等人借助计算机模拟，得到了掺杂离子在 $LiNbO_3$ 晶体中占位的经验规律，但这个模型的最大不足之处是没有考虑晶体中大量存在的本征缺陷。众多的实验证据表明，多数掺杂金属离子是通过取代 Nb_{Li}^{4+}

进入 Li 位，而不是直接取代正常格位的 Li。Donnerberg 等人运用离子壳层模型（Ionic-shell-model）和 Mott-littleton 近似，得到以下结论：二价和三价掺杂阳离子优先取代 Nb_{Li}^{4+} 缺陷，即优先进入那些被 Nb 离子占据的 Li 位。

在目前的本征缺陷模型中，与实际结果符合最好的是锂空位模型。综合目前众多学者的实验研究结果和目前占主导地位的锂空位模型，认为掺杂离子进入到铌酸锂晶格中，它所能取代的离子有如下几种：反位铌、正常晶格中 Li 离子、铌离子。掺杂离子取代正常晶格中的锂离子是一个比较容易发生的过程，这一取代过程在整个掺杂过程中都可能存在，只是在不同的掺杂浓度时可能有不同的表现。低价掺杂离子取代反位铌应该是一个具有优先权的替代过程；只有在掺杂浓度较高，晶格中的掺杂离子较多和电荷补偿相对较容易时，低价掺杂离子才可能取代正常晶格中的铌离子。而三价离子的占位情况存在较大的争议，三价离子的占位可能与掺杂离子本身的特性有关，价态稳定的三价离子占锂位，容易变价的离子同时占铌位和锂位。掺杂离子进入到 $LiNbO_3$ 晶格中，可能占据 Li 和 Nb 位，也可能占据 Nb_{Li}^{4+}。掺杂离子取代 Li 位是一个比较容易发生的过程，这一取代在整个掺杂过程中都可能存在，但在不同的掺杂浓度时表现可能有区别。低价掺杂离子取代 Nb_{Li} 是一个优先过程，在掺杂浓度较高时，低价掺杂离子则可能取代正常位置的 Nb。

1.2 掺杂离子的特性

掺杂离子在晶体中的作用，主要是充当光折变中心，在光照下电离出自由电子或空穴，参与建立晶体内空间电荷场，增强晶体的光折变效应。为此合适的掺杂离子应该在晶体内同时造成施主和受主能级，且这些能级的位置距离导带和价带要合适，即离子在晶体内的吸收波长与实验所需的相匹配，在光照下可电离出电子或空穴进入导带或价带，以达到电离和俘获载流子的作用。

在迄今人们认识的107种化学元素中，按照其原子结构特征分为s、p、d、f 4个区。

s区：最外层有1～2个s电子，次外层无d电子。参加化学反应时一般失去外层的s电子，成为+1价或+2价离子。

p区：最外层有2个s电子和1～6个p电子。参加化学反应时一般失去外层的s和p电子，成为正离子。

d区：最外层有2个（个别有1个）s电子，次外层有1～10个d电子。参加化学反应时一般失去外层的s电子和部分次外层d电子，具有未充满的d电子轨道，可以再失去d电子或容纳外来电子。f区：最外层有2个s电子，次外层有2个s电子和6个p电子（个别有d电子），外数第三层有1～14个f电子。参加化学反应时一般失去外层的s电子和次外层d电子，外数第三层的f电子有时也参加化学反应，结果造成未充满的f电子轨道，可以再失去电子或容纳外来电子。

d区和f区元素离子适合作光折变中心离子，因为它们有未充满的d电子或f电子轨道，可以再失去电子或容纳外来电子。由于稳定性、放射性、价格、丰度等条件的限制，一般又以第一系列过渡金属元素和稀土元素（镧系）最为合适。其中La、Gd和Lu的电子填充分别处在全空、半充满和全充满状态，结构稳定，只表现出+3价，Pm具有放射性，一般不用。在第一系列过渡金属元素和稀土元素（镧系）中，除去上述几个元素，余下的21种d区和f区元素离子中，有些只有一种稳定的氧化态，如Sr（+2）、Zn（+2）、Nd（+3）、Ho（+3）、Er（+3）、Tm（+3），无法同时充当电荷施主和陷阱，但它们会影响晶体的光吸收、光电导等性质。另外一些s区和p区元素如Mg、Ca、In等，也可作为光折变晶体掺杂剂。

1.2.1　光折变离子

光折变掺杂是指掺入某种杂质离子后能提高$LiNbO_3$晶体的光折变

效应，如果要提高 $LiNbO_3$ 晶体的光折变效应，掺入的离子需要在晶体中能充当光折变中心，也就是在适当激光照射时光折变中心离子能释放出空穴或电子，在价带或导带中自由移动的空穴或电子又能被其他光折变陷阱中心捕获。因此，能充当光折变中心离子必须是在激光辐照时能够改变价态，以放出或接受自由电子。如果接受或放出电子由单一离子参与此过程，则晶体中是单一光折变中心，若有两种或两种以上的元素完成，则说明晶体中有多个光折变中心。光折变效应涉及光致电荷载流子的电离、迁移和复合过程，因此材料的性能与晶体的缺陷密切相关。可以通过有意识的引入掺杂离子来改变载流子的光电离、迁移速率和复合速率，从而改变材料的光折变性能。在铌酸锂晶体中掺入的光折变中心离子主要起两个作用：提高光折射灵敏度（S_n，单位体积内每吸收单位光能量所引起的晶体折射率变化）；提高材料的动态范围（即晶体的最大折射率调制度Δn_{max}，它决定给定厚度的晶体中所能达到的最大衍射效率和给定体积内所能记录的全息光栅数目）。

1. 掺杂离子之间的互补效应

有时为了更好地增强晶体的光折变性能，人们往往会在同一晶体中掺入多种杂质离子，希望能综合它们的优点，获得更好的材料。第二种掺杂离子可能作为第二光折变中心，直接参与电荷载流子的产生、迁移和俘获，也可能只对晶体光波长的响应、晶体生长质量、电荷补偿等方面起一定作用。

晶体掺杂时，由于杂质离子与被置换的本征离子在离子半径、电荷、电负性等方面有差异，掺杂后晶体的结构总要发生畸变，主要表现在晶胞体积（晶胞参数）的改变和由电荷补偿导致的本征缺陷浓度的改变。一般来说，掺杂浓度越大，这种结构畸变程度也越大。但在双掺或多掺晶体中，却存在由于掺杂离子的互补效应，结果降低了晶格畸变程度。如对于三方晶系的 $LiNbO_3$ 晶体，未掺杂晶体的晶胞参数 a=5.1485 Å（1 Å =0.1nm），c=13.8304 Å；两种单掺杂晶体 Fe:$LiNbO_3$ 的 a=5.1530 Å，

c=13.8856 Å；Ce:LiNbO$_3$的 a=5.1533 Å，c=13.8708 Å，两者的平均畸变程度分别为 0.24%和 0.19%。然而双掺杂 Ce:Fe:LiNbO$_3$ 晶体的 a=5.1499 Å，c=13.8707 Å，平均畸变程度为 0.16%，小于单掺晶体。这种“互补效应”往往使得多掺杂晶体的生长比单掺晶体更加容易，且晶体质量更加优良。

多种离子之间的相互作用不仅仅是简单的加和，它们往往使晶体表现出新的特性，如 SBN:Ce:Ca 晶体，铈离子是一种优良的光折变中心离子，当继续加入 Ca^{2+}作为第二掺杂离子之后，发现双掺 SBN:Ce:Ca 晶体在红光波段（650nm 附近）出现了一个新的宽带吸收峰，结果使得整个晶体的光折变波长响应范围向红光和红外区域扩展。在近红外波长 840nm 光照下，SBN:Ce:Ca 晶体的二波耦合增益系数可达 1.5cm^{-1}，而未掺的 SBN:Ce 晶体的增益系数只有 0.29cm^{-1}（Ca^{2+}离子在晶体中只以一种氧化态存在，其本身并不能电离或俘获电荷，但是由于 Ca^{2+}在红光波段产生吸收，光子能量从 Ca^{2+}转移到 Ce^{3+}/Ce^{4+}离子，使光折变效应增强）。

2. 双掺铌酸锂晶体的光致变色效应

自 1998 年 Buse 等人[19]提出了在 LiNbO$_3$:Mn:Fe 实现非挥发性存储的新方法以来，双掺铌酸锂晶体现在已成为人们的一个研究热点。这类晶体中掺入两种光折变中心离子，它们在晶体的带隙中形成两个局域能级，一个是深能级，对短波长的光（如紫外光）敏感，而长波长的光（如红光）不能使它激发出载流子；另一个是浅能级，能同时对红光和紫外光敏感。这类材料具有光致变色效应，即在光照下（如紫外光照），材料对光的吸收特性会发生改变（如以红光为测试光，对红光的吸收率会随紫外光照时间长短而改变）。这主要是因为短波长的光照会使载流子在不同陷阱（如 Mn^{3+}、Fe^{3+}）之间重新分布。已报道的光致变色铌酸锂晶体有 LiNbO$_3$:Mn:Fe[19]、LiNbO$_3$:Mn:Ce[20]、LiNbO$_3$:Cu:Ce[21]。这类晶体在适当的光照下都能实现非挥发性存储，为体全息存储的实用化大大向前推进了一步。

可变价态的离子多为过渡金属离子或稀土离子。理想的光折变中心离子除了在激光照射时能激发出自由电子以外，应当在 $LiNbO_3$ 晶体的禁带中具有合适的能级。如果杂质能级与导带的距离过近，则离子很容易由于温度的起伏及隧穿效应而变价，而如果与价带距离过近，信息的写入与读出过程容易受到非化学计量比晶体中的本征吸收的干扰。对 $LiNbO_3$ 晶体进行氧化还原处理能调整费米能级和费米能级与光折变中心能级的相对位置。氧化处理会使费米能级相对于导带变深，而还原处理则使费米能级相对于导带变浅。

光折变敏感离子主要有 Fe、Cu、Mn、Ce、Tb、Cr、Co 等，它们有未充满的 d 电子或 f 电子轨道，可以再失去电子或容纳外来电子。可以在晶体的带隙中形成局域能级，同时充当光致载流子源（施主）和载流子陷阱中心（受主）。这类离子在晶体中可以以不同的价态存在，如铁离子就可以同时以 Fe^{2+}和 Fe^{3+}的形式存在，并且选择合适的两种光折变离子掺杂的晶体能实现非挥发存储。对于单光折变中心的掺杂 $LiNbO_3$ 晶体来说，以掺 Fe 效果最好，Fe:$LiNbO_3$ 晶体已经成为国内外高密度体全息存储和相关识别系统中的首选材料。现有的大容量高密度体全息存储几乎都是在 Fe:$LiNbO_3$ 晶体的基础上发展起来的。通常情况下，$LiNbO_3$ 晶体中掺杂 Fe 的浓度越高，光折变效应越强，动态范围越大，灵敏度越高，但晶体的散射噪声也会相应增大，影响再现图像的质量。新近发现的 V[22,23]、Mo[24]、Ru[25~27]等元素也能在 $LiNbO_3$ 晶体中充当光折变中心。其中 V、Mo 在紫外光作光源时才能表现出较明显的光折变效应，而 Ru 在蓝光辐照时就能作为光折变敏感中心[28]，这使得它在实际应用中更具优势，由此 Ru:Fe:$LiNbO_3$ 晶体也成为全息存储领域研究的热点[29,30]。变价掺杂离子作为光折变中心在晶体中可以同时以两种或两种以上的氧化态形式存在，由于它们具有未充满的电子轨道，可给出或容纳电子和空穴，这有利于电荷载流子的电离和复合过程的进行。对光折变离子的研究发现合适的掺杂浓度在 0.001～0.1*wt*%，太少了达不到理想的效果，太多会导致强烈的吸收[31]。因此，从体全息存储系统的综合性能出发，在 $LiNbO_3$ 晶体的设计过程中，动态范围、灵敏度以及散射噪声之间存在一个折中，掺杂浓度需要优化配置选择。

1.2.2 抗光致散射离子

当一个杂质离子进入晶体格位时，它的外层电子将受到晶体晶格场的作用，如果离子本身具有最稳定的满壳层结构，那么它受晶格场的影响不大，形成杂质能级的可能性也就不大，那么这种杂质离子本身不参与光折变过程中电子或空穴的运输过程，晶体中掺入抗光折变离子的过程实际上是用光折变不敏感的缺陷中心（如 Mg_{Li}^{+}）来替代晶体中的光折变敏感中心（如 $Nb_{Li}^{5+}/Nb_{Li}^{4+}$）。如果光折变不敏感中心在晶体中的溶解度足够大，以至于能够将晶体中的光折变敏感中心全部代替，那么光折变效应便不会出现。这些杂质离子掺进 $LiNbO_3$ 中都有一个阈值浓度。当达到或超过阈值浓度的掺杂 $LiNbO_3$ 晶体抗光损伤能力比纯 $LiNbO_3$ 晶体提高 1～2 个数量级，红外光谱 OH^- 吸收峰发生紫移，掺进这种杂质离子的 $LiNbO_3$ 晶体吸收光谱的吸收边也发生紫移，这种光强阈值效应更吸引人的方面是，在低于阈值光强时，晶体不发生光致散射，不会给全息记录带来噪音。实际上，任何在铌酸锂晶体中具有稳定的单一价态、并且具有足够大的固溶度以能保证其掺杂量可以达到阈值的元素。一般抗光折变掺杂不选取+1 价的离子，因为同为+1 价的锂离子有小于其化学计量比的趋势，其他的+1 价离子在晶体中很难有较高的固溶度，K_2O 可以作为生长近化学计量比晶体的助熔剂，几乎不进入铌酸锂的晶格，很好地说明了这一点。同样，掺杂离子的价态不应达到或超过+5 价，因为高价态的离子很难取代反位铌离子。

当有激光辐照在 $LiNbO_3$ 晶体上时，在晶体内形成空间电荷场，由于电光效应而引发辐照区折射率不均匀的现象，即激光在晶体内发生弥散，并且随着光强增大更加明显，这种现象被定义为光致光散射或光损伤。为了提高 $LiNbO_3$ 晶体的抗光致散射能力，使其更适合用于电光开关、倍频器、光参量振荡器等方面，人们一直致力于寻找一种合适的掺杂元素来改进 $LiNbO_3$ 晶体的抗光致散射性能。1980 年，南开大学 Zhong 等人[32]在实验室中发现当 $LiNbO_3$ 晶体中掺 Mg 量超过 4.6mol%时，晶体抗光致散射能力可提高两个数量级。从此掺 Mg 的 $LiNbO_3$ 晶体作为一个重要分支受到了广泛的关注。Bryan 等人[33]用实验验证了此结论，认为晶体抗光致散射能力提高的主要原因是掺入 Mg 后晶体的光电导提高，而光伏电流几乎不变。1988 年南开大学温金珂等人[34]发现接近理想配比的 Mg:$LiNbO_3$ 晶体抗光致散射性能比同成分的 Mg:$LiNbO_3$ 晶体再提高了一个数量级。1998 年日本科学家 Furukawa[35]发现近化学计量比低 Mg 的 $LiNbO_3$ 晶体的抗光致散射能力比同成分纯 $LiNbO_3$ 晶体高 4 个数量级。$LiNbO_3$ 晶体具有抗光致散射掺杂阈值浓度，当离子掺杂数量低于阈值浓度时，抗光致散射性能提高不明显，当掺杂浓度等于或高于阈值浓度时，$LiNbO_3$ 晶体才能表现出明显的抗光致散射能力增强，通常提高两个数量级或更高。除了 Mg 以外，1990 年，Volk 等人[36]报道了在 $LiNbO_3$ 晶体中掺入 6mol% ZnO 可获得与掺 Mg（4.6mol%）同样的抗光致散射效果，将 $LiNbO_3$ 晶体的抗光致散射能力提高了两个数量级。Mg 和 Zn 在 $LiNbO_3$ 晶体中具有相同价态（+2），离子半径和电负性相似，所以 Mg:$LiNbO_3$ 晶体和 Zn:$LiNbO_3$ 晶体性能类似，只是在掺量较高时 Zn 的有效分凝系数小于 Mg 的有效分凝系数[37]，因而若要获得相似的抗光致散射效果 Zn 掺杂浓度总是大于 Mg。

1994 年，Yamamoto 等[38]首次报道了在 $LiNbO_3$ 晶体掺入 Sc^{3+}能提高晶体的抗光致散射能力。1995 年，Kong 等[39]发现 In:$LiNbO_3$ 晶体中当 In 浓度达到 5mol%时抗光致散射性能有明显提高。他们还发现 In^{3+} 离子的有效分凝系数为 0.65，也就是 In^{3+}的阈值浓度为 3mol%左右。这些发现为抗光损伤元素增添了三价掺杂成员。2010 年，李昕睿[40]发现 Y 具有提高 $LiNbO_3$ 晶体抗光致散射的能力，但 Y 的有效分凝系数更低，只有 0.3 左右。三价离子能比二价离子更加有效地取代 $LiNbO_3$ 晶体中的反位铌（Nb_{Li}^{4+}），且 $M_{Li}^{2+}-M_{Nb}^{2-}$ 自电荷平衡，从能量角度看更容易形成，因此三价抗光损伤元素的阈值浓度比二价元素低。但需要指出的是，三价掺杂离子在浓度较高时有效分凝系数偏离 1 很大，这不利于生长高光学均匀性的大尺寸晶体。

对于四价的离子，较早研究的是 Ti:$LiNbO_3$ 晶体。但是 Ti:$LiNbO_3$ 晶体光波导在可见光范围内光折变效应要强于纯 $LiNbO_3$ 晶体，因此人们一直认为四价离子会增强 $LiNbO_3$ 晶体的光散射效应。直到 2004 年，Kokanyan 等[41]发现在同成分纯 $LiNbO_3$ 晶体中掺入 4mol%的 Hf 后晶体的抗光散射能力有所提高。2006 年 Li 等人[42]对 Hf:$LiNbO_3$ 晶体做了进一步研究，证实 Hf 的阈值浓度为 4mol%以上。以后的研究发现四价的 Sn[43,44]、Zr[45, 47]都具有增强 $LiNbO_3$ 晶体抗光致散射的特性。这几种四价元素中 Zr^{4+}离子的效果最好，不仅阈值浓度低（2mol%），而且与其他元素不同的是，Zr^{4+}离子在紫外和可见波段均表现出抗光致散射能力[48~50]。此外 Zr^{4+}离子的有效分凝系数最接近 1，保证了晶体生长过程中熔体中和晶体中掺杂元素分布的一致性，这对生长大尺寸 $LiNbO_3$ 晶体至关重要，Zr 系列的掺杂 $LiNbO_3$ 晶体已经成为近来研究的热点[51~53]。2006 年，Li 等人发现在铌酸锂晶体中掺入四价的 Hf 元素（>4mol%）会提高晶体的抗光损伤能力。这表明，对于四价金属离子对 $LiNbO_3$ 晶体抗光损伤能力影响的研究已经进入的人们的视野。

Fe:$LiNbO_3$ 晶体在实用中最主要的缺点是响应时间长（达到分钟量级）和较严重的光散射，以及读出过程的挥发性等。解决这些问题的方法之一是提高晶体中的锂铌比，也就是生长近化学计量比配比的晶体[54~56]。另一种方案是将抗光致散射元素与光折变敏感元素共掺[57]。但是，大量研究发现二价或三价的抗光损伤元素与 Fe 共掺的 $LiNbO_3$ 晶体虽然能缩短晶体的响应时间并增强抗光致散射能力，但当 Mg^{2+}或 Sc^{3+}等超过其阈值浓度时大量光折变敏感离子（如 Fe）被从 Li 位排挤到 Nb 位，导致 Fe 离子失去作为光折变中心的作用，造成衍射效率大幅下降，影响再现图像的质量[58,59]。吴胜青等人[60]发现，四价的抗光致散射离子由于价态高于 $Fe^{2+/3+}$，因此当其掺杂数量超过阈值浓度时，Fe 离子仍然大量占据 Li 位充当光折变中心，同时反位铌数量大量减少。这样不仅能保持较高的衍射效率，同时能明显改善响应速度和降低晶体的光散射效应，这使得掺杂 $LiNbO_3$ 晶体的实用化向前迈进了一步[61,62]。具有双光折变中心的掺杂 $LiNbO_3$ 晶体与四价抗光损伤离子共掺成为研究的热点[63,64]。

1.2.3　稀土离子

1）掺入光折变敏感杂质以提高 $LiNbO_3$ 晶体的光折变性能。这方面的掺杂离子大多选用过渡金属离子如 Fe、Cu、Mn、Cr、Co、Ni、Rh、U 和稀土离子 Ce 等。最近发现，Ru 元素也能增强 $LiNbO_3$ 晶体的光折变性能。这些离子可以给出和再捕获 d 电子或 f 电子，在能隙中形成杂质缺陷能级，从而对光折变过程产生影响。

2）以 $LiNbO_3$ 晶体作为基质材料，生长激光晶体，这主要通过在晶体中掺入激活剂的方法实现。这方面工作主要是选择稀土离子作掺杂，研究其激发、吸收、发射、荧光寿命等光谱性能。已有报道的掺杂稀土离子包括 Pr^{3+}、Nd^{3+}、Eu^{3+}、Er^{3+}和 Tm^{3+}等。利用抗光损伤能力较强的 Zn:$LiNbO_3$ 或 Mg:$LiNbO_3$，代替纯 $LiNbO_3$ 作激光基质材料可以取得更为优越的效果，因此，人们研究了双掺 Nd:Mg:$LiNbO_3$、Nd:Zn:$LiNbO_3$ 等晶体。2007 年，Sun 发现当 Er:$LiNbO_3$ 晶体中掺入高浓度的 MgO 时，Er 离子在 1.5 μm 处的绿光上转换发射性能发生了明显变化。

化学元素周期表中从 57 号元素镧（La）到 71 号元素镥（Lu）共 15 个元素属于镧系元素（Ln），统称为稀土元素（RE）[65]。稀土元素的电子结构是 $1s^22s^22p^63s^23p^63d^{10}4s^24p^64d^{10}5s^25p^6$（$4f^{3\sim7,9\sim14}6s^2$ 或 $4f^{0,1,7,14}5d6s^2$），其中 La、Ce、Gd 和 Lu 为 $4f^{N-1}5d6s^2$，其余的为 $4f^N6s^2$。稀土元素的稳定价态为+3 价，当稀土原子失去外层的 $6s^2$ 和 $5d^1$ 电子变成+3 价的金属离子时，4f 电子会收缩到 $5s^25p^6$ 满壳层之间，电子结构变为

$1s^22s^22p^63s^23p^63d^{10}4s^24p^64d^{10}4f^{0\sim14}5s^25p^6$。稀土离子具有相似的化学和光学性质，$Ho^{3+}$的外围电子排布为$4f^{10}$。目前发光学的主要研究方向是稀土离子 4f 组态内的跃迁发光。稀土离子的光谱特性是指稀土离子的吸收和荧光特性，其复杂性是任何其他元素（除锕系元素）不能比拟的，是了解和分析光放大器的重要基础，光放大器的增益特性、泵浦功率、泵浦波长、探测光功率及噪声特性等，都与该特性相关。所以稀土元素可用于制备发光材料、电光源材料的激光材料。最近几年，稀土离子光谱性质的研究更为广泛，理论方面提供了稀土化合物的结构等信息；实用方面现已成为激光和荧光工作的器件。

稀土离子上转换发光的原理是利用三价稀土离子阶梯状的能级结构通过相继的多光子过程将低能激发光子转换成高能光子后发射高能光子的发光过程[66]。

1959 年哈佛大学的 Bloembergen 提出的红外量子计数设想被认为是首次提出了上转换发光概念[67]，其上转换物理机制属于激发态吸收上转换发光。1966 年，法兰西电信研究中心的 Auzel 发现掺杂 Yb^{3+}可将其上转换发光强度增强两个数量级[68]，并且提出能量传递上转换发光机制。能量传递上转换的中心思想是发生在相邻的均处于激发态的两个稀土离子之间的能量传递。自此，稀土离子上转换发光研究引发人们的极大关注并且成为一个独立的研究课题。后来，随着研究的进一步深入，1979 年，Chivian 等人发现了光子雪崩上转换发光机制[69]。

下面对这三种上转换发光机制的研究作简要介绍。

1. 激发态吸收上转换机制

激发态吸收（excited state absorption，ESA）上转换基本原理：从基态能级 E_0 的某一个离子连续吸收多个低能光子，然后开始跃迁到能量更高的激发态能级 E_3，最终发射高能光子的过程，是目前最基本的上转换发光过程，原理如图 1.4 所示，为三能级系统。

激发态吸收上转换的发光过程：处于基态 E_0 的发光离子首先吸收泵浦光子ω_1，即基态吸收（ground state absorption）跃迁到激发态 E_1，

E_1 是一个亚稳态能级，E_1 电子在弛豫回基态前可以再吸收泵浦光子 ω_2（ω_2 可以跟 ω_1 相等，也可以不相等），跃迁到更高的激发态 E_2，当 E_2 电子向基态能级跃迁时，发出比激发光子能量更高的光子 ω（$\omega > \omega_1$, ω_2）跃迁到基态。针对实用的共振泵浦上转换激光器，泵浦光的频率唯一。由此可知，这种机理引发的上转换发光较强的前提条件是两步单光子跃迁的振子强度和重叠积分都偏大。

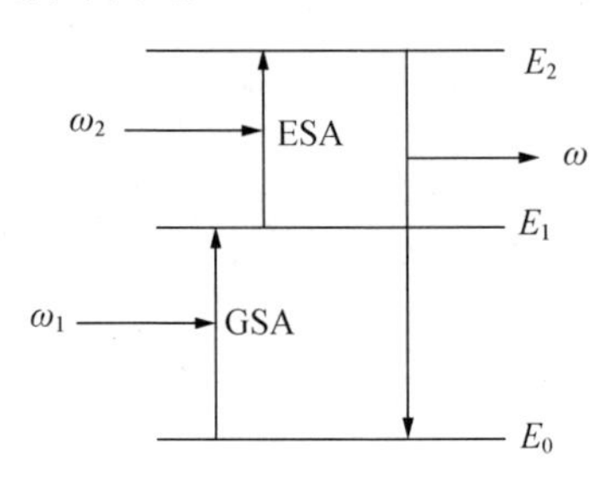

图 1.4　激发态吸收（ESA）上转换发光过程

2. 能量传递上转换机制

能量传递（energy transfer upconversion，ETU）上转换是同种类型的离子或者不同类型的离子之间相互作用的结果[70]。其原理是当激活离子的浓度足够大时，相当多数量的粒子被激发到中间态，通过近场力相互作用的两个位置接近的激发态离子，其中一个离子将能量传递给临近的离子，之后弛豫回到较低的中间能级或者回到基态；另一个离子将被激发至更高的能级，最终产生辐射跃迁。根据能量传递的方式，将其上转换机制分为连续能量传递、交叉弛豫和合作上转换[71]。

1）连续能量传递（successive ET）SET 可以发生在同种或不同种类的离子之间[72]，原理如图 1.5 所示。

连续能量传递的上转换发光过程：离子 1 通过基态吸收被激发到激发态。离子 1 与离子 2 发生弹性或者非弹性碰撞的过程（离子 1-敏化离子，离子 2-激活离子）。这时，离子 2 获得离子 1 传递的能量跃迁到 E_1 级，离子 1 自身无辐射跃迁到基态。接下来，离子 2 通过第二次吸收离子 1 传递的能量跃迁至更高激发态 E_2 方式称为连续能量传递，而离子 1

则自身无辐射跃迁到基态，处于 E_2 能级的离子 2 通过辐射跃迁到基态发出上转换发光。

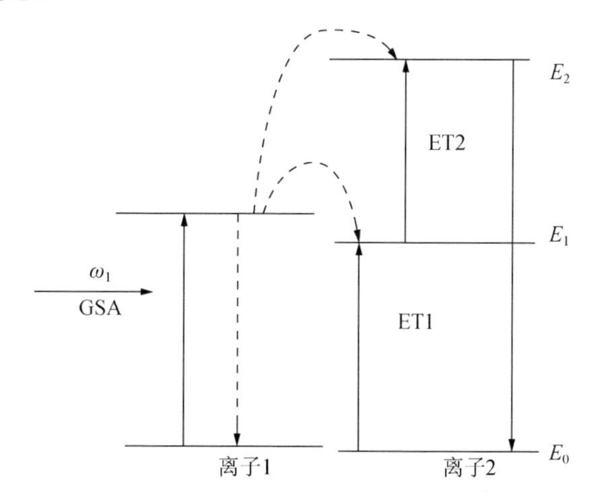

图 1.5　连续能量传递过程

2）交叉弛豫（cross relaxation，CR）可以发生在同种或不同种类的离子之间，原理如图 1.6 所示。

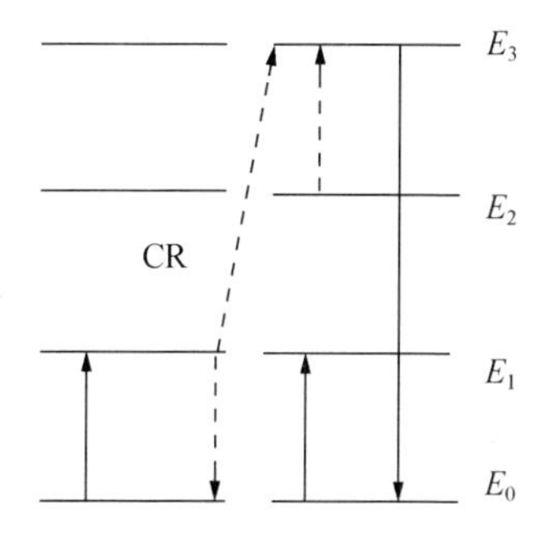

图 1.6　交叉弛豫过程

交叉弛豫的上转换发光过程：两个离子经基态吸收后将在 E_1 能级的位置布居，一个离子将能量传递给另一个离子使之跃迁到更高能级，而自身无辐射弛豫到较低能级，最终实现了能量传递。交叉驰豫过程是两离子过程，依赖于掺杂离子的浓度。

3）合作上转换（cooperative upconversion，CU）是能量转移过程中

比较罕见的一种，在同处于激发态的相同类型的离子之间发生[73]，原理如图 1.7 所示。

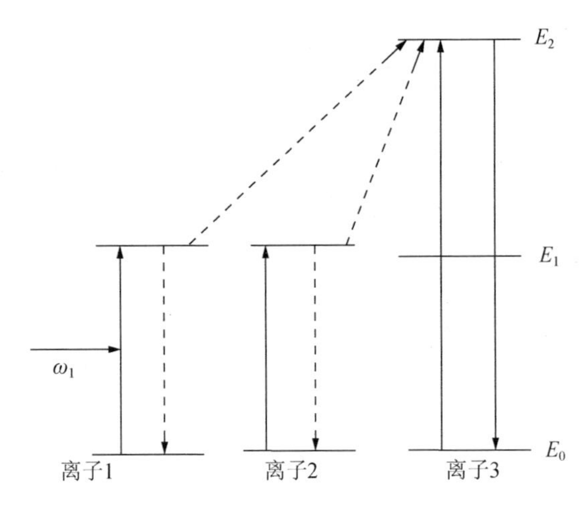

图 1.7　合作上转换过程

合作上转换发光过程：第一步是两个相同种类的离子同时处在激发态，它们将能量传递给处在基态能级的另一个离子，使其跃迁至更高的能级，另两个离子然后无辐射弛豫回基态。为弥补能量转移过程中能量的失配，将允许声子参与在该过程中[74]。此外，为获取更有效的能量上转换，通常离子间的距离一般尽可能彼此接近，有利于它们之间更好的发生能量传递过程。只有掺杂稀土离子的浓度足够高才是保证能量转移的发生的前提条件[75]。

3. 光子雪崩上转换机制

1979 年 Chivian 等人在 $LaCl_3$:Pr^{3+}材料中首次发现光子雪崩（photon avalanche，PA）现象[69]。光子雪崩过程是激发态吸收和能量传输共同作用的结果，原理如图 1.8 所示。一个四能级系统，E_0 为基态，E_1、E_2 均为中间亚稳态，E_3 为发射光子的高能态[75]。

光子雪崩上转换的发光过程：激发光对应的是 E_1 与 E_3 之间的共振吸收，尽管激发光与基态不能共振吸收，但依然存在少量的电子从基态被激发到 E_3 与 E_2 的区间，再弛豫到 E_2 上，这时 E_2 电子与其他离子的基态电子发生能量传递 A，产生两个 E_1 电子，一个 E_1 电子再吸收一个光子 ω'，激发到 E_3 能级上，E_3 能级电子又同其他离子的基态电子相互作用，发生能量传递 B，共产生三个 E_1 电子[75]。如此反复循环，E_3 电子数量就会像雪崩一样迅猛增加。当 E_3 电子向基态跃迁时，会发射出频率为 ω 的光子，所以定义为上转换的“光子雪崩”过程。

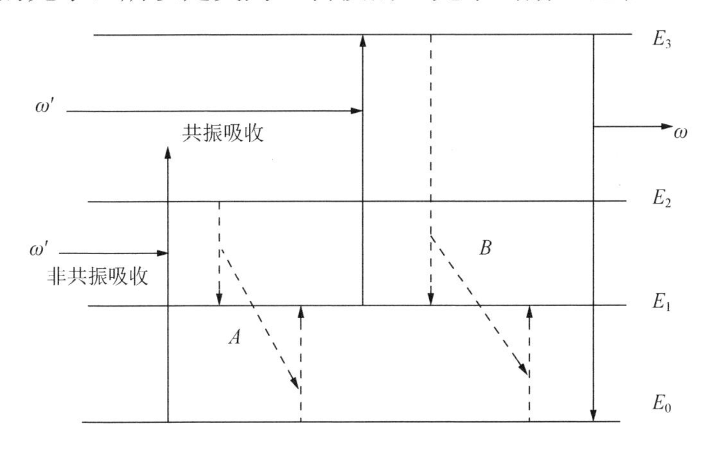

图 1.8 光子雪崩上转换发光过程

参 考 文 献

[1] Gunter P, Huignard J. Photorefractive Materials and Their Applications[M]. Springer Verlag, Ⅰ and Ⅱ: 1988,1989.

[2] Jer M F, Simon M, Kratztzig E. Photo refractive properties of congruent and stoichiometric lithium niobate at high light intensities[J]. Journal of the Optical Society of America, 1995, B12(11):2066-2069.

[3] Malovichko G I, Grachev V G, Kokanyan E P, et al. Characterization of stoichiometric $LiNbO_3$ grown from melts containing K_2O[J]. Applied Physics A, 1993, 56:103-108.

[4] 刘建成, 冯锡淇, 金幼华. 不同组分 $LiNbO_3$ 的晶体数据和缺陷结构[J]. 人工晶体, 1987, 16(2): 148-157.

[5] Weis R S, Gaylord T K. Lithium niobate: summary of physical properties and crystal structure [J]. Applied Physics A, 1985, 37(4):191-203.

[6] Wilkinson A, Cheetham A, Jarman R, et al. The defect structure of congruently melting lithium niobate[J]. Applied Physics, 1993, 74(5): 3080-3083.

[7] Dai L, Yan Z H, Jiao S S, et al. Effect of dopant concentration on the spectroscopic properties in an In^{3+} doped (0, 1, 2 and 4 mol%) Yb:Tm:$LiNbO_3$ crystal. RSC Advances, 2015, 5: 36385.

[8] Peterson G, Carnevale A. ^{93}Nb NMR linewidths in non-stoichiometric lithium niobate[J]. Chemical Physics, 1972, 56(11): 4848-4852.

[9] 代丽. 镁/铟/铪与钬双掺铌酸锂晶体微观结构和光学特性[D]. 哈尔滨: 哈尔滨工业大学, 2012, 9-11.

[10] 刘思敏, 张光寅, 荣放. 固液同成分点组分的 $LiNbO_3$ 晶体吸收边的异常紫移[J]. 物理学报, 1985, 34(2): 275-279.

[11] 刘思敏, 张光寅, 等. 不同组分的 $LiNbO_3$ 晶体的吸收边研究[J]. 物理学报, 1986, 35(10): 1357-1363.

[12] Schirmer O, Thiemann O, Wohleche M, et al. Defects in $LiNbO_3$-I. experimental aspects[J]. Journal of Physics and Chemistry of Solids, 1991, (521): 185-200.

[13] Fraust B, Muller H, Schirmer O, et al. Free small polarons in $LiNbO_3$[J]. Ferroelectrics, 1994, 153(1): 297-302.

[14] Ketchum J, Sweeney K, Halliburron L, et al. Vacuum annealing effects in lithium niobate[J]. Physical Letter A, 1983, 94(6): 450-453.

[15] Akhmadullin I, Golenishchev-Kutuzov V, Migachev S, et al. Electronic structure of deep centers in $LiNbO_3$[J]. Physics of the Solid State, 1998, 40(6): 1012-1018.

[16] Yan W, Shi L, Chen H, et al. The UV-light-induced absorption in pure $LiNbO_3$ investigated by varying compositions[J]. Journal of Physics D-Applied Physics, 2008, 41(8): 085410-1-085410-5.

[17] Kasemir K, Betzler K, Matzas B, et al. Influence of Zn/In codoping on the optical properties of lithium niobate[J]. Journal of Applied Physics, 1998, 84(9): 5191-5193.

[18] Kovacs L, Szaiay V, Capelletti R, et al. Stoichiometry dependence of OH^- absorption band in $LiNbO_3$ crystals[J]. Solid State Communions, 1984, 52: 1029-1035.

[19] Buse K, Adibi A, Psaltis D, et al. Non-volatile holographic storage in doubly doped lithium niobate crystals[J]. Nature. 1998, 393(18): 665-668.

[20] Lim K S, Tak S J, Chung S K, et al. Gratingformation and decay in photochromic Mn, Ce:$LiNbO_3$[J]. Journal of Luminescence. 2001,94-95: 73-78.

[21] Liu Y W, Liu L R, Zhou C H, et al. Nonvolatile photorefractive holograms in $LiNbO_3$:Cu:Ce crystals[J]. Optics Letters, 2000, 25(12): 908-910.

[22] Dong Y, Liu S, Li W, et al. Improved ultraviolet photorefractive properties of vanadium-doped lithium niobate crystals[J]. Optics Letters, 2011, 36(10): 1779-1781.

[23] Dong Y, Liu S, Kong Y, et al. Fast photorefractive response of vanadium-doped lithium niobate in the visible region[J]. Optics Letters, 2012, 37(11): 1841-1843.

[24] Tian T, Kong Y, Liu S, et al. Photorefraction of molybdenum-doped lithium niobate crystals[J]. Optics Letters, 2012, 37(13): 2679-2681.

[25] Chiang C, Chen J. Growth and properties of Ru-doped lithium niobate crystal[J]. Journal of Crystal Growth, 2006, 294(2): 323-329.

[26] Chiang C, Chen J, Huang T, et al. Properties of Ru-doped near-stoichiometric lithium niobate crystals produced by vapor transport equilibration[J]. Journal of Crystal Growth, 2008, 310(10): 2678-2682.

[27] Chiang C, Chen J, Lee Y, et al. Photorefractive properties of Ru doped lithium niobate crystal[J]. Optical Materials, 2009, 31(6): 812-816.

[28] 柴志方, 刘德安, 职亚楠, 等. $LiNbO_3$:Ru 晶体的光折变特性研究[J]. 光学学报, 2006, 26(8): 1245-1249.

[29] Fujimura R, Shimura T, Kuroda K, et al. Two-color nonvolatile holographic recording and light-induced absorption in Ru and Fe codoped $LiNbO_3$ crystals[J]. Optical Materials, 2009, 31(8): 1194-1199.

[30] Chai Z, Zhi Y, Zhao Q, et al. Two-wave coupling in $LiNbO_3$:Fe:Ru crystals[J]. Photonic Fiber and Crystal Devices: Advances In Materials And Innovations In Device Applications IV, Proceedings of SPIE-The International Society for Optical Engineering, 2010, 7781: 77810X-1-77810X-8.

[31] Phillips W, Amodei J, Staebler D, et al. Optical and holographic storage properties of transition metal doped lithium niobate[J]. RCA Review, 1972, 33: 94-109.

[32] Zhong J, Jin J, Wu Z, et al. Measurement of optically induced refractive-index damage of lithium niobate doped with different concentration of MgO[J]. 11th International Quantum Electronics Coference, New York, IEEE

catalog. No.80,CH1561-0, 1980, 631-637.

[33] Bryan D, Gerson R, Tomaschke H, Increased optical damage resistance in lithium niobate[J]. Applied Physics Letters, 1984, 44: 847-849.

[34] Wen J, Wang L, Tang Y, et al. Enhanced resistance to photorefraction and photovoltaie effect in Li-rich $LiNbO_3$: Mg crystals[J]. Applied Physics Letters, 1988, 53: 260-262.

[35] Furukawa Y, Kitamura K, Takekawa S, et al. Stoichiometric Mg: $LiNbO_3$ as an effective material for nonlinear optics[J]. Optics Letters, 1998, 23: 1892-1894.

[36] Volk T, Pryalkin V, Rubinina N, et al. Optical-damage-resistant $LiNbO_3$:Zn crystal [J]. Optics Letters, 1990, 15(18): 996-998.

[37] Xin F, Zhai Z, Wang Xiao J, et al. Threshold behavior of the einstein oscillator, electron-phonon interaction, band-edge absorption, and small hole polarons in $LiNbO_3$:Mg crystals[J]. Physical Review B, 2012, 86(16): 165132-1-165132-6.

[38] Yamamoto J, Yanazaki T, Yamagishi K, et al. Noncritical phase matching and photorefractive damage in Sc_2O_3:$LiNbO_3$[J]. Applied Physics Letters, 1994, 64(24): 3228-3230.

[39] Kong Y, Wen J, Wang H, et al. New doped lithium niobate crystal with high resistance to photorefraction-$LiNbO_3$:In[J]. Applied Physics Letters, 1995, 66(3): 280-281.

[40] 李昕睿. 掺钇铌酸锂晶体的生长及其性能研究[M]. 天津: 南开大学, 2010, 20-22.

[41] Kokanyan E, Razzari L, Cristiani I, et al. Reduced photorefraction in hafnium doped single-domain and periodically poled lithium niobate crystals[J]. Applied Physics Letters, 2004, 84(12): 1880-1882.

[42] Li S, Liu S, Kong Y, et al. The optical damage resistance and absorption spectra of $LiNbO_3$: Hf crystals[J]. Journal of Physics-Condensed Matter, 2006, 18(13): 3527-3534.

[43] Wang L, Liu S, Kong Y, et al. Increased optical-damage resistance in tin-doped lithium niobate[J]. Optics Letters, 2010, 35(6): 883-885.

[44] Xin F, Zhang G, Ge X, et al. Ultraviolet band edge photorefractivity in $LiNbO_3$:Sn crystals[J]. Optics Letters, 2011, 36(16): 3163-3165.

[45] Kong Y, Liu S, Zhao Y, et al. Highly optical damage resistant crystal: zirconium-oxide-doped lithium niobate[J]. Applied Physics Letters, 2007, 91(8): 081908-1-081908-3.

[46] Zhang C, Yang J, Chen F, et al. Optical damage of Zr:$LiNbO_3$ waveguides produced by proton implantation[J]. Nuclear Instruments & Methods In Physics Research Section B-Beam Interactions With Materials and Atoms. 2012, 286: 209-212.

[47] Shur J, Lee H, Yoon D, et al. Near-stoichiometric $LiNbO_3$:ZrO_2 single crystal growth by micro-pulling down method[J]. Crystal Research and Technology, 2010, 45(2): 115-118.

[48] Liu H, Liang Q, Zhu Me, et al. An Excellent crystal for high resistance against optical damage in visible-UV range: near-stoichiometric zirconium-doped lithium niobate[J]. Optics Express, 2011, 19(3): 1743-1748.

[49] Yan W, Shi L, Chen H, et al. Investigations on the UV photorefractivity of $LiNbO_3$:Hf [J]. Optics Letters, 2010, 35(4): 601-603.

[50] Xin F, Zhang G, Bo F, et al. Ultraviolet photorefraction at 325 nm in doped lithium niobate crystals[J]. Journal of Applied Physics, 2010, 107(3): 033113-1-033113-5.

[51] Shur J, Choi K, Yoon D, et al. Growth of Zr co-doped Tm:$LiNbO_3$ single crystal for improvement of photoluminescence property in blue wavelength range[J]. Journal of Crystal Growth, 2011, 318(1): 653-656.

[52] Zhou Z, Wang B, Lin S, et al. Investigation of optical photorefractive properties of Zr:Fe:$LiNbO_3$ crystals[J]. Optics and Laser Technology, 2012, 44(2): 337-340.

[53] Luo S, Wang J, Shi H, et al. Photorefractive and optical scattering properties of Zr:Fe:$LiNbO_3$ Crystals[J]. Optics and Laser Technology, 2012, 44(7): 2245-2248.

[54] Xu Z, Ben Y, Han Y, et al. Optical damage resistance of Ce:Fe:$LiNbO_3$ crystals with various Li/Nb ratios[J]. Optik, 2012, 123(6): 1397-1399.

[55] Shen X, Yan W, Shi L, et al. Photorefractive properties varied with Li composition in $LiNbO_3$:Fe crystals[J]. IEEE Photonics Journal, 2012, 4(5): 1892-1899.

[56] 李晓春, 屈登学, 王文杰. 近化学计量比 $LiNbO_3$:Fe:Mn 晶体中改进的非挥发全息存储灵敏度[J]. 中国光学快报, 2012, 10(12): 122101-1-122101-4.

[57] Bhatt R, Ganesamoorthy S, Indranil B, et al. Photorefractive properties of Fe, Zn Co-doped near stoichiometric $LiNbO_3$ crystals at moderate intensities[J]. Optics and Laser Technology, 2013, 50(11) 112-117.

[58] Zhang T, Fang Z, Liu G, Li X. Crystal growth and its large-capacity storage properties for Sc:Ce:Cu:$LiNbO_3$[J]. 6th International Symposium on Advanced Optical Manufacturing and Testing Technologies: Optoelectronic Materials and Devices for Sensing, Imaging, and Solar Energy, 2012, 8419: 841926-1-841926-5.

[59] Fang S, Qiao Y, Fu Y, et al. Preparation and holographic storage properties of tri-doped Mg:Mn:Fe:$LiNbO_3$ crystals[J]. Optik, 2011, 122(20): 159-161.

[60] 吴胜青. 锆铁铌酸锂晶体的生长及其光折变性能研究[M]. 天津: 南开大学, 2008, 26-29.

[61] Kong Y, Liu F, Tian T, et al. Fast responsive nonvolatile holographic storage in $LiNbO_3$ triply doped with Zr, Fe, and Mn [J]. Optics Letters, 2009, 34(24): 3896-3898.

[62] Liu F, Kong Y, Ge X, et al. Improved sensitivity of nonvolatile holographic storage in triply doped $LiNbO_3$: Zr,Cu,Ce[J]. Optics Express, 2010, 18(6): 6333-6339.

[63] Li X, Qu D, Zhao X, et al. Nonvolatile holographic storage in triply doped $LiNbO_3$: Hf,Fe,Mn crystals[J]. Chinese Physics B, 2013, 22(2): 024203-1-024203-5.

[64] Kong Y, Liu S, Xu J, et al. Recent advances in the photorefraction of doped lithium niobate crystals[J]. Materials, 2012, 5: 1954-1971.

[65] 张思远, 毕宪章. 稀土光谱理论[M]. 吉林: 吉林科学技术出版社, 1991: 31-54.

[66] 佟鹏. 氟化物微晶玻璃制备与其上转换发光特性研究[D]. 北京: 北京交通大学, 2008: 15-19.

[67] Bloembergen N. Solid state infrared quantum counters[J]. Physical Review Letters, 1959, 2(3): 84-85.

[68] Hewes R A. Multiphonon excitation and efficiency in the Yb^{3+}-RE^{3+} (Ho^{3+}, Er^{3+}, Tm^{3+}) systems [J]. J.Lumin, 1970, 1-2:778-796.

[69] Chivian J S, Case W E, Eden D, et al. The photon avalanche: a new phenomenon in Pr^{3+}-based infrared quantum counter [J]. Applied Physics Letters, 1979, 35(2): 124-125.

[70] 李勇. 稀土离子掺杂的硅酸盐与氯氧化钆粉末的制备及发光性质表征[D]. 合肥: 中国科学技术大学, 2009, 71-73.

[71] 王云志, 史振起, 毕芳. Ce^{3+}/Yb^{3+}/Er^{3+}共掺杂氟磷玻璃的上转换发光光谱[J]. 发光学报, 2010, 31(3): 321-325.

[72] 邢丽丽. Ho: Yb:Tm:$LiNbO_3$ 多晶上转换白光性能研究[D]. 哈尔滨: 哈尔滨工业大学, 2010: 3-8.

[73] 乌兰图亚. 稀土离子上转换发光材料的研究进展[J]. 内蒙古石油化工, 2007, 12:18-20.

[74] 伏振兴. 不同泵浦条件下稀土 Tm^{3+}的能量上转换发光[J]. 材料导报, 2010, 24(4): 51-53.

[75] 张莹. Er:Yb:KGd$(WO_4)_2$激光晶体生长及性能研究[D]. 长春: 长春理工大学, 2008: 67-70.

[76] 游艳. Y_2O_3(Er^{3+},Tm^{3+})纳米晶上转换发光的研究[D]. 北京: 北京交通大学, 2008: 2-5.

[77] 赵谡玲, 侯延冰, 董金凤. 稀土离子上转换发光的研究[J]. 半导体光电, 2000, 21(4): 241-244.

第二章　多种新型掺杂铌酸锂晶体的生长

铌酸锂晶体的成分与缺陷结构对其物理化学性能产生决定性的影响，而且晶体的应用均是以制作成器件来实现的。因此，学者们都希望生长出缺陷较少、成分分布均匀、结构相对完整的晶体，即理想的优良质量晶体，这就必须选取符合应用要求的生长设备、合适的生长方法和最佳的生长参数。同时为实现某些方面需要的物理性能，对成分或者缺陷分布的要求更高。这要求了解清楚晶体生长的机制和生长过程中的基本规律是首要前提，才能更好地调整和设定参数，获得所期望的优质晶体。我们在本实验中采用常压下的提拉法生长铌酸锂晶体，因为该方法目前应用最广泛而且其理论和实验技术的研究也较深入和成熟。

从熔体中提拉晶体的技术是丘克拉斯基（Czochralski）于 1918 年发明的，是一种高温提拉晶体生长的技术，所以提拉法通常也被称为丘克拉斯基法，其主要优点如下：

1）用肉眼可以直接观测其生长状况。

2）晶体只在熔体表面生长，与坩埚未直接接触，排除了坩埚壁的寄生成核的可能并且能有效地削弱晶体的应力。

3）定向籽晶与“缩颈”工艺有效防止可能出现的轴向位错，对取得完整的籽晶和所需取向的晶体非常有利。

4）生长速率一般快于溶液生长，容易控制生长过程，有利于获得大体积并且完整性好的晶体[1]。

2.1　掺杂离子的特性

2.1.1　离子的选择

通过掺杂改性等方法增强铌酸锂晶体的抗光损伤能力。掺杂离子的种类、价态、浓度等对晶体的性能存在一定的影响。若掺杂离子具有两个或两个以上价态，离子进入晶格后形成杂质能级，若不具备最稳定的满壳层结构的杂质离子进入晶格，这时，晶体的晶格场对外层电子作用很大，形成杂质能级的可能性大，离子将参与电荷输运过程，所以抗光损伤离子应具有满壳层结构。一种掺杂离子必须具备以上两个条件才能成为抗光损伤离子。大量研究表明[2~7]，抗光折变离子的作用机理是：掺杂抗光折变离子在晶体中的作用过程实际上是用晶体中光折变不敏感的缺陷中心取代光折变敏感中心，将增大光电导的数值，同时，光伏电流保持不变，引起内电场短路，光折变效应明显削弱，促使抗光损伤能力大大提高。具有单一价态和满壳层结构的抗光损伤离子 Mg^{2+}、Zn^{2+}、In^{3+}、Sc^{3+}、Hf^{4+}和 Zr^{4+}的外层电子结构见表 2.1。

表 2.1　抗光损伤离子化合价和外电子层结构

元素	价态	离子外层电子结构
Mg	+2	$2s^2 2p^6$
Zn	+2	$3s^2 3p^6 3d^{10}$
In	+3	$4s^2 4p^6 4d^{10}$
Sc	+3	$3d^1 4s^2$
Hf	+4	$5d^2 6s^2$
Zr	+4	$4s^2 4p^6$

2.1.2　掺杂离子极化能力的分析

离子晶体中通常存在离子极化现象，掺杂离子的极化能力描述的是离子对邻近离子施加静电场的强度。离子的极化能力与电场的强度成正比。

根据Z^{*2}/r的值来近似表示铌酸锂晶体掺杂离子的极化能力，式中Z^*为掺杂离子的有效核电荷数，r为掺杂离子的半径，两者的取值与其离子周围配位环境密切相关[8]。Z^*的取值为

$$Z^* = Z - \sum S \tag{2.1}$$

式中，Z为掺杂离子核电荷数；$\sum S$为掺杂离子的所有电子对外部包围假定的电子的屏蔽系数的累加之和。电子屏蔽系数的值采用表2.2和表2.3的数据[9]。举例说明：Mg^{2+}离子电子层构型为$1s^2 2s^2 2p^6$，吸引电子填充3s轨道。经计算得出，Mg^{2+}离子内部所有电子对3s轨道电子的屏蔽系数之和$\sum S$为10.8，Mg^{2+}离子的核电荷数为12，有效电荷数Z^*为3.2。

表2.2　主量子数为n−1的电子的屏蔽系数[9]

被屏蔽电子	屏蔽电子				
	ns	np	np′	nd	nf
ns	0.30	0.25	0.23	0	0
np	0.35	0.31	0.29	0	0
np′	0.41	0.37	0.31	0	0
nd	1.00	1.00	1.00	0.35	0
nf	1.00	1.00	1.00	1.00	0.39

注：np指半充满前的p电子，即p^1～p^3。np'指半充满后的p电子，即p^4～p^6。

表2.3　主量子数为n−1的电子的屏蔽系数[9]

被屏蔽电子	屏蔽电子			
	(n−1) s	(n−1) p	(n−1) d	(n−1) f
ns	1.00	0.90	0.93	0.86
np	1.00	0.97	0.98	0.90
nd	1.00	1.00	1.00	0.94
nf	1.00	1.00	1.00	1.00

注：1s对2s的屏蔽为0.85。

根据表 2.2 和表 2.3 的数据计算出的离子极化能力见表 2.4。

表 2.4　离子极化能力

离子	离子外层电子结构	核电荷数 Z	加合电子轨道	有效核电荷数 Z^*	半径/Å	极化能力 Z^{*2}/r/（$Å^{-1}$）
Li^+	$1s^2$	3	2s	1.30	0.68	2.49
Nb^{5+}	$4s^24p^6$	41	4d	6.40	0.69	59.36
Mg^{2+}	$2s^22p^6$	12	3s	3.20	0.66	15.52
In^{3+}	$4s^24p^64d^{10}$	49	4f	4.20	0.81	21.78
Hf^{4+}	$5s^25p^6$	72	5d	10.32	0.87	122.42

2.1.3　掺杂离子的阈值浓度

就掺杂的 $LiNbO_3$ 晶体而言，掺杂离子以取代占位的形式引起晶体物理和化学性能发生很大程度的改变。部分掺杂离子进入晶体后将取代晶体中正常的锂位和铌位，而部分离子进入晶体后取代反位铌 Nb_{Li}，当反位铌 Nb_{Li} 没有被这部分离子完全取代时，晶体的结构和性能并未发生显著的变化，而当 Nb_{Li} 被完全取代后，晶体的物理与化学结构和光折变性能都将发生显著的变化。一般，当反位铌 Nb_{Li} 完全被取代时，研究者们定义掺入 $LiNbO_3$ 晶体中的杂质量为掺杂离子的阈值浓度。

现阶段，确定 $LiNbO_3$ 晶体中掺杂离子的阈值浓度有多种手段，最常用的方法有：测试晶体的吸收光谱讨论基础吸收边的移动、红外吸收光谱讨论 OH^- 吸收峰的变化规律、测试晶体的居里温度、测试晶体的电光系数以及晶体的光学性能等。

本书中分别从不同价态选定一个较成熟的元素作为掺杂离子，抗光损伤离子的阈值浓度见表 2.5。

表 2.5 抗光损伤离子的阈值浓度

掺杂离子	阈值浓度/mol%	参考文献
Mg^{2+}	4.6	[59]
In^{3+}	3.0	[62]
Hf^{4+}	4.0	[64]

2.2 晶体的生长

2.2.1 晶体生长步骤

本书中所用的掺杂 $LiNbO_3$ 晶体采用传统提拉法生长，生长晶体用的单晶炉是西安理工大学晶体生长设备研究所生产的 DJL-400 型提拉式晶体生长炉，中频电源是西安百瑞科技发展公司生产的 KGPF25-0.3-2.5 可控硅中频电源，控温装置是英国制造的 Eurotherm 818P 控温表，精度为±0.1℃。生长晶体所用的坩埚是尺寸为Φ65mm×35mm 的圆形铂坩埚。坩埚置于由莫来石制成的保温罩内，在坩埚上方加一铂片作为后热器，通过调整铂片的高度来调节温度梯度。系统采用了 Pt-Rh 热电偶来测试炉体内的温度，将 Pt-Rh 热电偶置于坩埚底部。在整个系统中保持籽晶杆、坩埚和径向温场三者的中心重合。晶体生长过程中选择适当的参数，包括生长速度、提拉速度、温度梯度等对控制晶体质量至关重要。其中合适且稳定的温度分布，是生长高质量晶体的首要条件。合适的温度梯度可以减少晶体生长过程中的热应力，抑制组分过冷及分凝，从而减少晶体中的生长条纹等缺陷，同时能更好控制晶体的等径生长。生长晶体时所用的设备示意图如图 2.1 所示。

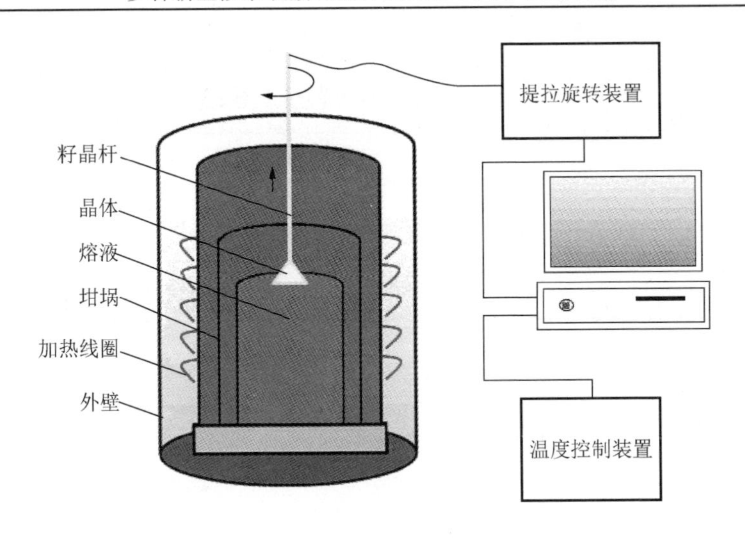

图 2.1　生长铌酸锂晶体的晶体炉示意图

晶体生长过程分为多晶的合成和单晶的生长两个主要部分。

（1）多晶的合成

将混合均匀的原料装入铂坩埚，置于炉体中心，铌酸锂多晶原料合成工艺流程图如图 2.2 所示。

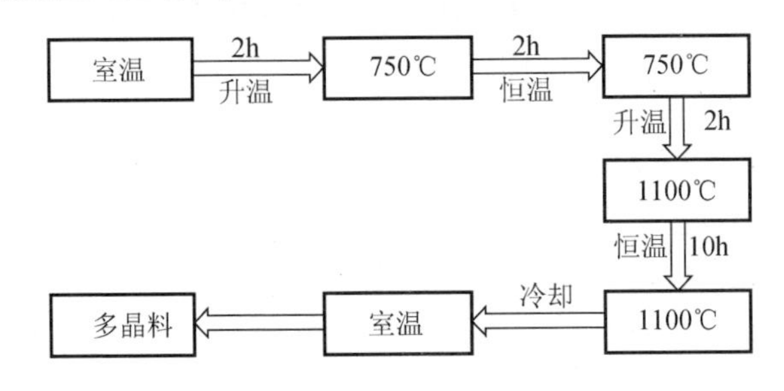

图 2.2　铌酸锂多晶原料合成工艺

从以上流程图可以看出，主要包括两步烧结过程。

第一步，在 750℃恒温烧结 3 h，使 Li_2CO_3 完全分解

$$Li_2CO_3(s) \longrightarrow Li_2O(s) + CO_2(g)\uparrow \tag{2.2}$$

CO_2 气体完全挥发逸出，排除熔体中的气泡，这里主要目的有两个：第一，减少由气泡所形成包裹物缺陷；第二，防止 CO_2 快速挥发而带走组分，这样避免导致熔体成分相对原配比发生一定程度的偏离。

第二步，在 1150℃恒温烧结 3 h，接近 $LiNbO_3$ 的熔点（1240℃），

温度高于 1240℃时可能出现 $LiNb_3O_8$，低于 1050℃会出现其他杂相，只有在 1150℃进行烧结，生成的是 $LiNbO_3$ 晶体，Li_2O 和 Nb_2O_5 发生的固相合成的方程式

$$Li_2O(s)+Nb_2O_5(s) \longrightarrow 2LiNbO_3(s) \tag{2.3}$$

经以上两步烧结，获得了铌酸锂多晶粉末。

将预烧结成粉晶的掺杂铌酸锂放入处理过的铂坩埚（坩埚的处理过程：用焦硫酸钾煮沸—碱液洗—酸洗—自来水洗—蒸馏水洗）中，把装完料的坩埚置于炉体中心，把牢固固定籽晶的籽晶杆调到其指向对准坩埚中心。通电升温到 1300℃左右，使原料变为熔体，恒温 2h。

（2）单晶的生长

晶体在预烧结后开始进入生长阶段，晶体生长过程分引晶、放肩、等径生长、拉脱和退火几个过程。

1）引晶。将籽晶下降到距液面 1mm 处恒温 10min 并让籽晶杆以预定速度旋转。待观察到籽晶头没有变圆或熔断且熔体中未出现浮晶即可下晶。籽晶降到液面以下约 1mm 进行缩颈，把籽晶逐渐缩细到直径为 1～2mm，再稍降温使缩颈后的籽晶不熔且不长，并以预定的提拉速度向上提拉，以消除籽晶缺陷，然后进入放肩过程。

2）放肩。缩颈后即进入放肩阶段，在提拉的同时缓慢地降温。本试验中放肩时的降温速率选为 0.4℃/h，让晶体由籽晶慢慢长大，即斜放肩生长。对于直同成分铌酸锂晶体（*c* 轴）晶体生长速度较快，放肩时间约为 20min。

3）收肩。当晶体直径接近要求尺寸后，开始升温收肩。由于斜放肩温度变化很小，收肩时升温幅度也较小，约为 1℃/h。

4）等径生长。收肩后，进入等径生长阶段。采用匀速降温实现等径生长，降温幅度与生长的晶体尺寸及提拉速度有关。

5）拉脱。根据实验分析测试的需要，当晶体等径生长 12～15mm 后，就可以将其从液面拉脱，此时的操作程序为，先将温度升高 5℃，然后将籽晶杆的提拉速度由 0.2mm/h 提高为 4mm/h，过 15min 之后，

再一次升温 5℃，观察 15min 后，再一次升温 5℃，然后恒温，直到晶体与熔体液面彻底脱离。这一过程大约要持续 90～120min，拉脱后晶体长度应为 25～30mm。

6）退火。晶体拉脱以后就可以降温冷却了，但这一过程需要缓慢地降温退火。由于晶体生长是在具有温度梯度的条件下进行的，因而生长出的晶体内存在热应力。晶体内还同时存在杂质作用的化学应力，以及组分不均和结构缺陷所造成的结构应力。经过退火可以全部或部分地消除这些内应力。实验采用欧陆表自动降温，以-60℃/h 降到 400℃后，关断电源，再自然冷却到室温。

生长过程如图 2.3 所示。

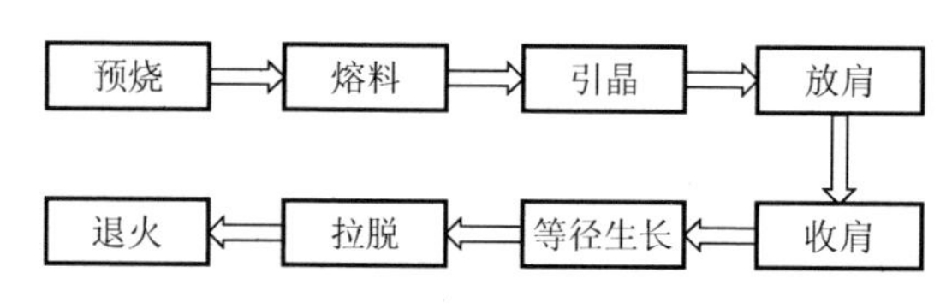

图 2.3　铌酸锂晶体的生长过程

2.2.2　晶体生长的工艺参数

采用提拉法生长晶体过程中，会有很多种因素影响晶体的质量，这些因素之间相互关联同时又相互制约。在本节将简单讨论掺杂 $LiNbO_3$ 晶体生长过程中几个主要的参数。首先，先讨论掺杂晶体生长过程中的两个特殊问题即溶质分凝和组分过冷。

1. *溶质分凝*

根据相平衡规律，假如体系成分偏离固液同成分，那么在由液相向固相转变的过程中，即在液相线与固相线之间的相平衡区域会出现“溶质分凝”现象，这时平衡的固液两相的成分是不同的，用分凝系数可以说明这种成分分布情况。平衡分凝系数 k_0 的定义为

$$k_0 = C_s / C_l \tag{2.4}$$

式中，C_s 和 C_l 分别为平衡时固相和液相的成分。

在掺杂 $LiNbO_3$ 晶体的生长过程中，可以将掺杂剂看作是体系中的溶质，将符合二元体系固液同成分配比的 $LiNbO_3$ 看做溶剂。单掺杂 $LiNbO_3$ 晶体生长体系是一个三元体系，双掺杂 $LiNbO_3$ 晶体生长体系是一个四元体系，其组成会偏离原来的固液同成分组成，因此难免会出现溶质分凝问题。溶质分凝会造成其在固相和液相的浓度不同，影响晶体的质量和均匀性。

实际的晶体生长过程并不满足热力学平衡条件，在液（熔体）与固（晶体）两相之间存在一个由扩散引起的、厚度为 10^{-3}～10^{-2}cm 溶质边界层。在这个边界层中溶质浓度是变化的，从固相到液相存在一个浓度梯度。因此，这里引入一个有效分凝系数 k_{eff} 的概念来替代平衡分凝系数 k_0，即

$$k_{\mathrm{eff}} = k_0 \Big/ \left[k_0 + (1-k_0)\exp\left(-\frac{v_{\mathrm{T}}\delta_{\mathrm{c}}}{D_{\mathrm{L}}} \right) \right] \tag{2.5}$$

式中，v_T 表示晶体的生长速率；δ_c 表示边界层厚度；D_L 表示溶质的扩散系数。在提拉法生长晶体过程中，溶质边界层厚度 δ_c 与晶体转速 ω 之间的关系为

$$\delta_{\mathrm{c}} \approx 1.61 D_{\mathrm{L}}^{1/3} \nu^{1/6} \omega^{-1/2} \tag{2.6}$$

式中，ν 是溶液的运动黏滞系数。将式（2.6）代入到式（2.5）中，可以得到有效分凝系数的表达式为

$$k_{\mathrm{eff}} = k_0 / [k_0 + (1-k_0)\exp(-1.6 v_{\mathrm{T}} D_{\mathrm{L}}^{-2/3} \nu^{1/6} \omega^{-1/2})] \tag{2.7}$$

上式表明，若 v_T 趋于 0 或者 ω 趋于∞，则 k_{eff} 趋于 1。因此实验中通过控制晶体生长速率和晶体转速 ω 能调整有效分凝系数 k_{eff}，使其接近 1，这样可以控制晶体中溶质分布的均匀性，以生长出成分均匀的晶体。

2. 组分过冷

采用熔融法生长晶体时，由于组分变化而产生的过冷现象称为组分过冷。组分过冷是一种固液界面的不稳定现象，一般发生在如掺杂晶体这样的多组分体系中。在通常稳定界面的情况下，从固液界面处深入到液相温度逐渐升高，过冷度（T_m−T_l）逐渐减小。但是对含掺杂剂的多组分体系，由于溶质会出现分凝现象，使得固液界面出存在一个溶质的

梯度分布，所以此处各部分的凝固点 T_f 也不相同。在某些特殊情况下，随着深入液相，虽然温度 T_l 也逐渐升高，但过冷度（$T_f - T_l$）却逐渐增大，而不是减小，如图 2.4 中的阴影部分所示。

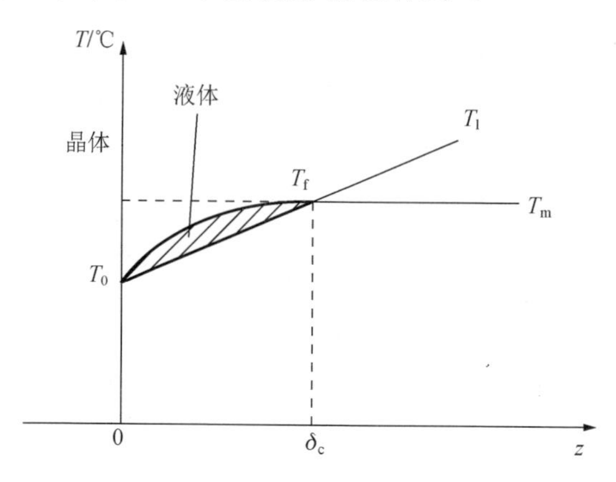

图 2.4　溶质边界层示意图

T_0. 界面处温度；T_m. 熔体温度；T_f. 凝固温度；T_l. 液相温度；δ_c. 边界层厚度

此时生长出来的晶体中溶质的分布不均匀，严重时甚至出现网络结构。对于分凝系数 $k_0<1$ 的溶质（实验中有的掺杂剂属于这种情况），随着晶体生长的进行，溶质逐渐在液相中富集，发生组分过冷的可能性越来越大。有时某些晶体的顶部质量较好，后部缺陷逐渐增多，甚至不透明。

不掺杂的固液同成分配比的 $LiNbO_3$ 晶体生长，已有一套较为成熟的工艺条件，本书实验在此基础上，针对不同[Li]/[Nb]比的三掺 $LiNbO_3$ 晶体的生长，对工艺条件进行了适当改进，摸索了合适的晶体生长工艺参数，包括温度梯度、提拉速度和旋转速度等。

1）温度梯度温度梯度包括轴向（纵向）和径向温度梯度。轴向温度梯度是晶体生长的原动力，只有合适的轴向温度梯度才能保证晶体顺利生长。沿轴向（正方向）的温度梯度可表示为

$$\frac{2\varepsilon_b}{\alpha a^{3/2}}\cdot\left(\frac{2}{h}\right)^{1/2} \geqslant \left(\frac{\partial T}{\partial Z}\right)_{\mathrm{s}} \geqslant \left\{-\frac{k_l m V_{\mathrm{T}}[C_l(B)(1-k^*)]}{D[k^*+(1-k^*)\exp(v_{\mathrm{T}}\delta/D)]}+L\rho v_{\mathrm{T}}\right\}\Big/k_{\mathrm{s}} \tag{2.8}$$

式中，$(\partial T/\partial Z)_s$为晶体中的轴向温度梯度；$\varepsilon_b$为晶体的碎裂应变；$\alpha$为热膨胀系数；$a$是晶体半径；$h$为热交换系数；$k_l$为液体的热导率；$k_s$晶体的热导率；$m$为液相线斜率；$v_T$为固液界面的移动速率；也就是晶体生长的速率；$\delta$为溶质边界层厚度；$D$为扩散系数；$k^*$为界面处分凝系数；$C_l$（$B$）是熔体主体的浓度；$L$为结晶潜热；$\rho$为密度。

晶体开裂的主要因素之一是存在热应力，而温度梯度是影响热应力的主要因素。当温度梯度较大（超过100℃/cm）时，由于晶体内部应力很大，在晶体生长结束后降温过程中容易开裂；在晶体生长过程中，如果温度起伏较大，则晶体外形会有很大变化；晶体生长结束后降温过快会使晶体产生内应力，严重时甚至可能引起炸裂。因此，晶体生长过程中要采取较小的温度梯度（小于40℃/cm）。

由式（2.8）可见，温度梯度$(\partial T/\partial Z)_s$应当控制在一定的范围内，不能太大也不能太小。轴向温度梯度大，虽然晶体容易生长，但晶体内热应力大，容易产生裂纹；轴向温度梯度小，可以减小内应力，避免开裂，但易出现组分过冷而影响晶体质量。上式中的部分参数难以精确求得，加上诸多其他因素的影响，一般是通过大量实验摸索到合适的温度梯度。本实验选择的轴向温度梯度为30～40℃/cm，通过调节坩埚高度和保温罩厚度获得的。径向温度梯度要求均匀、对称、平缓，一般选得较小，本书实验中采用了保温性能良好莫来石的材料做保温罩，以控制晶体的径向温差。

2）提拉速度拉速与热应力的关系为[10]

$$\varepsilon_b = \frac{\sqrt{2}}{4}\alpha_c a(ah)^{1/2}\frac{\rho l}{k_s}v_T \tag{2.9}$$

式中，α_c为晶体c方向热膨胀系数；a为晶体半径；h为晶体的总热交换系数；ρ为晶体密度；l为晶体长度；k_s为晶体热传导率。从式（2.9）可以看出，晶体所允许的最大热应变ε_{max}与极限生长速率v_{Tmax}成正比，这说明采用较低的生长速率，才能获得热应力小质量高的晶体。

3）旋转速度用提拉法生长晶体时，晶体相对于熔体旋转，本书实验中采取的是固定坩埚旋转晶体的方法，其直接作用是搅拌熔体并且产生强制对流，这样可以增加径向温场的对称性。高质量的晶体取决于生长时固液两相界面的形状，而固液界面形状受到晶体旋转速率影响。晶体生长固液界面形状如图 2.5 所示。

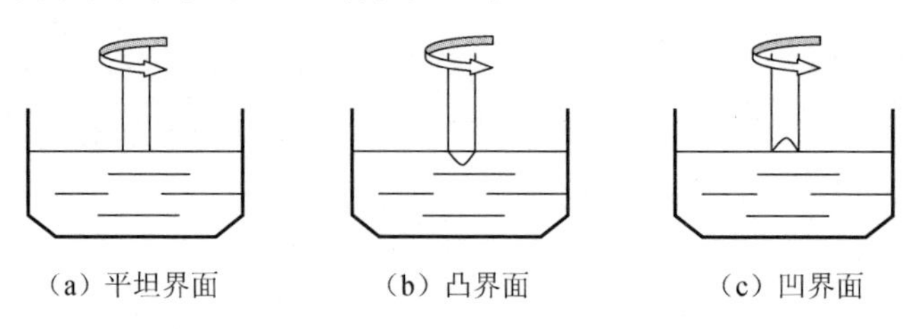

图 2.5　晶体生长固液界面形状

高质量的晶体应在平坦的界面下生长[图 2.5（a）]，此时晶体内应力较小。晶体旋转速率过快界面会变凹[图 2.5（b）]，此时固液界面稳定性不好，易产生生长条纹；旋转速度慢则会使界面变凸[图 2.5（a）]，此时熔体受自然对流影响，界面热交换缓慢，晶体易产生包裹体。平坦的固液界面是保证晶体质量、减少缺陷的重要条件。另外，晶体旋转也会影响溶质分凝。选择晶体转速开始较快，后来随着熔体减少，自然对流减弱，缓慢地降低转速，以保证固液界面平坦。

为了生长出等径度较好的 $LiNbO_3$ 晶体，本实验采用 WJT-702 及上浮秤组成的控制系统。浮秤结构装置如图 2.6 所示，该装置使用等径玻璃杯作为盛水容器，用盛满水的等径玻璃瓶作为模拟体，使用平行板电容作为杠杆偏离程度的信号源。虽结构简单，但灵敏度符合 $LiNbO_3$ 晶体生长的控制要求。在设计浮秤装置时，根据晶体和坩埚及外容器直径大小来确定模拟体直径，模拟体的力臂大小直接影响浮秤灵敏度，力臂越大灵敏度越高。

模拟体大小及其力臂又决定所生长晶体的直径。浮秤自动控制原理是把模拟体提出水面而减小浮力所引起左边力矩的增大与晶体生长所引起右边力矩的增大通过杠杆平衡情况来做比较，其结果通过平行板电容器反应到传感器上，其偏差值作为控制信号通过控制晶体生长温度来控制晶体生长速率。

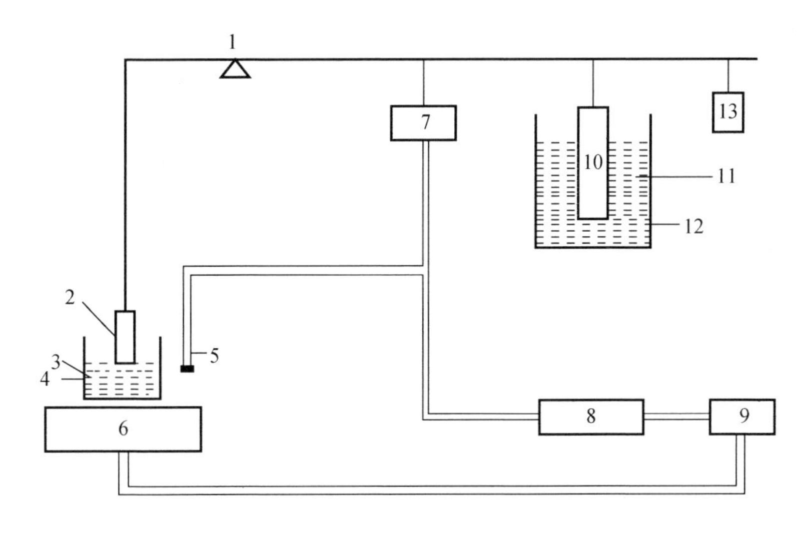

图 2.6　上浮秤自动控制系统示意图

1. 支点；2. 晶体；3. 熔融铌酸锂；4. 铂坩埚；5. 热电偶；6. 加热器；7. 压电片；
8. 702 温度控制器；9. 功率放大器；10. 模拟物；11. 水；12. 玻璃容器；13. 调节器

在上浮技术中，如果把模拟体作为晶体的质量生长设定器，则通常使晶体的提拉速率与模拟体提拉出水面的速率相等，在自动控制生长晶体过程中，如果左边液面下降导致浮力减小而使力矩增加与右边晶体生长增大了晶体重量而使力矩增大的幅度相等（此外忽略了熔体和水的挥发及固液界面的表面张力），则平行板电容间距不变，从而保证晶体直径大小按照设定值大小生长。由于模拟体与提拉速相同，则待生长晶体尺寸为

$$R=\frac{[R_1^2\times\rho_1\times r^2\times R_2\times\rho_3\times H]^{1/2}}{[(R_2^2-r^2)\times H\times R_1^2\times\rho_1\times\rho_2+r^2\times R_2^2\times\rho_3\times H\times\rho_2]^{1/2}} \tag{2.10}$$

式中，R 为晶体半径；r 为模拟体半径；R_2 为玻璃容器半径；R_1 为坩埚半径；ρ_1 为 $LiNbO_3$ 熔体密度；ρ_2 为 $LiNbO_3$ 晶体密度；H 为模拟体力臂；h 为晶体力臂；ρ_3 为水密度。由上式可知，当 R_2、R_1、ρ_3、ρ_1、h 值确定后，待生长的晶体半径便由模拟体半径 r 和模拟体力臂 H 来决定，根据式（2.10）所计算出来的直径与实验实际生长的晶体直径基本一致。

2.3 抗光损伤元素与铁掺杂铌酸锂晶体的生长

掺铁铌酸锂（$Fe:LiNbO_3$）晶体是一种优良的光学体全息存储材料，但 $Fe:LiNbO_3$ 晶体使用范围也受制于低灵敏度、高散射噪声和记录信息的挥发性等等。同时，由于 $LiNbO_3$ 晶体独特的结构，非常适合掺入不同的金属离子对性能进行改进和优化。

对于 $LiNbO_3$ 晶体来说，很小量的掺杂浓度就能明显改善晶体的光折变性能。一般晶体中光折变元素的掺杂浓度为 10^{-1}～10^{-3}*wt* %，相应地晶体中掺杂点缺陷的浓度为 10^{17}～$10^{19}cm^{-3}$，这种浓度可以保证晶体中单一的光折变缺陷中心。若掺杂浓度过大，在晶体中会形成复合缺陷光折变中心（电子-空穴对）。另外，光折变元素的浓度也影响晶体对记录光的吸收。记录光一方面激发出电荷载流子，建立空间电荷场；另一方面也降低了晶体的透射光强，使得晶体内所记录的折射率光栅的读出效率下降很多。在单光存储的条件下，光折变晶体的最佳吸收率是 67%，即有大约 2/3 的入射激光能量用于记录光折变折射率光栅，另外大约 1/3 的入射光用于透过晶体读取写入的信息。

目前为止，发现的抗光折变杂质离子主要有 Mg、Zn、Sc、In 等具有单一价态和满壳层结构的离子，它们可以降低晶体的光折变性能，提高晶体的抗光致散射能力。

对于抗光折变离子的作用机理，已经进行了较深入的研究，从大量的实验事实中得出了一个比较一致的结论：抗光折变离子进入晶格中，首先置换反位铌（Nb_{Li}^{4+}），并将占 Li 位的 Fe^{3+} 逐渐排挤到 Nb 位，形成 Fe_{Nb}^{2-}，使得 Fe^{3+} 俘获电子的能力大大降低，也就是说晶体中掺入抗光折变离子的过程实际上是用光折变不敏感的缺陷中心来替代晶体中的光折变敏感中心。结果使得光电导值增大，而光伏电流不变，导致内电场短路，光折变效应大大削弱，抗光致散射能力增强。表 2.6 给出了抗光损伤元素与铁三掺铌酸锂晶体编号及原料配比。

表 2.6　抗光损伤元素与铁三掺铌酸锂晶体编号及原料配比

No.	Mg^{2+}	Ce^{4+}	Zn^{2+}	Zr^{4+}	Ru^{4+}	Fe^{3+}
Fe1	0	0.1	0	0	0	0.03
Fe2	2	0.1	0	0	0	0.03
Fe3	4	0.1	0	0	0	0.03
Fe4	6	0.1	0	0	0	0.03
Fe5	1	0	0	0	0.1	0.03
Fe6	3	0	0	0	0.1	0.03
Fe7	5	0	0	0	0.1	0.03
Fe8	7	0	0	0	0.1	0.03
Fe9	0	0	1	0	0.1	0.03
Fe10	0	0	3	0	0.1	0.03
Fe11	0	0	5	0	0.1	0.03
Fe12	0	0	7	0	0.1	0.03
Fe13	0	0	0	0	0.1	0.03
Fe14	0	0	0	1	0.1	0.03
Fe15	0	0	0	2	0.1	0.03
Fe16	0	0	0	3	0.1	0.03

$LiNbO_3$ 晶体的缺陷结构与晶体中的[Li]/[Nb]密切相关。当晶体中[Li]/[Nb]发生变化时，晶体中的本征缺陷、光折变敏感杂质的占位甚至价态都将发生变化，进而影响 $LiNbO_3$ 晶体的光折变性能[11~13]。同成分 $LiNbO_3$ 晶体由于偏离化学计量比，在晶体中形成了大量的本征缺陷，从而对 $LiNbO_3$ 晶体的许多性能产生了很大的影响。近化学计量比（[Li]/[Nb]≈1）$LiNbO_3$ 晶体由于提高[Li]/[Nb]比使晶格趋于完整，本征缺陷大大减少，其许多光折变性能都明显提高。例如，化学计量比 Fe:$LiNbO_3$ 晶体的指数增益系数比同成分 Fe:$LiNbO_3$ 晶体高约一倍，响应速度快 10 倍[14]。因此，越来越多的科研人员都在开展近化学计量比 $LiNbO_3$ 晶体的生长工作。生长近化学计量比 $LiNbO_3$ 晶体是人们一直追

求的目标，只是由于技术上的困难，直到近几年近化学计量比 $LiNbO_3$ 晶体的研究才开始成为国际上的一个热点。目前国际上主要发展了三种生长近化学计量比 $LiNbO_3$ 晶体的方法：一种是气相交换平衡法[15]（vapor phase equilibration），将同成分 $LiNbO_3$ 晶体置于化学计量比锂蒸气中，通过锂蒸气的气相交换使锂扩散到晶体中，从而提高晶体中的[Li]/[Nb]比；第二种是助熔剂提拉法[16]，掺入高于 6mol%K_2O 的熔体中生长得到；第三种是富 Li 法，由熔体组分与晶体组分的关系可知，通过改变熔体中的[Li]/[Nb]可以改变晶体中的[Li]/[Nb]。当熔体中的[Li]含量超过 58mol%时，可生长出化学计量比 $LiNbO_3$ 晶体。但由于熔体和晶体组分相差太大，在生长晶体的过程中将出现严重的分凝，造成晶体组分严重不均。双坩埚连续加料法可以克服组分的改变，从而生长出高光学均匀性的化学计量比 $LiNbO_3$ 晶体。表 2.7 给出了[Li]/[Nb]不同的掺杂铁系列铌酸锂晶体编号及原料配比。

表 2.7　[Li]/[Nb]不同的掺杂铁系列铌酸锂晶体编号及原料配比

No.	Zr^{4+}/mol%	Mn^{2+}/*wt*%	Zn^{2+}/mol%	Ru^{4+}/mol%	Fe^{3+}/*wt*%	Li/Nb
Fe17	1	0.15	0	0	0.15	0.94
Fe18	1	0.15	0	0	0.15	1.05
Fe19	1	0.15	0	0	0.15	1.20
Fe20	1	0.15	0	0	0.15	1.40
Fe21	1	0	0	0	0.03	0.85
Fe22	1	0	0	0	0.03	1.05
Fe23	1	0	0	0	0.03	1.38
Fe24	2	0	0	0.1	0.03	0.94
Fe25	2	0	0	0.1	0.03	1.05
Fe26	2	0	0	0.1	0.03	1.38

用提拉法生长晶体时晶体相对于熔体旋转，通常是固定坩埚旋转晶体，目的是搅拌熔体并且产生强制对流，以增强径向温场的对称性。高

质量的晶体取决于生长时固液两相界面的形状，而固液界面形状受到晶体旋转速率影响。高质量的晶体应保证固液界面平坦，这样能保证晶体内应力较小。晶体旋转速率过快界面会变凹，此时固液界面稳定性不好，易产生生长条纹；旋转速度慢则会使界面变凸，此时熔体受自然对流影响，界面热交换缓慢，晶体易产生包裹体。平坦的固液界面是保证晶体质量、减少缺陷的重要条件。晶体开始生长时旋转较快，随着熔体减少，自然对流减弱，缓慢地降低旋转速度以保证固液界面平坦。根据以上分析，本书实验中选择的晶体生长工艺参数见表 2.8 和表 2.9。

表 2.8　抗光损伤元素与铁掺杂铌酸锂晶体生长工艺参数

样品	轴向温度梯度 /（℃/cm）	径向温度梯度 /（℃/cm）	提拉速度 /（mm/h）	晶体旋转速度 /（r/min）	退火速率 /（℃/h）
Fe1	30～45	4～6	15～20	15～20	15～20
Fe2	30～45	4～6	15～20	15～20	15～20
Fe3	25～30	3～5	20～25	20～25	20～25
Fe4	30～45	4～6	15～20	15～20	15～18
Fe5	30～45	4～6	15～20	15～20	15～20
Fe6	30～45	3～5	20～25	20～25	20～25
Fe7	25～30	3～5	20～25	18～22	20～25
Fe8	30～40	4～6	15～20	15～20	15～20
Fe9	30～45	4～6	15～20	15～20	15～18
Fe10	30～45	3～5	20～25	20～25	20～25
Fe11	30～45	4～6	15～20	15～20	15～20
Fe12	25～30	3～5	10～18	15～18	15～20
Fe13	30～45	4～6	15～20	15～20	15～18
Fe14	30～45	3～5	20～25	20～25	20～25
Fe15	30～45	4～6	15～20	15～20	15～20
Fe16	30～45	3～5	20～25	20～25	15～20

表 2.9　[Li]/[Nb]不同的掺杂铁系列铌酸锂晶体生长工艺参数

样品	轴向温度梯度 /（℃/cm）	径向温度梯度 /（℃/cm）	提拉速度 /（mm/h）	晶体旋转速度 /（r/min）	退火速率 /（℃/h）
Fe17	30～45	4～6	15～20	15～20	15～20
Fe18	30～45	4～6	15～20	15～20	15～20
Fe19	25～30	3～5	20～25	20～25	20～25
Fe20	30～45	4～6	15～20	15～20	15～18
Fe21	30～45	4～6	15～20	15～20	15～20
Fe22	30～45	3～5	20～25	20～25	20～25
Fe23	25～30	3～5	20～25	18～22	20～25
Fe24	30～45	4～6	15～20	15～20	15～18
Fe25	30～45	3～5	20～25	20～25	20～25
Fe26	25～30	3～5	25～28	15～18	15～20

2.4　抗光损伤元素与镱掺杂铌酸锂晶体的生长

Yb^{3+}离子作为一种有效敏化剂，具有大的吸收（$2.238\times10^{-20}cm^2$）与发射截面面积（$2.109\times10^{-20}cm^2$）可以吸收 980nm 左右的激光，并把能量传递给 Ho^{3+}、Tm^{3+}和 Er^{3+}，通过激发态再吸收，激发到更高的激发态，以实现上转换发光。铌酸锂晶体具有优良的电光效应和非线性光学效应，是应用广泛的多功能晶体。而铌酸锂晶体又因掺杂不同的离子具备多种优异的光学特性备受人们青睐。稀土离子具备丰富的能级结构的这一特点，使它常用作激活离子掺入到晶体中。稀土铌酸锂晶体恰恰是结合了铌酸锂晶体的非线性和稀土离子的上转换特性，成为了研究者们的重点研究对象。稀土铌酸锂晶体在激光二极管泵浦、短波长激光器、制备紧凑型等应用颇为广泛。如果将稀土掺杂铌酸锂晶体应用到微型波导上转换激光器中，首先就要考虑激光介质的光损伤问题。虽然铌酸锂晶体的抗光损伤能力较差，但是掺杂适量的抗光损伤元素后可以将铌酸锂晶体的抗光损伤能力提高百倍以上。研究抗光损伤元素对钬掺杂铌酸锂晶体的光学特性的影响对其在上转换激光器中的实际应用十分重要。表 2.10 给出了抗光损伤元素与镱三掺铌酸锂晶体编号及原料配比。

表 2.10　抗光损伤元素与镱三掺铌酸锂晶体编号及原料配比　　（单位：mol%）

No.	In^{3+}	Mg^{2+}	Zn^{2+}	Zr^{4}	Yb^{3+}	Tm^{3+}	Er^{3+}	Ho^{3+}	Li/Nb
Yb1	0	0	0	0	1	1	0	0	0.946
Yb2	1	0	0	0	1	1	0	0	0.946
Yb3	2	0	0	0	1	1	0	0	0.946
Yb4	4	0	0	0	1	1	0	0	0.946
Yb5	0	1	0	0	1	0	0	1	0.946
Yb6	0	3	0	0	1	0	0	1	0.946
Yb7	0	5	0	0	1	0	0	1	0.946
Yb8	0	7	0	0	1	0	0	1	0.946
Yb9	0	0	1	0	1	0	1	0	0.946
Yb10	0	0	3	0	1	0	1	0	0.946
Yb11	0	0	5	0	1	0	1	0	0.946
Yb12	0	0	8	0	1	0	1	0	0.946
Yb13	0	0	0	0	1	0	0	1	0.946
Yb14	0	0	0	1	1	0	0	1	0.946
Yb15	0	0	0	2	1	0	0	1	0.946
Yb16	0	0	0	5	1	0	0	1	0.946

$LiNbO_3$ 晶体的缺陷结构与晶体中的[Li]/[Nb]密切相关。当晶体中[Li]/[Nb]发生变化时，晶体中的本征缺陷、光折变敏感杂质的占位甚至价态都将发生变化，进而影响 $LiNbO_3$ 晶体的光折变性能。表 2.11 给出了[Li]/[Nb]不同的掺杂镱系列铌酸锂晶体编号及原料配比。

表 2.11　[Li]/[Nb]不同的掺杂镱系列铌酸锂晶体编号及原料配比　　（单位：mol%）

No.	In^{3+}	Hf^{4+}	Yb^{3+}	Ho^{3+}	Li/Nb
Yb17	1	0	1	1	0.946
Yb18	1	0	1	1	1.05
Yb19	1	0	1	1	1.20

续表

No.	In^{3+}	Hf^{4+}	Yb^{3+}	Ho^{3+}	Li/Nb
Yb20	1	0	1	1	1.38
Yb21	0	1	1	1	0.85
Yb22	0	1	1	1	0.946
Yb23	0	1	1	1	1.05
Yb24	0	1	1	1	1.20
Yb25	0	1	1	1	1.38

对晶体生长的全过程而言，存在诸多因素对晶体的质量产生影响，其中包括原料的选取、原料的配比、生长工艺的熟练程度、选取合适的生长参数等。晶体生长过程中，温度梯度（轴向温度梯度和径向温度梯度）、晶体旋转速度、提拉速度及退火速度等工艺参数对生长高质量晶体起到极其重要的作用。优化晶体生长工艺，确定最终的工艺条件，基本原则是保证得到完整性好、符合原料配比的晶体。本书中抗光损伤元素与镱三掺铌酸锂晶体生长工艺参数见表 2.12。表 2.13 给出了[Li]/[Nb]不同的掺杂镱系列铌酸锂晶体生长工艺参数。

表 2.12　抗光损伤元素与镱三掺铌酸锂晶体生长工艺参数

样品	轴向温度梯度 /（℃/cm）	径向温度梯度 /（℃/cm）	提拉速度 /（mm/h）	晶体旋转速度 /（r/min）	退火速率 /（℃ /h）
Yb1	30～45	4～6	15～20	15～20	15～20
Yb2	30～45	4～6	15～20	15～20	15～20
Yb3	25～30	3～5	20～25	20～25	20～25
Yb4	30～45	4～6	15～20	15～20	15～18
Yb5	30～45	4～6	15～20	15～20	15～20
Yb6	30～45	3～5	20～25	20～25	20～25
Yb7	25～30	3～5	20～25	18～22	20～25
Yb8	30～40	4～6	15～20	15～20	15～20
Yb9	30～45	4～6	15～20	15～20	15～18
Yb10	30～45	3～5	20～25	20～25	20～25
Yb11	30～45	4～6	15～20	15～20	15～20

续表

样品	轴向温度梯度 /（℃/cm）	径向温度梯度 /（℃/cm）	提拉速度 /（mm/h）	晶体旋转速度 /（r/min）	退火速率 /（℃/h）
Yb12	25～30	3～5	25～28	15～18	15～20
Yb13	25～30	3～5	20～25	18～22	20～25
Yb14	30～40	4～6	15～20	15～20	15～20
Yb15	30～45	4～6	15～20	15～20	15～18
Yb16	30～45	3～5	20～25	20～25	20～25

表 2.13　[Li]/[Nb]不同的掺杂镱系列铌酸锂晶体生长工艺参数

样品	轴向温度梯度 /（℃/cm）	径向温度梯度 /（℃/cm）	提拉速度 /（mm/h）	晶体旋转速度 /（r/min）	退火速率 /（℃/h）
Yb17	30～45	4～6	15～20	15～20	15～20
Yb18	30～45	4～6	15～20	15～20	15～20
Yb19	25～30	3～5	20～25	20～25	20～25
Yb20	30～45	4～6	15～20	15～20	15～18
Yb21	30～45	4～6	15～20	15～20	15～20
Yb22	30～45	3～5	20～25	20～25	20～25
Yb23	25～30	3～5	20～25	18～22	20～25
Yb24	30～40	4～6	15～20	15～20	15～20
Yb25	30～45	3～5	20～25	20～25	20～25

2.5　抗光损伤元素与铒掺杂铌酸锂晶体的生长

Er:$LiNbO_3$晶体引起人们的兴趣的原因是由于这种材料是Er离子的激光特性和 $LiNbO_3$ 晶体优良的电光、声光和非线性光学性能的结合。尤其是Er离子可以在光纤通信的最小损耗的第三个窗口1.53μm波长附近产生激光，也可以进行光放大。另一方面，这种晶体材料可以在集成光学中使有源器件和无源器件如耦合器、滤波器和调制器集成到一起，对于集成光学具有重要意义。再次，通过周期性极化 Er:$LiNbO_3$ 晶体的准位相匹配、自激发可以同时产生三个原色的激光。

$Er:LiNbO_3$ 晶体制作的小型晶体波导放大器和激光器与半导体波导放大器和激光器相比，具有许多独到之处[17]：

1）在波长范围方面，$Er:LiNbO_3$ 的波长为 1.53～1.57μm，对应着硅光纤和大气通信的低衰减、低色散窗口，与当前通信网系统匹配兼容，且对应人眼的不敏感区，为安全波长。可用作 C^3I 高速光纤通信系统的信号源、放大器，也可用于空对空、空对地大气中信息的直接传递，还可以用于测距及大地测量等方面。

2）具有单模窄线宽特性，因此调制带宽较宽，是高速宽带通信及高精度测量用理想光源。

3）其温度稳定性比半导体的好，这种晶体制备的放大器和激光器受环境温度影响小，适用于各种气候环境下国防方面的需要。

4）具有高消光比偏振特性，$LiNbO_3$ 放大器、激光器可提供单偏、单模相干光源，消除光路中由偏振、法拉第效应引起的噪声，对于光传感器有重要实际意义。

5）半导体波导器件的开关速率受到材料本身特性的限制难以做到更高，而 $LiNbO_3$ 器件目前已达到 100GHz 调制速率，而且掺 Er 铌酸锂放大器和激光器的出现，可将各种有源和无源的波导器件做到同一块芯片上，形成多功能集成光学芯片。

尽管 $Er:LiNbO_3$ 作为光波导基片材料有着重要的应用价值，但其存在着一个严重的问题，就是抗光损伤性能较差。近几年来，人们对 $LiNbO_3$ 晶体光损伤产生机理、光损伤对光折变晶体在全息存储中应用的影响、克服全息存储中用 $LiNbO_3$ 晶体光损伤的方法等方面进行了研究。对于晶体材料本身，由于自身存在的本征缺陷 Nb_{Li} 的存在提供了光放大所需要的缺陷能级，所以人们从掺入杂质使这种缺陷浓度下降方面提高晶体的抗光损伤能力。Zhong 等人在 $LiNbO_3$ 晶体中掺入 4.6mol%Mg，晶体的抗光损伤能力大幅度提高。这之后，又发现了一些新的掺杂元素可以起到相同的作用。

掺杂剂对 $LiNbO_3$ 晶体的性能有很大影响。在固液同成分配比 $LiNbO_3$ 的晶体结构中存在大量的本征缺陷，可以允许高浓度掺杂剂离子掺入。1991 年 Hu 等人[18]报道成功地生长出掺杂 25mol% MgO 的 $LiNbO_3$ 晶体，而晶体结构基本不变。对于过渡金属离子和稀土离子来说，掺入几个 mol%，也不会影响晶体的点阵结构。Bermúdez 等人[19]研究了掺 Er 的 $LiNbO_3$ 晶体的生长，他们在 $LiNbO_3$ 中掺入了 1mol%～8mol% 的 Er，发现掺入 3mol%的 Er 已经是 $LiNbO_3$ 晶体的极限。作者在 In 系 Er:$LiNbO_3$ 晶体中选取 Er 的掺杂浓度为 1mol%。

掺 Er 的 $LiNbO_3$ 晶体波导可作为光纤通信中波导放大器和激光器等器件的原材料，但这种掺杂晶体存在着抗光损伤能力较差的缺点，而 Mg 和 Hf 的掺入可以提高 $LiNbO_3$ 晶体的抗光损伤能力，所以作者选择了 Mg:Er:$LiNbO_3$ 和 Hf:Er:$LiNbO_3$ 晶体作为研究对象。表 2.14 给出了抗光损伤元素与镱三掺铌酸锂晶体编号及原料配比。

表 2.14　抗光损伤元素与饵双掺铌酸锂晶体编号及原料配比　　（单位：mol%）

No.	Hf^{4+}	Mg^{2+}	Er^{3+}	Li/Nb
Er1	0	0	1	0.946
Er2	2	0	1	0.946
Er3	4	0	1	0.946
Er4	6	0	1	0.946
Er5	8	0	1	0.946
Er6	0	1	1	0.946
Er7	0	2	1	0.946
Er8	0	4	1	0.946
Er9	0	6	1	0.946
Er10	0	8	1	0.946

优化晶体生长工艺，确定最终的工艺条件，基本原则是保证得到完整性好、符合原料配比的晶体。本书中抗光损伤元素与镱三掺铌酸锂晶体生长工艺参数见表 2.15。

表 2.15　抗光损伤元素与铒双掺铌酸锂晶体生长工艺参数

样品	轴向温度梯度 /（℃/cm）	径向温度梯度 /（℃/cm）	提拉速度 /（mm/h）	晶体旋转速度 /（r/min）	退火速率 /（℃/h）
Er1	30～45	4～6	15～20	15～20	15～20
Er2	30～45	4～6	15～20	15～20	15～20
Er3	25～30	3～5	20～25	20～25	20～25
Er4	30～45	4～5	15～20	15～20	15～18
Er5	30～45	4～5	15～20	15～20	15～20
Er6	30～45	3～5	20～25	20～25	20～25
Er7	25～30	3～5	20～25	18～22	20～25
Er8	30～40	4～6	15～20	15～20	15～20
Er9	30～45	4～5	15～20	15～20	15～18
Er10	30～45	3～5	20～25	20～25	15～18

2.6　晶体的后期处理

$LiNbO_3$ 晶体是铁电体，存在自发极化。由于自发极化方向不同，会在晶体中形成畴区。刚生长出的 $LiNbO_3$ 晶体是多畴的晶体。当激光照射在多畴晶体上时，在两种铁电畴交界处（即畴壁）处会发生散射，影响晶体的光学性能，所以需要对生长态晶体进行人工极化处理。常用的方法是用外加直流电场使晶体内的自发极化取向一致，使之转变为单畴晶体。由于 $LiNbO_3$ 晶体处于顺电相时易于极化，因此极化过程需要将晶体加热至居里温度以上使其从铁电相转化为顺电相。本书实验中采用晶体生长完毕后在特定极化炉中极化的方法，这样可以保证晶体处于较小的温度梯度区间，避免通电时晶体开裂。首先将晶体切去头尾，放置 $LiNbO_3$ 陶瓷片并与之良好接触，避免铂电极的离子扩散进晶体。再接上铂电极片，极化炉为立式硅碳棒电阻加热炉，保证较长的恒温区，温度梯度较小，避免引入新的热应力。居里温度与晶体组分和掺杂离子浓度有关，当晶体中掺入其他金属离子或提高 Li 浓度时，居里温度会升高。同成分纯 $LiNbO_3$ 晶体的居里温度约为 1150℃，因此对于掺杂 $LiNbO_3$ 晶体极化温度通常高于纯 $LiNbO_3$ 晶体的极化温度并且低于晶体熔点。

2.6.1　晶体的极化

本书实验中对于掺杂 $LiNbO_3$ 极化时，极化温度选在 1220℃。极化电流按固液同成分配 $LiNbO_3$ 晶体的条件，为 5mA/cm^2，通电时间为 30min。极化工艺程序为

$$\text{室温} \xrightarrow{10\sim12\text{h}} \text{极化温度(1220℃)} \xrightarrow[\text{恒温}]{8\text{h}} \text{极化温度}$$

$$\xrightarrow[\text{加电场}5\text{mA/cm}^2]{30\text{min}} \text{极化温度} \xrightarrow[30\sim40\text{℃/h}]{\text{带电}} 800\text{℃} \xrightarrow[80\sim90\text{℃/h}]{\text{带电}} \text{室温}$$

做以上人工极化处理后，晶体进行定向切割和抛光。定向设备为 YX-1 型 X 射线定向仪，y 面定向。使用 J5050/ZF 型内圆切割机进行切割，切割尺寸约为 12mm×8mm×3mm（x×z×y）。得到的晶片部分进行氧化还原处理，氧化处理的方法是将晶体样品埋在 Nb_2O_5 粉末中加热至 1000℃以上，利用 Nb_2O_5 分解产生 O_2 形成的氧气气氛氧化样品，氧化时间为 48h；还原处理的方法是在 500℃时将晶体样品埋于 Li_2CO_3 粉末中恒温 8h。以上方法能保证氧化还原处理过程中不引入其他离子，且能避免使用高压气瓶。

经过选取合适的温场和适当的工艺参数，成功制备了光学质量均匀的晶体，部分样品如图 2.7 和图 2.8 所示。

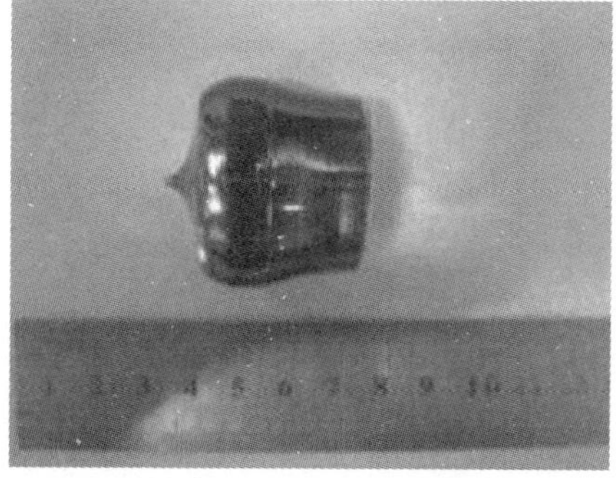

图 2.7　生长的钌铁系列铌酸锂晶体

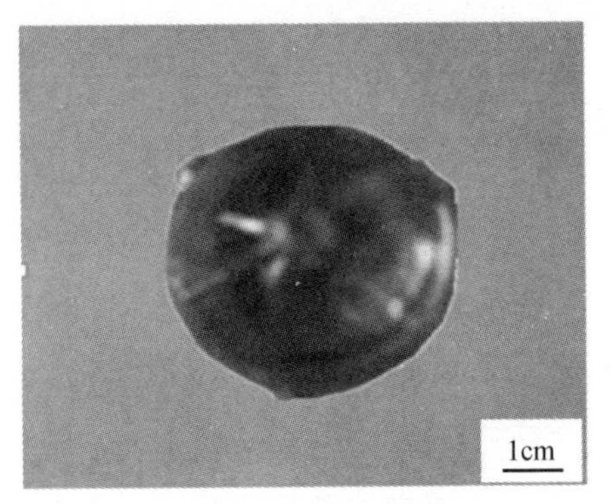

(a) Mg:Yb: Ho:$LiNbO_3$

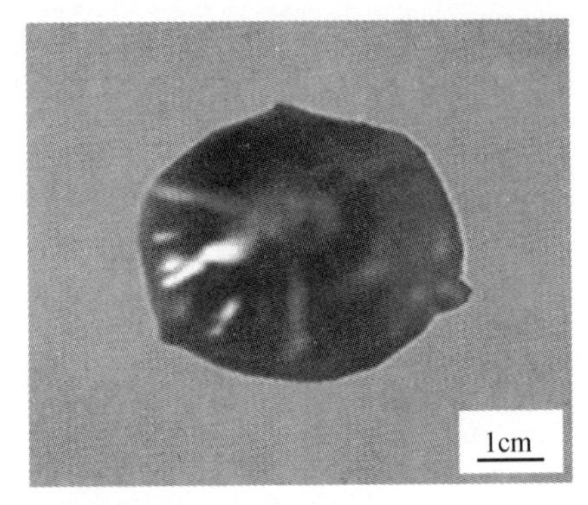

(b) In:Yb:Ho:$LiNbO_3$

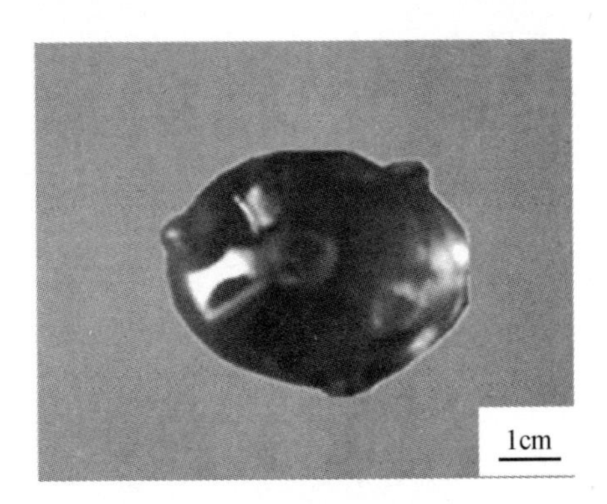

(c) Zr:Yb:Ho:$LiNbO_3$

图 2.8　镱钬系列铌酸锂晶体

2.6.2　晶体的加工

因为铌酸锂晶体各向异性，因此必须对晶体确定微观取向，以描述在某一方向的特性，即对晶体定向。本书实验采用晶体研究室的 DX-2/4 型 X 射线定向仪。切割完毕的晶体在光学加工实验室的抛光机上进行研磨抛光。过程如下：

1）用石蜡和松香将晶体固定到胶盘上，保证底面与胶盘无缝隙，避免晶片两面不平行。

2）将晶体在铜磨盘上用ω20 的刚玉粉进行粗磨。

3）在铜磨盘上用ω10 和ω5 的刚玉粉对晶体进行细磨，每种抛磨 10min 左右。

4）在胶盘上用 CeO_2 作抛光剂在室温下对晶体进行抛光，每面抛光时间为 8h。在研磨和抛光过程中每一次都要用蒸馏水清洗磨盘，以免不同的磨料混到一起使晶体表面产生划痕。加工完毕的晶片样品如图 2.9 和图 2.10 所示。

图 2.9 光谱测试用的钌铁系列铌酸锂晶片

（a） Mg:Yb: Ho:$LiNbO_3$ （b） In: Yb:Ho:$LiNbO_3$

（c） Zr: Yb:Ho:$LiNbO_3$

图 2.10 实验所用的晶片

参 考 文 献

[1] 宋浩亮. 新方法提拉生长 Nd:YVO_4激光晶体[D]. 合肥: 中国科学技术大学, 2010:16-17.

[2] Dai L, Yan Z H, Jiao S S, et al. Effect of [Li]/[Nb] ratios on the absorption and up-conversion emission spectra in In:Yb:Ho:$LiNbO_3$ crystal[J]. Journal of Alloys and Compounds, 2015, 644:502.

[3] Dai L, Yan Z H, Jiao S S, et al. OH^- absorption and one-color holographic recording in Ru:Fe:$LiNbO_3$ crystals varied co-doped with HfO_2[J]. Optical Materials, 2014, 38:252.

[4] Schiller F, Herreros B, Lifante G. Optical characterization of vapor Zn-diffused waveguides in lithium niobate[J]. Journal of the Optical Society of America, 1997, 14(2): 425-429.

[5] Dai L, Jiao S S, Xu C, et al. Dopant occupancy and increased exposure energy of Zr:Yb:Ho:$LiNbO_3$ crystals[J]. Materials Research Bulletin, 2014, 53:132-135.

[6] Zhen X H, Zhao L C, Xu Y H. Defect structure and optical damage resistance of Zn: Fe: $LiNbO_3$[J]. Applied Physcis B, 2003, 76(6): 655-659.

[7] Dai L, Li D Y, Xu C, et al. Influence of Hf^{4+} ions concentration on the defect structure and exposure energy in Hf:Ho:$LiNbO_3$[J]. Optics and Laser Technology. 2013, 45: 503-507.

[8] 陈念贻. 键参数函数及其应用[M]. 北京: 科学出版社, 1976: 102-105.

[9] 李光滨. 钪锰铁掺杂铌酸锂晶体的光折变性能研究[D]. 哈尔滨: 哈尔滨理工大学, 2009, 30-32.

[10] 张克从, 张东浦. 晶体生长[M]. 北京: 科学出版社, 1981: 367-379.

[11] Dai L, Wu S P, Guo J J, et al. Effect of Li/Nb ratio on growth and spectrometric characterization of Hf:Fe:$LiNbO_3$ crystals[J]. Modern Physics Letters B., 2009, 23: 1557-1565.

[12] Fay H, Alford W J, Dess H M. Dependence of second harmonicphasematching temperature in $LiNbO_3$ crystals on melt composition[J]. Appl. Phys. Lett., 1968, 12: 89-92.

[13] Dai L, Su Y Q, Wu S P, et al. Influence of Li/Nb ratios on defect structure and photorefractive properties of Zn: In: Fe: $LiNbO_3$ crystals[J]. Optics Communications, 2011, 284(7): 1721-1725.

[14] Bordui P F, Notwood R G, Jundt D H, et al. Preparation and characterization of off-congruent lithium niobatecrystals [J]. Journal of Applied Physics, 1992, 71(2): 875-879.

[15] Malovivhko G, Grachev V, Kokanyan E, et al. Characterzation of stoichiometric $LiNbO_3$ growth from melts containing K_2O[J]. Applied Physics A, 1993, A56(2): 103-108.

[16] Malovivhko G, Cerclier O, Estienne J, et al. Lattice constants of Kand Mg doped $LiNbO_3$ comparison with nonstoichiometric lithim niobate[J]. Journal of Applied Chemistry Solids, 1995, 56 (9): 1285-1289.

[17] 胡维晟, 陈淑芬. 掺铒铌酸锂波导激光器的发展[J]. 光电子技术与信息, 2000, 13(6): 1-7.

[18] Hu H J, Chang Y H, Yen F S, et al. Crystal growth and characterization of heavily MgO-doped $LiNbO_3$[J]. Journal of Applied Physcis, 1991, 69(11): 7635-7639.

[19] Bermudez V, Serrano M D, Tornero J, et al. Er incorporation into congruent $LiNbO_3$ crystals[J]. Solid State Communications, 1999, 112(12): 699-703(5).

第三章　多种新型掺杂铌酸锂晶体的缺陷结构

3.1　分 凝 测 试

晶体生长过程中掺杂离子存在分凝现象，使晶体中的元素浓度与配料中的不同。此外，由于晶体中掺入多种元素，各种元素之间也会互相影响，造成晶体中与熔体中的杂质离子浓度存在差异，因此确定晶体中离子的实际浓度成为研究晶体性能的必要条件。电感耦合等离子体原子发射光谱法（ICP-AES）具备检测能力强、精密度高、可进行多元素同时测定等优点而被广泛使用。本书采用 Optima 5300DV 型电感耦合等离子体原子发射光谱仪测试晶体中元素浓度。该设备的测试浓度范围为 10^{-5}～10^{-7}，精度（相对标准偏差）小于 6%。由于不同种类、不同掺杂浓度的杂质离子在铌酸锂晶体中具有不同的分凝系数，这种掺杂离子的分凝现象导致晶体中的离子浓度与熔体中有差异，因此测量晶体中的实际掺杂浓度是研究晶体性质的首要问题。测定晶体中杂质离子的浓度对于研究 $LiNbO_3$ 晶体的缺陷类型、结构和光学性能有一定的作用。

实验中所使用的标准溶液为国家标准溶液（NCS，由国家钢铁材料测试中心制），Li、Nb、Mg、In、Hf、Ho 元素标准溶液浓度均为 1000μg/mL，介质为 10%HCl。分别量取这五种元素的标准溶液于 50mL 容量瓶中，放入 5mL 纯铌酸锂溶液，加蒸馏水定容，再从中取 5mL 溶液放在 50mL 容量瓶中定容，这时 Li、Nb、Mg、In、Hf、Ho 元素的浓度均为 100μg/m。从晶体的底部切出一块晶体样品，用玛瑙研钵研成粉末，用万分之一天平称出 0.05g 粉末样品放入聚四氟乙烯烧杯，加硝酸和氢氟酸各 10mL，预热 30min 之后采用微波消解炉对样品进行微波消解，消解完全后向溶液中滴加高氯酸同时在加热板上加热，将氢氟酸驱赶掉，以防腐蚀测试设备。待冷却到室温后将溶液置于 50mL 容量瓶中并用 5%的硝酸定容以用于测试。

当固-液两相处于平衡时，固体中的溶质浓度 C_s 与熔体中的溶质浓度 C_l 不一致。分凝系数 K_0 反映晶体生长过程的掺杂元素的质量传输分布性质，当有效分凝系数等于或接近 1 时，掺杂元素在晶体中分布是均匀的，如果分凝系数偏离 1，不利于控制晶体组分分布和光学均匀性。分凝系数定义式[1]为

$$K_0=C_s/C_l \tag{3.1}$$

式中，C_s 和 C_l 分别为晶体中掺杂离子的浓度和熔体中掺杂离子的浓度。

3.1.1 Ru:Fe:$LiNbO_3$ 晶体中掺杂离子的分凝系数

晶体的电感耦合等离子光谱（ICP）测得各晶体样品中的实际掺杂浓度和分凝系数以及晶体中的锂铌比见表 3.1。

表 3.1 掺杂离子浓度测试结果

样品	Fe14	Fe15	Fe16	Fe25	Fe26
晶体中 ZrO_2/mol%	1.22	2.04	2.99	2.13	1.97
分凝系数	1.220	1.020	0.997	1.065	0.985
晶体中 RuO_2/*wt*%	0.0626	0.0560	0.0515	0.0615	0.0498
分凝系数	0.417	0.373	0.344	0.410	0.332
晶体中 Fe_2O_3/*wt*%	0.115	0.112	0.113	0.112	0.109
分凝系数	0.767	0.778	0.753	0.747	0.726
熔体中 Li/Nb	0.946	0.946	0.946	1.100	1.381
晶体中 Li/Nb	0.943	0.951	0.936	0.972	0.994

为了描述随着晶体中和熔体中掺杂离子和 Li/Nb 的变化关系，利用上表列出的结果做出对应变化关系图，如图 3.1～图 3.3 所示。

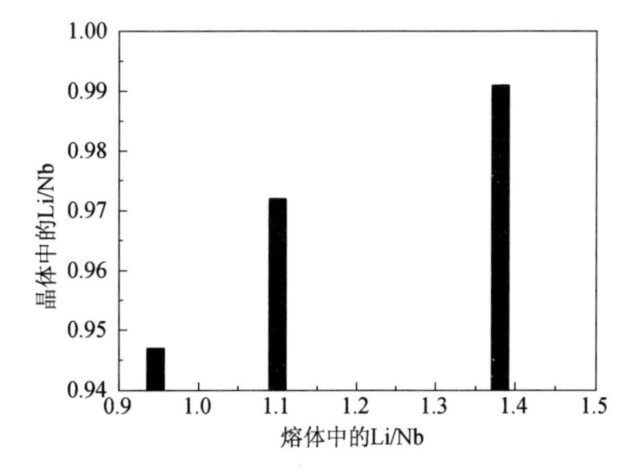

图 3.1　晶体中 Li/Nb 比随熔体中 Li/Nb 比的变化

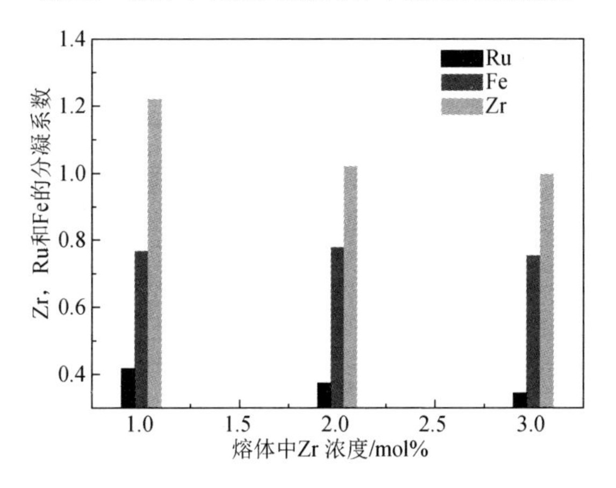

图 3.2　锆、钌和铁的分凝系数与熔体中锆浓度的关系

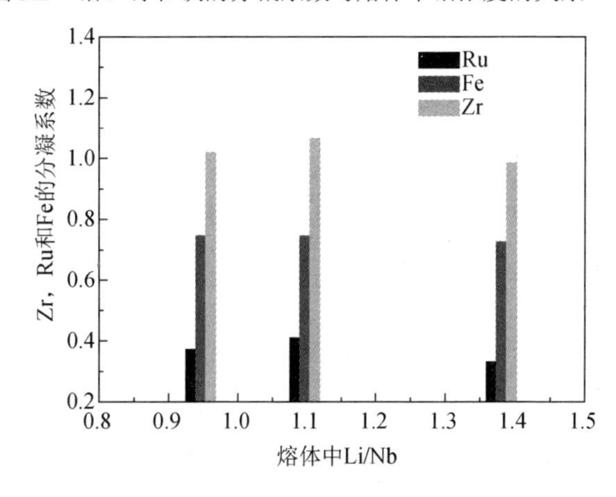

图 3.3　掺杂离子的分凝系数与熔体中锂铌比的关系

从以上测试结果看出，随着原料中 Li/Nb 比提高，晶体中 Li/Nb 比的数值随之增大，当熔体中 Li/Nb 比为 58.0/42.0 时晶体中 Li/Nb 比接近理想化学计量比。对于不同掺 Zr 量的 Zr:Ru:Fe:$LiNbO_3$ 晶体，Zr、Ru 和 Fe 的分凝系数随着 Zr 掺量的增加有减小的趋势，当原料中 Li/Nb 比增加时，晶体中 Zr、Ru 和 Fe 的分布系数逐渐减小，但并不是呈简单的线性关系。Zr 的分凝系数在 0.985～1.220 的范围内变化，特别是其掺杂浓度超过报道的阈值浓度（2mol%）时，分凝系数也接近 1，和 Mg[2]、Hf[3]等相比，可以保证掺杂离子在固液两相的浓度一致，这是生长高光学质量晶体的前提条件之一。随着晶体中 Li/Nb 比接近化学计量比时，掺杂离子的分凝系数变化不大。

由于 Zr 在元素周期表的位置与 Nb 接近，因此更容易进入晶格取代反位铌。随着 Zr 掺杂量的增加，晶体中本征缺陷浓度降低，由于 Ru 和 Fe 离子也是以取代反位铌的形式进入晶格，因此 Ru 和 Fe 进入晶格的量随之减少。当熔体中 Li/Nb 比增加，更多 Li 离子进入晶体，晶体中的锂空位（V_{Li}^-）缺陷和反位铌缺陷（Nb_{Li}^{4+}）数量都会随之减少，掺杂离子进入晶体的难易程度受到影响，Ru 和 Fe 离子难以进入晶格，导致分凝系数下降。

3.1.2　Zr:Fe:$LiNbO_3$ 晶体中掺杂离子的分凝系数

测试得到的掺杂离子在 Zr:Fe:$LiNbO_3$ 晶体中的的实际浓度见表 3.2。

表 3.2　掺杂离子浓度测试结果

样品	Fe21	Fe22	Fe23
晶体里 ZrO_2/mol%	2.41	2.23	2.225
分布系数 k_0	1.205	1.116	1.113
晶体里 Fe_2O_3/*wt*%	0.034	0.024	0.022
分布系数 k_0	1.133	0.800	0.733

图 3.4 给出了 Li 成分随着原料中[Li]/[Nb]比的变化关系，图 3.5 出了晶体中[Li]/[Nb]比随熔体中[Li]/[Nb]比的变化关系，图 3.6 和图 3.7 分别给出了晶体中 Zr 离子和 Fe 离子分布系数随着晶体中[Li]/[Nb]比的变化关系。

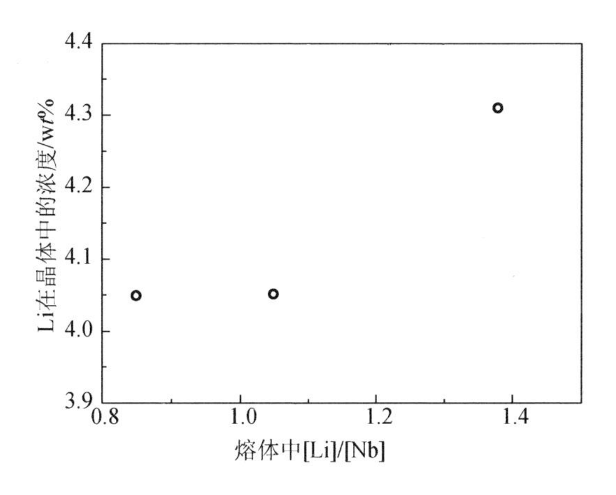

图 3.4　晶体中 Li 成分随熔体中[Li]/[Nb]比的变化

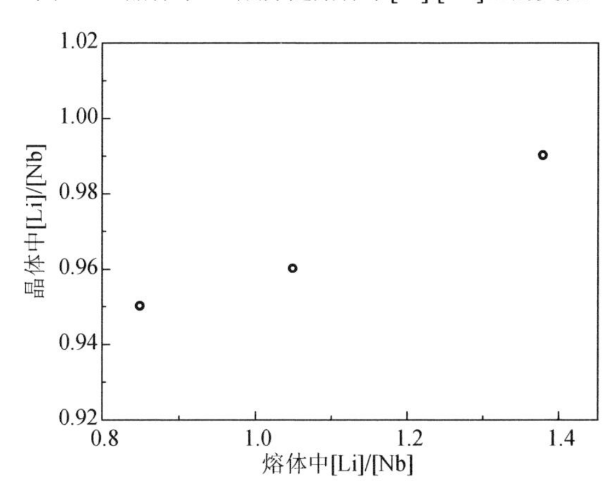

图 3.5　晶体中[Li]/[Nb]比与原料中[Li]/[Nb]比的关系

从实验结果可以看出，随着原料中[Li]/[Nb]比的增加，晶体中 Li 的含量逐渐增加，Nb 的含量逐渐减小，即晶体中[Li]/[Nb]比增加。而随着原料中[Li]/[Nb]比的增加，晶体中 Zr 和 Fe 的分布系数逐渐减小，但并不是呈简单的线性关系，并且 Zr 的分布系数大于 1。随着原料中[Li]/[Nb]比的增加，Zr 的分布系数变化不是很大。以上结果主要是由于随着原料中[Li]/[Nb]比的增加，晶体中本征缺陷浓度减少，晶体中 Li 的含量增加，从而使得 Zr 和 Fe 进入晶体中的难度增加，所以晶体中 Zr 和 Fe 的分布系数逐渐减小。

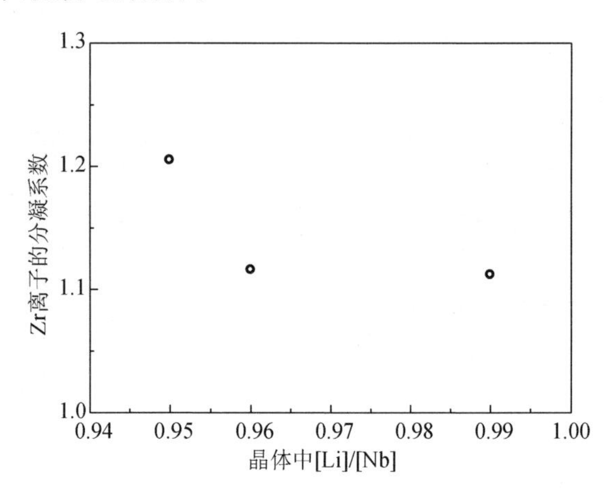

图 3.6　Zr 离子分布系数随[Li]/[Nb]比的变化关系

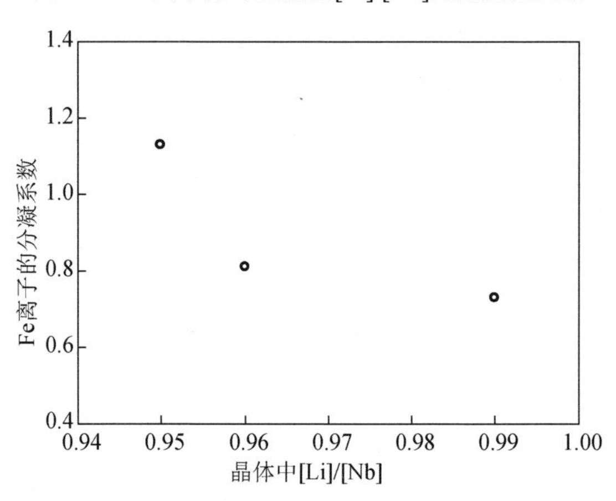

图 3.7　Fe 离子分布系数随[Li]/[Nb]比变化关系

3.1.3　Mg(Zr/Hf):Yb:Ho:$LiNbO_3$ 晶体中掺杂离子的分凝系数

Mg(Zr/Hf):Yb:Ho:$LiNbO_3$ 晶体中掺杂离子的分凝系数与晶体中的锂铌比见表 3.3。

表 3.3　Mg(Zr/Hf):Yb:Ho:LiNbO$_3$ 晶体中各组分与熔体中组分之间的关系

样品	晶体中 Mg^{2+}（Zr^{4+}/Hf^{4+}）/mol%	Mg^{2+}（Zr^{4+}/Hf^{4+}）分凝系数	晶体中 Yb^{3+}/mol%	Yb^{3+}的分凝系数	晶体中 Ho^{3+}/mol%	Ho^{3+}分凝系数
Yb5	0.793	0.793	0.802	0.802	0.841	0.841
Yb6	2.433	0.811	0.778	0.778	0.835	0.835
Yb7	4.215	0.843	0.743	0.743	0.820	0.820
Yb8	6.055	0.865	0.736	0.736	0.809	0.809
Yb13	0	—	0.872	0.872	0.814	0.814
Yb14	0.885	0.885	0.806	0.806	0.759	0.759
Yb15	1.928	0.964	0.771	0.771	0.693	0.693
Yb16	4.96	0.992	0.738	0.738	0.676	0.676
Yb21	0.891	0.891	0.662	0.662	0.744	0.744
Yb22	0.842	0.842	0.690	0.690	0.758	0.758
Yb23	0.817	0.817	0.738	0.738	0.793	0.793
Yb24	0.785	0.785	0.749	0.749	0.810	0.810
Yb25	0.753	0.753	0.802	0.802	0.823	0.823

为了更直观地描述随着 Mg^{2+}（Zr^{4+}/Hf^{4+}）掺杂浓度对掺杂离子的影响，利用表 3.3 所示的结果绘出对应的变化图，结果如图 3.8 所示。

由表 3.3 中可以看出：Mg:Yb:Ho:LiNbO$_3$ 晶体中 Mg^{2+}、Yb^{3+}和 Ho^{3+}的分凝系数随着 Mg^{2+}浓度的增加而减少。根据这个实验结果，作者认为镁离子含量较低时，Mg^{2+}进入晶体中取代 Nb_{Li}^{4+}，随着镁的加入，晶体中本征缺陷浓度降低，影响 Mg^{2+}进入晶体的难易程度，Mg^{2+}占据到 Nb_{Li}^{4+} 的概率减少，导致分凝系数减少。当 Mg^{2+}超过阈值时，反位铌被完全取代，Mg^{2+}进入晶体中开始占据正常的 Li 位和 Nb 位，形成 Mg_{Nb}^{3+}—$3Mg_{Li}^{-}$ 自身的电荷平衡，Mg^{2+}大部分占据 Li 位，一小部分占据 Nb 位，将影响 Yb^{3+}和 Ho^{3+}离子进入晶格占据 Nb，导致 Yb^{3+}和 Ho^{3+}的分凝系数同时减少。

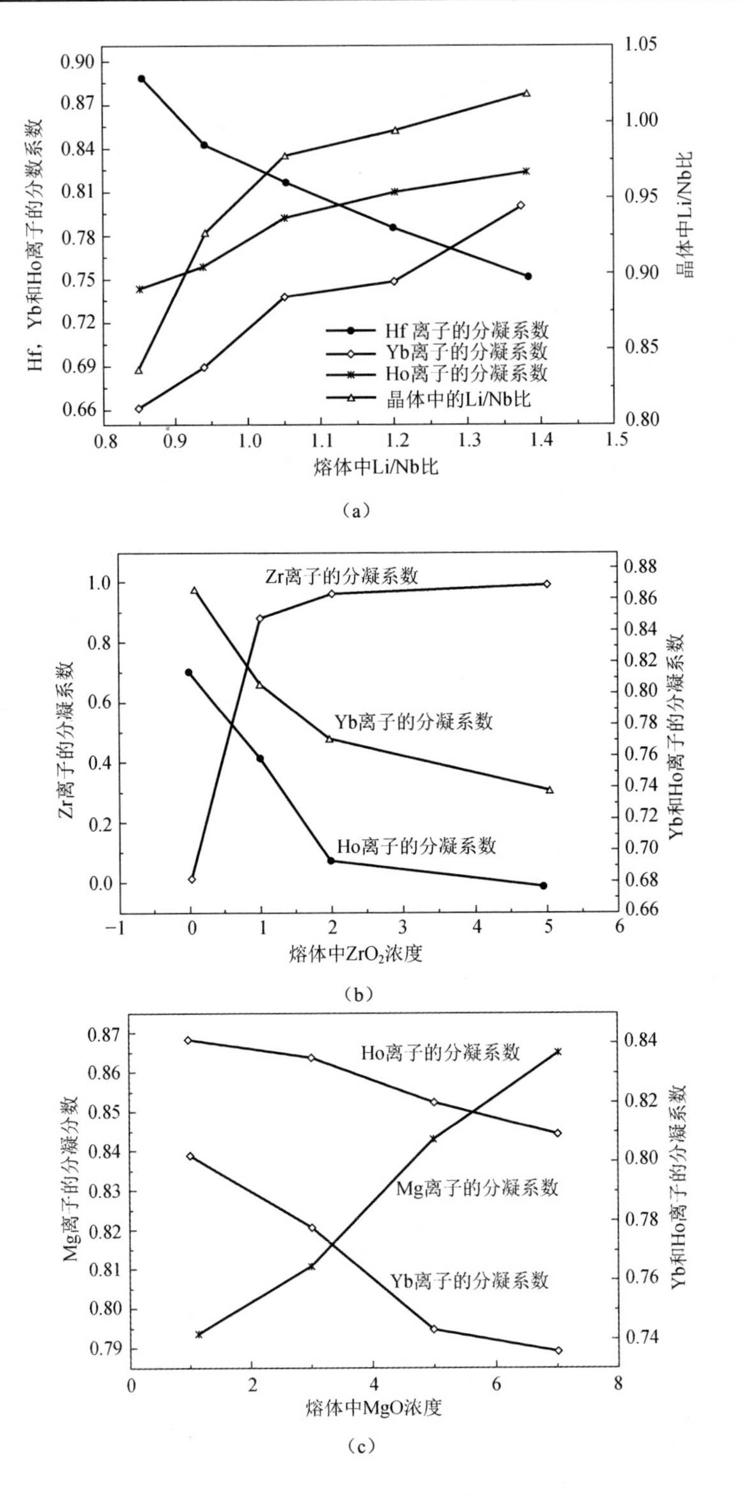

图 3.8　Mg（Zr/Hf）:Yb:Ho:$LiNbO_3$ 晶体的 ICP 测试结果分析

在 Hf:Yb:Ho:$LiNbO_3$ 晶体中各共掺离子的分凝系数和[Li]/[Nb]比列于表 3.3。共掺离子有效的分凝系数是通过对比共掺离子在晶体中的浓度和在熔液中的浓度，结果如图 3.8 所示。可以看出晶体中[Li]/[Nb]比随着熔液中[Li]/[Nb]比的增加而增加。随着熔液中[Li]/[Nb]比的增加 Hf^{4+}的有效分凝系数下降，Yb^{3+}和 Ho^{3+}的有效分凝系数增加。值得注意的是 Hf^{4+}、Yb^{3+}和 Ho^{3+}的有效分凝系数都是小于 1 的。根据此结果，熔液中[Li]/[Nb]比增加导致晶体中 Li 浓度的增加，这导致了晶体中[Li]/[Nb]比的增加。尽管，随着熔液中[Li]/[Nb]比的升高，晶体中 Hf^{4+}的分凝系数会降低，Yb^{3+}和 Ho^{3+}的有效分凝系数反而增加，但这两个系数的增加却不是简单的线性关系，事实上 Ho^{3+}离子的分凝系数几乎没有改变。这些都是由于熔液中[Li]/[Nb]比的升高和晶体中本征缺陷浓度的降低引起的。尤其是，晶体中 Li 浓度的增加会阻碍 Hf^{4+}离子进入晶格，导致 Hf^{4+}离子的分凝系数较大的下降。然而，Hf^{4+}离子浓度的下降会帮助 Yb^{3+}和 Ho^{3+}进入晶体，因此的 Yb^{3+}和 Ho^{3+}分凝系数会增加，这对晶体的声子几乎没有影响。

Zr^{4+}、Yb^{3+}和 Ho^{3+}离子在 Zr:Yb:Ho:$LiNbO_3$ 晶体中的浓度和有效的分凝系数（K_{eff}）示于表 3.3。Zr^{4+}、Yb^{3+}和 Ho^{3+}离子的有效分凝系数是离子在晶体中的浓度和熔液中的浓度比值。Zr^{4+}、Yb^{3+}和 Ho^{3+}离子室温分凝系数与 ZrO_2 浓度之间的关系如图 3.8 所示。可以清晰地发现 Zr 离子有效的分凝系数随着熔液中 ZrO_2 浓度的增长而增长，接近于 1，表明 Zr 在晶体中分配均匀。此外，Yb^{3+}和 Ho^{3+}离子有效分凝系数随着 Zr^{4+}离子在熔液中浓度的增加而降低。当 Zr^{4+}离子进入 Zr:Yb:Ho:$LiNbO_3$ 晶体很容易占固有缺陷（Nb_{Li}^{4+}）位，Nb_{Li}^{4+}浓度急剧降低，抑制 Yb^{3+}和 Ho^{3+}离子进入晶体。

3.2 红外吸收光谱测试

红外吸收光谱分析又称红外分光光度法（IR）。红外光谱是由分子振动能级跃迁产生的，所以红外光谱又称振动光谱。在分子振动能级跃迁的同时，又伴随着转动能级的跃迁，所以红外光谱又称为振动-转动光谱，简称振-转光谱。由分子的振动-转动能级跃迁引起的光谱称为中红外光谱，简称红外光谱。它是目前人们研究最多的区域，也是最有实际用处的区域。分子在常态下处于基态的最低振动能级，当分子吸收红外线以后，就发生振动能级跃迁，即由基态的最低振动能级跃迁到基态的较高振动能级，跃迁所需要的能量就是两个能级的能量差。分子的振动能级差为 0.05～1.5eV，大于转动能级差（0.001～0.025eV）。因此，在分子发生振动能级跃迁时，不可避免地伴随着转动能级跃迁，而很难测得纯振动光谱。

利用红外线照射分子能引起振动能级的跃迁，产生振动光谱，要有一定的条件[4]：

1）恰好能满足物质能级跃迁所需的能量，即物质的分子中某个基团的振动频率等于红外光的频率。或者说当用红外光照射分子时，如果红外光子的能量等于分子振动能级跃迁时所需要的能量，则可被分子吸收，这是红外光谱产生的必要条件。

2）辐射与物质之间有偶合作用，即物质分子在振动过程中有偶极矩变化（$\Delta\mu\neq0$），这是红外光谱产生的充分必要条件。对称分子由于其正负电荷中心重叠，故分子中的振动并不引起μ的变化，从而不能吸收红外辐射；非对称分子由于正负电荷分布不均匀，即存在偶极矩，从而能够吸收红外辐射发生跃迁。物质吸收辐射实质上是外界辐射转移它的能量到分子中去，而这种能量的转移是通过偶极矩的变化来实现的。

由于水气的存在，氧化物晶体在生长过程中都或多或少的溶入氢，在晶体中形成氢键，O—H 键的振动对周围的离子环境非常敏感，因此

测试晶体的 OH^-吸收谱可以研究晶体的缺陷结构。铌酸锂晶体也是如此。铌酸锂晶体中 H^+的存在不仅影响晶体的光折变性能，还对全息光栅的热固定、晶体的暗电导、光波导等产生重要影响[5,6]。OH^-振动峰对周围的离子环境非常敏感，在受到相临基团或键的影响时，其吸收谱带会发生移动。H^+在铌酸锂晶体的生长过程中会进入到晶体内部与氧结合，以 OH^-离子的形式影响其物理性能。因此，OH^-振动红外谱可以用于分子中基团或键的受力分析，研究铌酸锂晶体的缺陷结构[7,8]。铌酸锂晶体中 H^+的存在不仅影响其光折变性能，还对全息光栅的热固定、晶体的暗电导、光波导等产生重要影响。但是，从另一方面看，由于 OH^-振动峰对周围的离子环境十分敏感，可以利用 OH^-来研究铌酸锂晶体的缺陷结构。

1968 年，Simth 等人[9]首先在对铌酸锂晶体的实验中发现了 OH^-吸收谱，此后人们对此进行了大量的研究。研究发现，OH^-吸收峰的位置不仅随着铌酸锂晶体中的 Li/Nb 比的变化发生移动[10]，而且通过掺杂也可以改变吸收峰的+位置[11]。因此，OH^-的红外吸收谱就可以用作定性探测铌酸锂晶体组分的工具。Kovacs 等人[12]通过对 $LiNbO_3$ 晶体 OH^-红外光谱的研究认为 Li/Nb 比接近 1 的 $LiNbO_3$ 晶体中存在 3 个峰位，分别位于 3466cm^{-1}、3481cm^{-1} 和 3490cm^{-1}，并认为 $LiNbO_3$ 晶体中在垂直 c 轴的平面上，存在着三个具有不同 O—O 键长的氧三角形，三个不同长度的 O—O 键具有不同的阳离子配位环境，OH^-处在这三个不等价的能量位置上，从而产生了三个伸展振动频率。Engelskerg 等人[13]通过质子交换的 $LiNbO_3$ 晶体的核磁共振（NMR）测量，表明在 $LiNbO_3$ 晶体中 H^+通过取代 Li^+进入晶格，并且 H^+处在距 V_{Li} 最近的氧三角平面的 O—O 键上。冯少新[14]认为 3466cm^{-1} 的峰位反映了 H^+占据正常 Li 位，也就是 H_{Li}—O 的振动情况，此峰在近化学计量比 $LiNbO_3$ 晶体中是主体；3481cm^{-1} 的峰位在固液同成分 $LiNbO_3$ 晶体中是主体，反映了 Nb_{Li}-V_{Li}-OH 复合缺陷基团的振动情况，3490cm^{-1} 的峰位反映了 Nb_{Li}-2V_{Li}-OH 复合缺陷基团的振动情况。有文献报道发现，在[Li]/[Nb]=1 的晶体中，只有一个非常窄的 OH^-吸收峰（半峰宽仅为 $3cm^{-1}$），峰值位于 $3466cm^{-1}$[15,16]。这说明在理想化学计量比 $LiNbO_3$ 晶体中，只存在一种 OH^-缺陷位置。Shimamura 等人[31]对掺入抗光折变杂质的 $LiNbO_3$ 晶体进行研究，认为 H^+位于正常晶格中 Nb^{5+}上方的氧三角平面内，OH^-振动频率主要受 Nb^{5+}的影响。当抗光折变杂质达到或超过阈值浓度时，它们开始进入正常 Nb^{5+}位，使 OH^-所处的环境改变，从而引起 OH^-吸收峰位置的移动。这表明 OH^-吸收峰位置的移动可以作为判断抗光折变杂质掺杂浓度是否达到阈值浓度的一个依据。Cabrara 等 [17]曾对铌酸锂晶体的红外吸收光谱作过阶段性评述，有关铌酸锂晶体的红外光谱的基本内容请参考相关文献，这里不再一一赘述。

一般的红外吸收光谱主要是指中红外范围而言，波数在 400～$4000cm^{-1}$。由于红外光的波长较长，它的频率和能量只能使分子发生振动及转动能级的变化，因此红外光谱主要反映分子振动能级的变化。分子吸收红外光而引起分子振动，但并不是所有的分子振动都能吸收红外光，当分子的振动不改变分子的偶极矩时，它就不能吸收红外辐射，也就没有相应的吸收带，我们称这种分子的振动不具有红外活性。只有能够改变分子的偶极矩的分子振动才是具有红外活性的振动。分子中极性基团的振动特别容易发生比较显著的红外吸收。通过对大量化合物红外光谱的研究，人们认识到相同的基团或相同的键型往往具有相同的红外吸收特征频率。另外，基团或键在受到相邻基团或键的影响时，其吸收谱带会有移动，因此利用分子红外光谱可以分析晶体结构及分子中基团及键的受力变化。

3.2.1　Mg:Ce:Fe:$LiNbO_3$ 晶体的红外光谱分析

本书实验采用美国 PE 公司 Spectrum I 型红外光谱仪在室温下对镁铈铁铁铌酸锂晶体试样进行红外光谱测试。测试范围为 3000～$4000cm^{-1}$。谱图是以波数 cm^{-1} 为横坐标，表示吸收带的位置，以透射率（T%）为纵坐标，表示光的吸收强度。整个吸收曲线反映了一个化合物在不同波长的光谱区域内吸收能力的分布情况。由于纵坐标是透射率，所以光被吸收越多，透射率越低，曲线的低谷表示它是一个好的吸收带。图 3.9 是纯 $LiNbO_3$ 晶体的 OH^- 振动红外光谱。各样品 OH^- 吸收峰位置如图 3.10 所示。

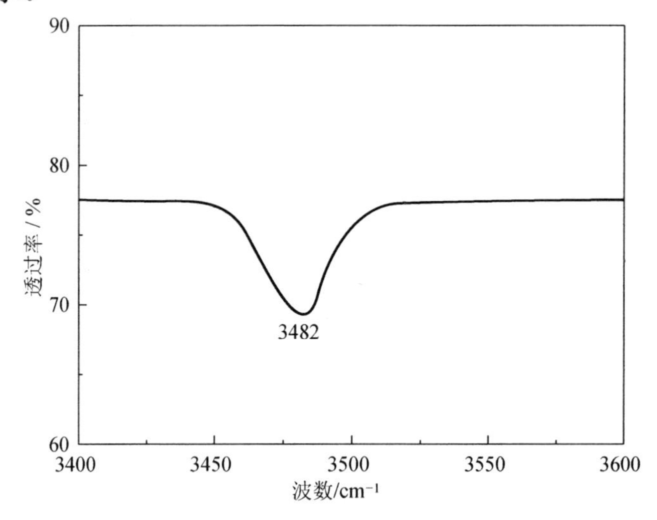

图 3.9　纯铌酸锂晶体的 OH^- 红外吸收光谱

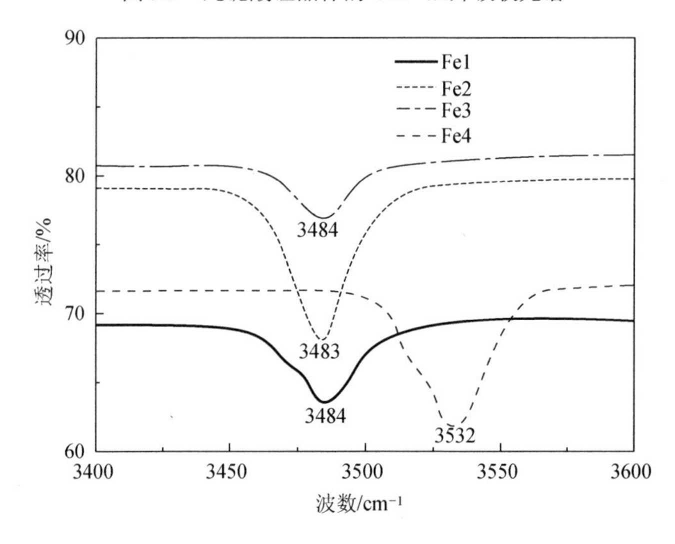

图 3.10　不同镁掺量的 Mg:Ce:Fe:LN 晶体红外光谱

在 $LiNbO_3$ 晶体中，H 离子进入晶体后占据 Li 位，并处于氧平面上的 O—O 键之间。铌酸锂晶体的 $3482cm^{-1}$ 附近的吸收峰与晶体中本征

缺陷周围的 OH^- 振动相关[18]，它反映了 H^+ 占据了距锂空位最近的氧三角形的 O—O 键上。按照锂空位缺陷结构理论模型，同成分铌酸锂晶体的本征缺陷为锂空位和反位铌。根据电荷平衡的原理，一个 Nb_{Li}^{4+} 必定与四个距离最近的锂空位 V_{Li}^- 组成一个缺陷集团，以在最大程度上减少晶格的畸变，这时的缺陷结构为 Nb_{Li}^{4+}—4 V_{Li}^-，此时的 OH^- 吸收峰应该是 H^+ 在缺陷集团 Nb_{Li}^{4+} — OH_{Li}^- 中拉伸振动的结果。

从图 3.10 可见样品 Fe1～样品 Fe4 的 OH^- 吸收峰位置分别是 3484cm^{-1}、3483 cm^{-1}、3484 和 3532cm^{-1}。样品 Fe1、样品 Fe2 和样品 Fe3 的 OH^- 吸收峰的位置与纯 LN 晶体相近。样品 Fe4 的 OH^- 吸收峰移到 3532cm^{-1}。

OH^- 吸收峰移动的机理为：在 LN 晶体生长过程中，由于原料中含有水分，氢离子进入晶体，与 O^{2-} 形成 OH^-，根据锂空位模型，LN 晶体中存在反位铌 Nb_{Li}^{4+} 和锂空位 V_{Li}^- 两种本征缺陷，锂空位 V_{Li}^- 带负电荷，它吸引 H^+ 使之聚集在锂空位周围。H^+ 与 O^{2-} 形成 OH^-。此时 3V_{Li}^-、Nb_{Li}^{4+} ——OH^- 缺陷基团振动在 3482cm^{-1} 附近振动，当在 LN 中掺进 Ce 离子、Fe 离子和 Mg 离子，由于 Ce 离子和 Fe 离子的浓度很低，对 OH^- 吸收峰影响很小，Mg^{2+} 对 OH^- 吸收峰移动的影响分为两种情况：

1）Mg^{2+} 的浓度未达到阈值浓度，Mg^{2+} 取代 Nb_{Li}^{4+} 占据 Li 位以 Mg_{Li}^+ 形式存在，Mg_{Li}^+ 对 H^+ 起排斥作用，H^+ 不会聚集 Mg_{Li}^+ 附近，OH^- 仍在锂空位附近振动。OH^- 吸收峰位不会发生明显的变化。

2）Mg^{2+} 完全取代 Nb_{Li}^{4+} 后开始取代 Nb^{5+} 占据 Nb 位，以 Mg_{Nb}^{3-} 形式存在于晶体中，Mg_{Nb}^{3-} 比 V_{Li}^- 对 H^+ 具有更强的吸引力。高掺镁（超过阈值）LN 的红外吸收谱是在 Mg_{Nb}^{3-} 周围的受激振动，因为 Mg_{Nb}^{3-} 比锂空位对 H^+ 具有更强的吸引力，OH^- 吸收光子受激振动需要更高的能量，所以 OH^- 吸收峰发生紫移，此时 Mg_{Nb}^{3-} —OH^- 缺陷基团振动在 3532cm^{-1}。

3.2.2　钌系 $LiNbO_3$ 晶体的红外光谱分析

分子吸收红外光产生振动，偶极矩发生变化，进而分子会产生红外吸收。本书实验利用 OH^- 的振动对周围的离子敏感这一特点，测试晶体的 OH^- 的红外吸收谱，采用这一方法来分析晶体的缺陷结构[19]。在此实验中，利用红外光谱仪测试了晶体的红外光谱，测试范围为 400～4000cm^{-1}。红外吸收光谱横坐标以波数（cm^{-1}）表示，代表吸收峰的位置，纵坐标表示透射率，表示的是光的吸收强度。透射率低，表示吸收能力强，也就是说，红外光谱的波谷表示吸收峰的位置。

Mg:Ru:Fe:$LiNbO_3$ 晶体的红外吸收光谱图如 3.11 所示。从图得出，纯 $LiNbO_3$ 晶体的吸收峰的位置在 3481cm^{-1}，当镁离子掺杂量分别为 1mol%和 3mol%时，M1 和 Fe6 晶体的吸收峰的位置分别在 3482cm^{-1} 和 3483cm^{-1}，吸收峰朝短波方向移动，即吸收峰紫移，但是移动的程度不明显，这主要是因为镁离子掺杂浓度较低时，没有引起吸收峰明显的移动。当镁离子掺杂量达到 5mol%时，Fe7 晶体的红外吸收峰发生了明显的移动，迁移到了 3535cm^{-1} 附近，这说明镁离子的掺杂阈值浓度在 5mol%附近。

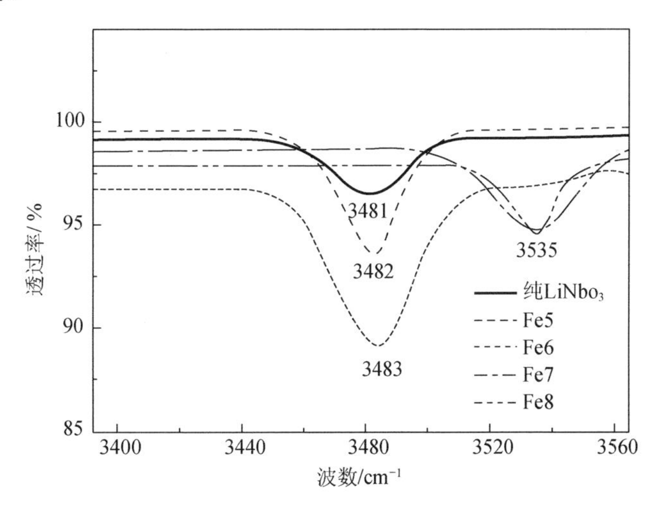

图 3.11　Mg:Ru:Fe:$LiNbO_3$ 晶体的 OH^- 红外吸收光谱

Zn:Ru:Fe:$LiNbO_3$ 晶体的红外吸收光谱图如 3.12 所示。从图得出，纯 $LiNbO_3$ 晶体的吸收峰的位置在 3481cm^{-1}，当锌离子掺杂量分别为 1mol%、3mol%时，Fe9、Fe10 晶体的吸收峰的位置移到了 3482cm^{-1}，吸收峰朝短波方向移动，但是移动的程度不明显，这主要是因为锌离子掺杂浓度比较少，没有引起吸收峰明显的移动。当锌子掺杂量达到5mol%时，Fe11 晶体的红外吸收峰有两个，一个在 $3482cm^{-1}$，另一个移到了 $3501cm^{-1}$，并且吸收强度要远远高于位于 $3482cm^{-1}$ 处的吸收峰。当锌离子掺杂量达到了 7mol%时，Fe12 晶体的红外吸收光谱移动到 $3529cm^{-1}$ 处，这说明锌离子的掺杂阈值浓度在 7mol%附近。

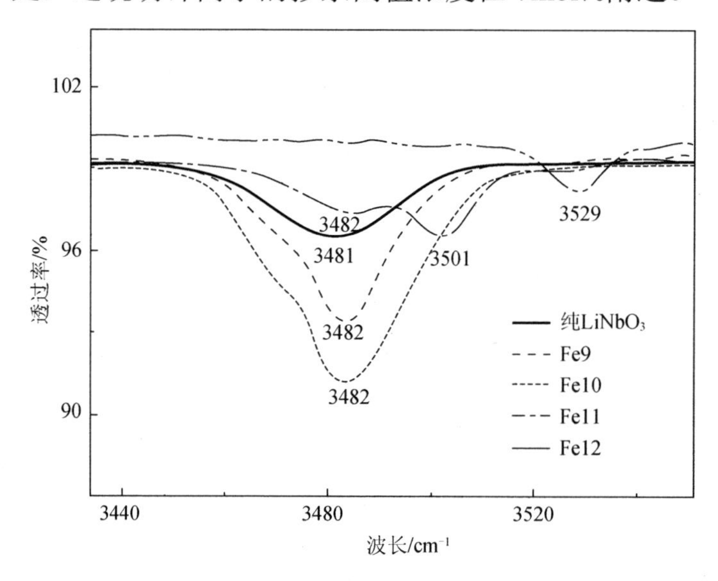

图 3.12 Zn:Ru:Fe:$LiNbO_3$ 晶体的 OH^-红外吸收光谱

对 $LiNbO_3$ 晶体来说，OH^-红外吸收峰的位置变化可以用来研究其周围的离子的占位情况。根据锂空位缺陷结构模型，在同成分 $LiNbO_3$ 晶体中有两种本征缺陷结构：锂空位 V_{Li}^- 和反位铌 Nb_{Li}^{4+}。根据电荷平衡理论，反位铌 Nb_{Li}^{4+} 与其距离最近的四个锂空位 V_{Li}^- 组成缺陷集团 Nb_{Li}^{4+}—$4V_{Li}^-$，这时，H^+在缺陷集团 Nb_{Li}^{4+}—$4OH_{Li}^-$ 的位置上拉伸振动产生了 OH^- 吸收峰。

在 $LiNbO_3$ 晶体中掺入少量的 Fe 和 Ru 时，由于掺杂浓度低，掺杂离子对晶体的吸收峰造成的影响不大，吸收峰位置基本不移动。当晶体内掺入浓度较低的镁（锌）离子（1mol%、3mol%）时，晶体的吸收峰朝短波方向移动，但是移动的程度不明显，均在 $3482cm^{-1}$ 附近，这说明钌、铁、镁（锌）离子并没有进入铌位，而是占据了反位铌Nb_{Li}^{4+}，形成了Ru_{Li}^{3+}、Fe_{Li}^{2+}和$Mg_{Li}^{+}(Zn_{Li}^{+})$，钌、铁和镁（锌）离子的取代反应如下：

$$Ru^{4+} + Nb_{Li}^{4+} + 4V_{Li}^{-} + 3Li^{+} \longrightarrow Ru_{Li}^{3+} + V_{Li}^{-} + 3Li_{Li} + Nb^{5+} \quad (3.2)$$

$$Fe^{3+} + Nb_{Li}^{4+} + 3V_{Li}^{-} + 3Li^{+} \longrightarrow Fe_{Li}^{2+} + V_{Li}^{-} + 3Li_{Li} + Nb^{5+} \quad (3.3)$$

$$Mg^{2+} + Nb_{Li}^{4+} + 4V_{Li}^{-} + 3Li^{+} \longrightarrow Mg_{Li}^{+} + V_{Li}^{-} + 3Li_{Li} + Nb^{5+} \quad (3.4)$$

$$Zn^{2+} + Nb_{Li}^{4+} + 4V_{Li}^{-} + 3Li^{+} \longrightarrow Zn_{Li}^{+} + V_{Li}^{-} + 3Li_{Li} + Nb^{5+} \quad (3.5)$$

由上可知，晶体中反位铌Nb_{Li}^{4+}的浓度降低，根据电荷守恒定律，晶体中存在的锂空位的浓度也会相应的降低。由于Ru_{Li}^{3+}、Fe_{Li}^{2+}和Mg_{Li}^{+}（Zn_{Li}^{+}）带有正电荷，对H^{+}有排斥作用，H^{+}不会聚集到Ru_{Li}^{3+}、Fe_{Li}^{2+}和Mg_{Li}^{+}（Zn_{Li}^{+}）附近，这时候的OH^{-}吸收峰表示的仍是H^{+}在缺陷结构Nb_{Li}^{4+}—$4OH_{Li}^{-}$的位置上的拉伸振动。这时，Ru_{Li}^{3+}、Fe_{Li}^{2+}和$Mg_{Li}^{+}(Zn_{Li}^{+})$对吸收峰的移动不能产生直接影响，但是可以通过对邻近的锂空位产生影响进而影响OH^{-}吸收峰的位置，因此吸收峰的移动程度不大。

随着掺镁（锌）浓度的增加，一些钌、铁离子会被镁（锌）离子排挤到铌位，形成Fe_{Nb}^{2-}和Ru_{Nb}^{-}。当镁（锌）离子的掺杂浓度达到了5mol%（7mol%）时，掺杂$LiNbO_3$晶体中的反位铌Nb_{Li}^{4+}被完全取代，正常的锂位也被镁（锌）离子占据，那么镁（锌）离子开始占据正常的铌位，形成$Mg_{Nb}^{3-}(Zn_{Nb}^{3-})$。取代反应如下：

$$Mg^{2+} + Ru_{Li}^{3+} + Nb_{Nb} \longrightarrow Mg_{Li}^{+} + Ru_{Nb}^{-} + Nb^{5+} \quad (3.6)$$

$$Mg^{2+} + Fe_{Li}^{2+} + Nb_{Nb} \longrightarrow Mg_{Li}^{+} + Fe_{Nb}^{2-} + Nb^{5+} \quad (3.7)$$

$$Zn^{2+} + Ru_{Li}^{3+} + Nb_{Nb} \longrightarrow Zn_{Li}^{+} + Ru_{Nb}^{-} + Nb^{5+} \quad (3.8)$$

$$Zn^{2+} + Fe_{Li}^{2+} + Nb_{Nb} \longrightarrow Zn_{Li}^{+} + Fe_{Nb}^{2-} + Nb^{5+} \quad (3.9)$$

$$2Mg^{2+} + Nb_{Nb} + 3Li_{Li} \longrightarrow Mg_{Nb}^{3-} + Mg_{Li}^{+} + Nb^{5+} + 3Li^{+} + 3V_{Li}^{-} \quad (3.10)$$

$$2Zn^{2+} + Nb_{Nb} + 3Li_{Li} \longrightarrow Zn_{Nb}^{3-} + Zn_{Li}^{+} + Nb^{5+} + 3Li^{+} + 3V_{Li}^{-} \quad (3.11)$$

为了保持晶格的电中性，晶体中的锂空位的浓度也会随之增加，因为$Mg_{Nb}^{3-}(Zn_{Nb}^{3-})$是−3价阴离子，比锂空位$V_{Li}^{-}$吸引$H^{+}$的能力更强，掺杂晶体中的$H^{+}$会聚集到$Mg_{Nb}^{3-}(Zn_{Nb}^{3-})$位置附近，那么这时候，$OH^{-}$红外吸

收峰主要体现的是 H^+在 Mg_{Nb}^{3-}(Zn_{Nb}^{3-})的位置上的拉伸振动。正是由于 Mg_{Nb}^{3-}(Zn_{Nb}^{3-})离子对 H^+的更强吸引力，H^+需要更高的能量来吸收光子受激振动，相较于镁（锌）掺杂浓度较低的晶体，掺镁（锌）浓度为 5mol%（7mol%）的晶体的红外吸收峰移动到了 3535（3529）cm^{-1} 附近，发生了紫移，从这方面可以看出，掺镁（锌）量为 5mol%（7mol%）已经达到镁（锌）离子在掺杂 $LiNbO_3$ 晶体中的阈值浓度。

与 $Mg:Ru:Fe:LiNbO_3$ 晶体不同的是，当锌离子的掺杂量达到了 5mol%时，$Zn:Ru:Fe:LiNbO_3$ 晶体中出现了两个红外吸收峰，这是因为晶体中的的反位铌 Nb_{Li}^{4+} 已经被锌完全取代，一部分的锌离子已经开始将 Ru_{Li}^{3+} 和 Fe_{Li}^{2+} 排挤到铌位，形成了 Ru_{Nb}^{-} 和 Fe_{Nb}^{2-}。此时在 $Zn:Ru:Fe:LiNbO_3$ 中，存在的缺陷结构有 Zn_{Li}^{+}、Ru_{Nb}^{-} 和 Fe_{Nb}^{2-}。由于 Zn_{Li}^{+} 带有正价电荷，排斥了 H^+，OH^-吸收峰表示的仍是 H^+在缺陷结构 Nb_{Li}^{4+}—$4OH_{Li}^{-}$ 的位置上的拉伸振动。另一方面 Fe_{Nb}^{2-} 是−2 价阴离子，比锂空位吸引 H^+的能力更强，掺杂晶体中的大部分 H^+会聚集到 Fe_{Nb}^{2-} 位置附近，那么这时候，OH^-红外吸收峰同样也体现的是 H^+在 Fe_{Nb}^{2-} 的位置上的拉伸振动，因此在锌掺杂浓度 5mol%的晶体中出现了双吸收峰现象。

3.2.3　$Zr:Mn:Fe:LiNbO_3$ 晶体的红外光谱分析

本书实验中采用 Avatar-360 型 FT-IR 红外光谱仪对 $Zr:Mn:Fe:LiNbO_3$ 晶体的 OH^-吸收谱进行了测试。测试是在室温、干燥的环境下进行。测试范围为 500～3800cm^{-1}，根据分析的需要选择的范围为 3400～3550cm^{-1}。红外光谱谱图以波数为横坐标，表示吸收带的位置，以透射率 T 为纵坐标，表示光的吸收强度，测试结果如图 3.13 所示。

在完整的晶格结构中，每一个晶格格点都被 Li^+、Nb^{5+}和本征空位占据，并且晶体保持电中性。由于 H^+带一个正电荷，假如处于完整晶格的填隙位置会使局部电荷不能保持平衡，这样的 H^+占位难以稳定存在。因此，H^+会通过置换少量的 Li^+进入晶体，并处在 V_{Li}^{-} 近邻的氧平面的 O—O 键上，用化学式可以表示为

$$LiNbO_3+H^+ \longrightarrow (V_{Li}^{-}+H^+)NbO_3+Li^+ \tag{3.12}$$

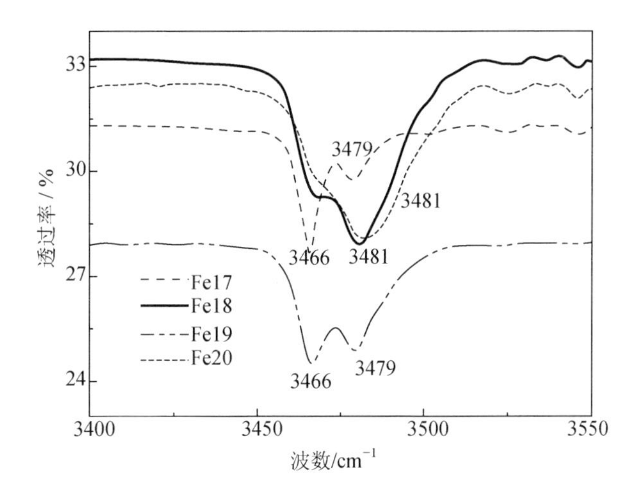

图 3.13　不同[Li]/[Nb]比 Zr:Mn:Fe:$LiNbO_3$ 晶体的红外透射光谱

H^+取代 Li^+的位置，并和邻近的一个氧离子形成 O—H 键，此时的 $\nu(OH^-)$= 3466cm^{-1}对应的是完整晶格中的 V_{Li}^-—$H_{Li}O$ 振动频率。

按照锂空位模型，当 $LiNbO_3$ 晶体中的[Li]/[Nb]<1 时，本征缺陷为 Nb_{Li}^{4+} 和 V_{Li}^-。根据电荷平衡原理，一个 Nb_{Li}^{4+} 与临近的四个 V_{Li}^- 组成复合缺陷集团以减少晶格畸变。在这种情况下，由于电荷分布不均，所以 H^+更容易聚集在本征缺陷邻近的氧平面上。3482cm^{-1}附近的 ν（OH^-）反映的是 Nb_{Li}^{4+}—4 V_{Li}^-—$H_{Li}O$ 复合缺陷基团振动的情况。

从图中可以看到，Zr:Mn:Fe:$LiNbO_3$ 晶体的 OH^-吸收峰 ν（OH^-）的位置与个数随着[Li]/[Nb]比改变而变化：随着[Li]/[Nb]比增大，ν（OH^-）从 3481cm^{-1}的单一峰（Fe17 和 Fe18 晶体）变成位于 3479cm^{-1}和 3466cm^{-1}的两个峰（Fe19 和 Fe20 晶体）。

这是由于当[Li]/[Nb]比较低时，Zr^{4+}进入晶体占据 Li 位，以 Zr_{Li}^{3+}的形式存在。Zr_{Li}^{3+}会排斥 H^+，使得 OH^-不会在 Zr_{Li}^{3+}周围聚集。此时 OH^-的振动峰仍然以 V_{Li}—OH^-集团为主，因此峰值仍然位于 3481cm^{-1}。当熔体中的[Li]/[Nb]比逐渐增大，晶体的[Li]/[Nb]比也随之升高，Nb_{Li}^{4+}被

全部驱赶会正常的Nb位，Zr^{4+}进入晶体同时占据Li位和Nb位，形成Zr_{Li}^{3+}和Zr_{Nb}^{-}，并保持电荷平衡。H^{+}聚集在Zr_{Nb}^{-}周围形成Zr_{Nb}^{-}—OH^{-}，该振动峰位于 3479cm^{-1} 处。同时随着锂铌比的增加，晶格趋于完整，标志化学计量比的 3466cm^{-1} 的振动峰开始出现。

3.2.4　Zr:Fe:$LiNbO_3$ 晶体的红外光谱分析

采用 Avatar-360 型 Fourier 红外光谱仪测试了不同样品的红外光谱，测试范围为 400～3600cm^{-1}。图 3.14 给出了 Zr:Fe:$LiNbO_3$ 晶体的红外透射光谱。从图 3.14 可以看出，Fe21～Fe23 样品的 OH^{-}吸收峰分别位于 3482cm^{-1}、3482cm^{-1} 和 3479cm^{-1} 位置，而随着[Li]/[Nb]比的增加，吸收峰的位置没有发生较大的变化，但吸收峰的强度有所减小。

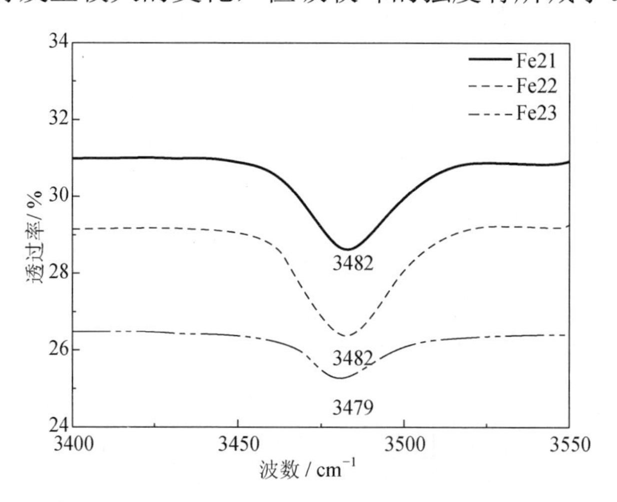

图 3.14　Zr:Fe:$LiNbO_3$ 晶体红外光谱

由于原料中含有水分，在 $LiNbO_3$ 晶体生长过程中，H^{+}进入晶体与 O^{2-}形成 OH^{-}。根据锂空位模型，在 $LiNbO_3$ 晶体中存在反位铌 Nb_{Li}^{4+} 和锂空位 V_{Li}^{-} 两种本征缺陷。V_{Li}^{-} 带负电，它吸引 H^{+}使之聚集在 V_{Li}^{-} 周围。此时，V_{Li}^{-}—OH^{-}缺陷集团的振动吸收峰位于 3482cm^{-1}。在 Fe21 和 Fe22 样品中，Zr^{4+}进入晶体首先取代反位铌 Nb_{Li}^{4+} 缺陷，占据 Li 位而形成 Zr_{Li}^{3+}，

Fe 离子占据 Li 位形成而 Fe_{Li}^{+}/Fe_{Li}^{2+}。Zr_{Li}^{3+} 和 Fe_{Li}^{+}/Fe_{Li}^{2+} 对 H^{+}离子起排斥作用，因此 H^{+}不会聚集在它们周围，也就是说 Zr_{Li}^{3+} 和 Fe_{Li}^{+}/Fe_{Li}^{2+} 并没有影响到 V_{Li}^{-}—OH^{-}的振动，所以在 Fe21 和 Fe22 样品中主要表现为 V_{Li}^{-}—OH^{-}缺陷集团的振动，OH^{-}吸收峰位于 3482cm^{-1}。随着[Li]/[Nb]比的增加，Nb_{Li}^{4+} 和锂空位 V_{Li}^{-} 的数量减少，当[Li]/[Nb]比为 1.38 时，晶体中 Li 含量增加较多，部分 H^{+}离子被排挤到 V_{Li}^{-}位上，从而导致 OH^{-}振动所需要的能量降低，所以 Fe23 晶体的 OH^{-}振动吸收峰出现在 3479cm^{-1} 位置。随着[Li]/[Nb]比增加，吸收峰的位置没有发生较大的变化，但是吸收峰的强度逐渐减小。这主要是因为，在 $LiNbO_3$ 晶体中 H^{+}离子通常占据 Li 位[20]，而随着[Li]/[Nb]比的增加，晶体中缺陷浓度逐渐减少，所以 H^{+}离子浓度降低，从而导致 OH^{-}的浓度降低，所以吸收峰强度减小了。Fe_{Nb}^{2-}—OH^{-}的振动峰应在 3507cm^{-1} [21, 22]，而在本测试中并没有出现此峰，这说明 Fe^{3+}离子始终位于 Li 位而形成 Fe_{Li}^{2+}。

3.2.5　In:Ce:Mn:$LiNbO_3$晶体的红外光谱分析

图 3.15 为不同锂铌比率下 In:Ce:Mn:$LiNbO_3$ 晶体中 OH^{-} 红外透射光谱。在图中可以看出 OH^{-} 振动峰的数量和位置随锂铌比率的增加变化显著。当锂铌比为 0.946（样品 1#），OH^{-}振动峰位于 3480cm^{-1}。当锂铌比为 1.05（样品 2#）时在光谱中除了 3481cm^{-1} 处高峰外，在约 3466cm^{-1} 处有微弱伴峰。在 3466cm^{-1} 处的峰是铌酸锂晶体的化学计量标示。在样品 2# 中 3466 cm^{-1} 高峰存在表示 In:Ce:Mn:$LiNbO_3$ 晶体在锂铌比 1.05 时接近化学计量。当锂铌比为 1.20（样品 3#）时，高峰变清晰，周围两个吸收峰位于 3481cm^{-1} 和 3505cm^{-1}。然而，当锂铌比到 1.38（样品 4#）时，这些峰值消失，只有一个吸收峰出现在 3507cm^{-1}。

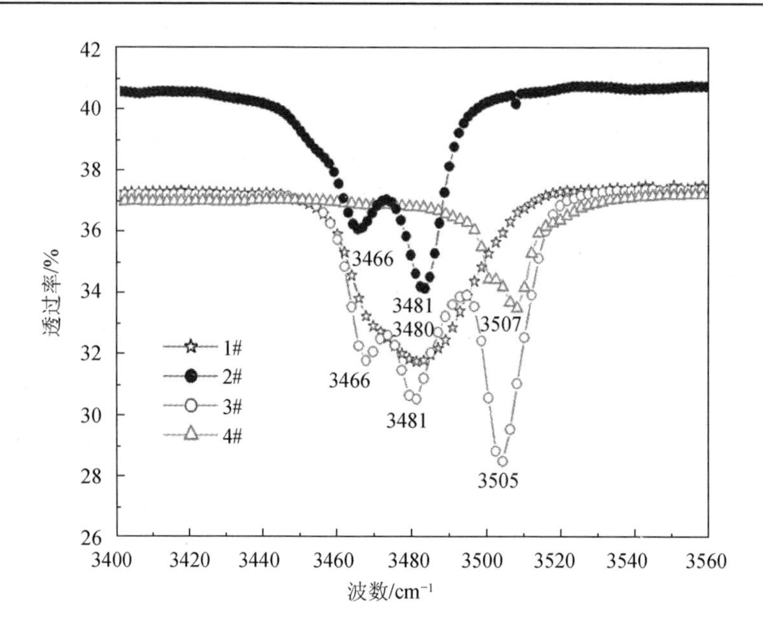

图 3.15　In:Ce:Mn:LiNbO$_3$ 晶体的红外透射光谱

在纯铌酸锂晶体中锂铌比为 0.946.。当 Li^+数量小于 Nb^{5+}离子，一些 Nb^{5+}离子占据 Li 位置。所以 Nb(Nb_{Li}^{4+})和 Li(V_{Li}^-)发生反位缺陷 [23]。在晶体生长过程中，水蒸气可以通过 O—H 键引入晶体中。由于有效的负电荷和 V_{Li}^-—OH^-复杂形势，氢离子很容易被吸引，在 3482cm^{-1} 产生吸收峰[20]。当 In^{3+}离子浓度低于阈值，In^{3+}、$Ce^{3+/4+}$和 $Mn^{2+/3+}$取代 Nb_{Li}^{4+}，形成 In_{Li}^{2+}、$Ce_{Li}^{2+/3+}$ 和 $Mn_{Li}^{+/2+}$。在样品 1#中吸收峰约位于 3480～3482cm^{-1}，对应的 V_{Li}^-—OH^-复合物振动，因为当周围有离子存在时，In_{Li}^{2+}，$Ce_{Li}^{2+/3+}$ 和 $Mn_{Li}^{+/2+}$ 排斥 H^+影响 V_{Li}^-—OH^-复合物。此外，由于 Nb_{Li}^{4+} 浓度的降低，3480～3482cm^{-1} 的峰值略有变化。在样品 2#中 ，锂铌比为 1.05 相对较高，Li^+排斥 Nb_{Li}^{4+} 回到 Nb 位，(Nb_{Li}^{4+})数量减少，但 In_{Li}^{2+}、$Ce_{Li}^{2+/3+}$ 和 $Mn_{Li}^{3+/4+}$ 缺陷形势稳定存在。随着晶体移动到化学计量，主峰出现在 3466cm^{-1}。当锂铌比增加到 1.2（样品 3#），In^{3+}的浓度达到阈值浓度，所以 In_{Li}^{2+} 缺陷中心的浓度急剧降低，Li^+排斥 Nb_{Li}^{4+} 回到 Nb 位。与此同时，$Ce_{Li}^{2+/3+}$ 和 $Mn_{Li}^{+/2+}$ 缺陷几乎消失，In^{3+}、$Ce^{3+/4+}$和 $Mn^{2+/3+}$在 Nb 位的量增加，也就是说， In_{Nb}^{2-}、 $Ce_{Nb}^{2-/-}$ 和 $Mn_{Nb}^{3-/2-}$ 的数量增加。带负电的 In_{Nb}^{2-}、 $Ce_{Nb}^{2-/-}$ 和

$Mn_{Nb}^{3-/2-}$吸引H^+，形成In_{Nb}^{2-}—OH^-复合物对应的峰值在3505 cm^{-1}[24, 25]。我们猜测$Ce_{Nb}^{2-/-}$—OH^-和$Mn_{Nb}^{3-/2-}$—OH^-复合物存在，但是峰值不确定，吸收峰主要在3505 cm^{-1}，因为大多数复合物是In_{Nb}^{2-}—OH^-。因此，有两种缺陷In_{Li}^{2+}—2 V_{Li}^-和In_{Nb}^{2-}—OH^-在样品 3#，显示吸收峰在 3481cm^{-1}、3466cm^{-1}和 3505cm^{-1}。当锂铌比达到 1.38（样品 4#）时，最重要的影响是湮灭峰值在 3466cm^{-1}和 3481cm^{-1}，氢离子很难在 Li 位。In_{Nb}^{2-}随Li^+增加而增加，但In_{Li}^{2+}迅速减少。因此只有一个吸收峰在 3507cm^{-1}。

3.2.6　In:Yb:Tm:$LiNbO_3$晶体的红外光谱分析

在晶体生长过程中水蒸气进入晶体形成OH^-键，晶体中的OH^-的吸收峰在图3.16中展示，总结样品Yb1、Yb2、Yb3和Yb4的吸收峰分别是3482 cm^{-1}、3482 cm^{-1}、3507 cm^{-1}和3508 cm^{-1}。他能够通过Li位置模型来发现在铌酸锂晶体中不同组的不同形式的In^{3+}吸收光谱。在纯净的铌酸锂晶体中[Li]/[Nb]比率是0.946，他一直存在固有的缺陷，如Nb的取代Li的空位缺陷，阳离子H^+易被带电的V_{Li}^-和V_{Li}^-—OH^-形式的复合物吸引。其振动峰在3482 cm^{-1}。在酸锂晶体中Yb^{3+}和Tm^{3+}取代Nb_{Li}^{4+}形成Yb_{Li}^{2+}和Tm_{Li}^{2+}。当溶解时In^{3+}的浓度为1%mol，低于阈值时（Yb2）Yb^{3+}和Tm^{3+}替代Nb_{Li}^{4+}缺陷以Yb_{Li}^{2+}和Tm_{Li}^{2+}的形式存在，然而这些缺陷只有离子在他的周围和峰值在3482cm^{-1}时才会抑制H^+和影响V_{Li}^-—OH^-化合物。当浓度超过阈值时（Yb3,4 样品），所有的Nb_{Li}^{4+}都会消失，而In^{3+}进入Nb位形成In_{Nb}^{2-}缺陷。同时大量的Yb^{3+}和Tm^{3+}位于Nb位出现大量的Yb_{Nb}^{2-}和Tm_{Nb}^{2-}。

在In:Yb:Tm:$LiNbO_3$晶体中，In_{Nb}—H—O增加了In_{Nb}^{2-}对H^+吸引力，O—H的震动需要更多的能量，其相应的峰值出现在3507cm^{-1}，通过上面的分析我们可以得出结论像先前的报道一样掺杂浓度的阈值在1.5mol%～2.0mol%。

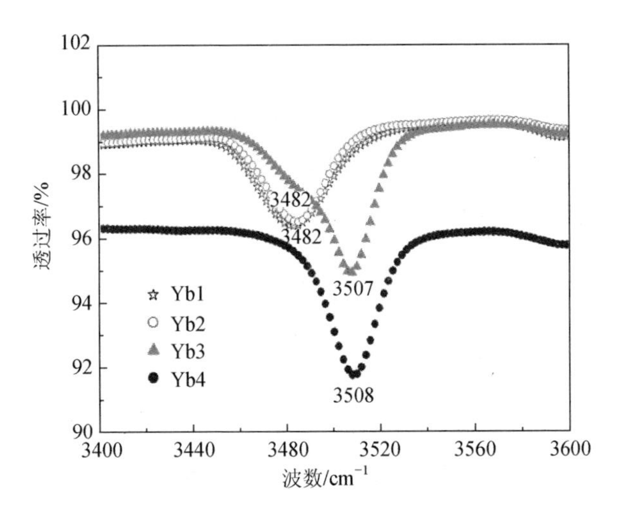

图 3.16　In:Yb:Tm:$LiNbO_3$ 晶体的红外投射光谱

3.2.7　Mg:Yb:Ho:$LiNbO_3$晶体的红外光谱分析

不同掺 Mg^{2+}浓度的 Mg:Yb:Ho:$LiNbO_3$ 晶体的红外透射光谱测试结果如图 3.17 所示。本次试验的测量范围是 3000～4000cm^{-1}，图中以波数为横坐标主要是用来显示各吸收带的位置，将透射率 T 设置为纵坐标是为了代表吸收光强的大小。从图 3.17 可以看出 Yb5 和 Yb6 的吸收峰位于 3484cm^{-1} 和 3483cm^{-1} 处，而 Yb7 和 Yb8 的吸收峰却移动到 3532 cm^{-1} 处。

目前认为在同成分铌酸锂晶体中存在着大量的 Li 空位和反位铌空位，即晶体的本征缺陷，此时对应的是 3483cm^{-1} 的特征吸收峰，这是由于$3V_{Li}^{-}$ — Nb_{Li}^{4+} — OH^{-} 这种缺陷集团的伸缩振动导致的。当 Mg^{2+}离子掺入晶体中，它是以优先取代反位铌缺陷的形式占据 Li 位从而形成 Mg_{Li}^{+}，由于 Mg_{Li}^{+}和 H^{+}都带正电所以相互排斥，此时的 Mg^{2+}作为周围离子几乎不会对 OH^{-1} 振动产生影响，因此峰位也不会产生较大的影响。当 Mg^{2+}的掺杂浓度达到或超过阈值浓度的时候，反位铌完全被取代，这个时候的 Mg^{2+}开始取代正常晶格中的 Li 位和 Nb 位，形成

Mg_{Nb}^{3-}—$3Mg_{Li}^{+}$，从而达到电荷平衡，此时吸收峰就在 3532 cm^{-1} 处。此时就可以推断出结论：Mg^{2+}的掺杂量达到 5mol%时已经超过了 Mg^{2+}在 Mg:Yb:Ho:$LiNbO_3$ 晶体中的阈值浓度。

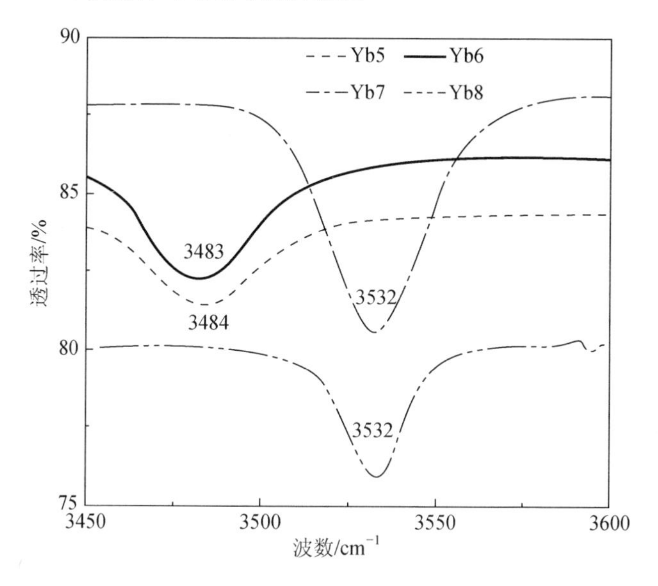

图 3.17　Mg:Yb:Ho:$LiNbO_3$ 晶体的红外透射光谱

一般认为，H^+是以取代 Li^+的方式进入晶体的晶格当中，H^+又处在离 V_{Li}^- 最近距离的氧三角平面的 O—O 键上。在 $LiNbO_3$ 晶体中 OH^-包括两部分，一是完整晶格中的 OH^-，另一部分就是本征缺陷附近的 OH^-，若是在掺杂 $LiNbO_3$ 晶体中的 OH^-还与掺杂离子的非本征缺陷有关。

1. 在完整晶格中 OH^-所处的位置

相对于晶体的完整晶格来说，大量的 Li^+离子、Nb^{5+}离子以及本征空位充斥着它内部存在的各个格点，只有这样才能保证晶体的电中性是始终保持的。H^+作为一个一价的正电荷，如果它进入到完整晶格当中并占据了填隙位置，这就会打破局部电荷的平衡，也很难有稳定的位置被 H^+占据。故 H^+是以代替 Li^+的形式进入晶体，并处于 V_{Li}^- 相近邻的氧平面的 O—O 键上，化学表达式

$$LiNbO_3+H^+\longrightarrow(V_{Li}^-+H^+)NbO_3+Li^+ \tag{3.13}$$

一般情况下，H^+会以取代 Li^+位的形式进入晶体内部并与相邻近的氧离子形成 O—H 键。因此，完整晶格中的 3466cm^{-1} 吸收峰位置所对应的应该就是 V_{Li}^-—H_{Li}O 的振动频率[26]。

2. 本征缺陷附近的 OH^-位置

按照上面介绍过的锂空位模型来看，当锂和铌之间的比小于 1 时，即[Li]/[Nb]<1，此刻 $LiNbO_3$ 晶体的本征缺陷包含 Nb_{Li}^{4+} 和 V_{Li}^- [27]。按电荷平衡的定义，晶体内部如果含有一个 Nb_{Li}^{4+} 缺陷，那么在它的周围肯定会存在 4 个 V_{Li}^- 来与其组成一个新的缺陷集团，唯有如此才能减少晶格畸变的可能性。此时的电荷分布是不均匀的，相较于其他，本征缺陷邻近的氧平面更吸引 H^+。3481cm^{-1} 特征吸收峰附近的 OH^-反映的是 Nb_{Li}^{4+}—4V_{Li}^-—H_{Li}O 这样的复合缺陷基团的振动状况，这也是纯铌酸锂晶体的标志[28]。

3. 非本征缺陷附近的 OH^-位置

以 Mg:Yb:Ho:$LiNbO_3$ 晶体为例，Mg^{2+}离子通过取代 Nb_{Li}^{4+} 占据了 Li 位形成 Mg_{Li}^+ 缺陷。由于 Nb_{Li}^{4+} 缺陷和 H^+都带正电荷，互相排斥。当 Mg^{2+} 离子的掺杂浓度超过其阈值时（Mg^{2+}离子开始进入正常 Nb 位时，此时的掺杂浓度称为 Mg^{2+}离子的阈值浓度），它开始进入正常晶格中的 Li 位和 Nb 位，同时形成 Mg_{Nb}^{3-}—3Mg_{Li}^+，达到自身的电荷平衡。Mg_{Nb}^{3-} 对于 H^+具有更强的吸引力，因此 H^+就被吸引到 Mg_{Nb}^{3-} 附近的氧平面上，形成 Mg_{Nb}^{3-}—H_{Li}O 缺陷，该缺陷结构的 OH^-位置就位于 3532 cm^{-1} 处。

3.2.8 Hf:Er:$LiNbO_3$ 晶体的红外光谱分析

采用 Nicolet-710 FT-IR Spectrometer 红外光谱仪对实验样品进行测试。测试是在室温、干燥环境中进行，空气中因 CO_2 引起的红外吸收峰略去不计，测试范围为400～4000cm^{-1}。测试结果如图3.18所示，谱图中是以波数为横坐标，表示吸收带的位置，以透射率为纵坐标，表示光的吸收强度。

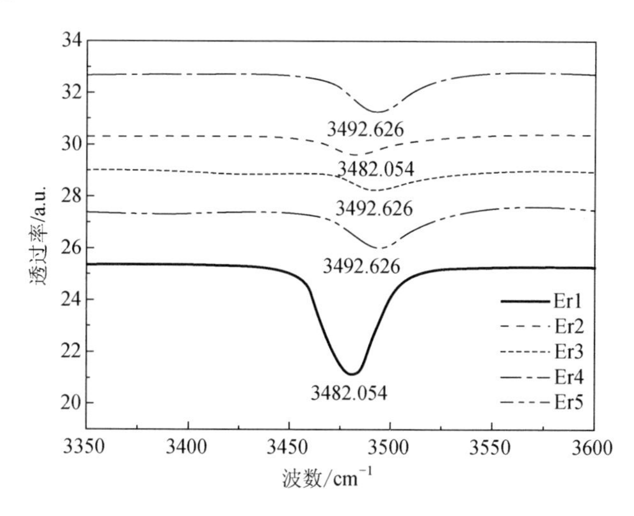

图3.18　Hf:Er:$LiNbO_3$晶体红外吸收光谱

通过图 3.18 的红外光谱测试结果可以看到，当实验样品中没有掺入Hf（Er1）或样品中Hf的掺入量为2mol（Er2）时，图中OH^-吸收峰位置相同，均位于3482cm^{-1}附近；当样品中Hf的掺入量为4mol（Er3）、6mol（Er4）、8mol（Er5）时，图中OH^-吸收峰位置有所移动，且均移动到3492 cm^{-1}附近。

由于水气的存在，氧化物晶体在生长过程中都或多或少地溶入氢，在晶体中形成OH^-。在同成分铌酸锂晶体中，H^+进入晶体后占据Li位，并处于氧平面的O—O键之间。铌酸锂晶体的3482cm^{-1}附近的吸收峰与晶体中本征缺陷周围的OH^-振动相关[34]，它反映了H^+占据了距锂空位最近的氧三角形的O—O键上。在同成分铌酸锂晶体中，存在大量的反位铌（Nb_{Li}^{4+}）及锂空位（V_{Li}^-）本征缺陷。根据电荷平衡的原理，一个（Nb_{Li}）$^{4+}$必定与四个距离最近的锂空位（V_{Li}^-）组成一个缺陷集团，在最大程度上减少晶格的畸变，这时的缺陷结构为（Nb_{Li}^{4+}）—4（V_{Li}^-），3482cm^{-1}位置的OH^-吸收峰应该是H^+在缺陷集团（Nb_{Li}^{4+}）—（OH_{Li}^-）

中拉伸振动的结果。当铌酸锂晶体中掺杂元素的浓度发生改变时，原有的 Nb_{Li}^{4+}—OH^-—3 V_{Li}^- 缺陷集团被破坏，新的伸缩振动缺陷中心产生，对应的 OH^-吸收峰的位置发生相应的变化。

如图 3.18 的测试结果所示，在单掺 Er(1mol):$LiNbO_3$ 晶体（Er1）中，Er^{3+}取代$(Nb_{Li})^{4+}$形成（Er_{Li}）$^{2+}$缺陷中心，使得晶体中的 V_{Li}^-减少，但晶体中仍有数量较多的（Nb_{Li}）$^{4+}$存在，而且$(Er_{Li})^{2+}$具有正电荷，对 H^+有排斥作用，所以在红外光谱中 OH^-的振动位置仍为 Nb_{Li}^{4+}—OH^-—3 V_{Li}^- 的振动吸收，位于 3482cm^{-1} 附近。反应方程式如下：

$$Er^{3+}+2Li^{+}+Nb_{Li}^{4+}+4V_{Li}^{-}=Er_{Li}^{2+}+2V_{Li}^{-}+2Li_{Li}+Nb^{5+} \qquad (3.14)$$

在 Hf 的掺入量为 2mol(Er2)的 Er(1mol):$LiNbO_3$ 晶体中，Er^{3+}和 Hf^{4+}将分别取代$(Nb_{Li})^{4+}$形成$(Er_{Li})^{2+}$和$(Hf_{Li})^{3+}$缺陷中心，由于元素掺杂的浓度较小，晶体中$(Nb_{Li})^{4+}$缺陷结构依然存在，而且由于$(Er_{Li})^{2+}$和$(Hf_{Li})^{3+}$缺陷中心具有正电荷，对 H^+有排斥作用，H^+不会聚集到此处，所以此时晶体红外光谱中 OH^-的吸收峰仍为 Nb_{Li}^{4+}—OH^-—3 V_{Li}^- 的振动吸收，Hf^{4+}是作为周围离子对 OH^-的振动产生影响较小，因此峰位不会发生明显变化，位于 3482cm^{-1} 附近。反应方程式如下：

$$Hf^{4+}+Er^{3+}+Li^{+}+Nb_{Li}^{4+}+4V_{Li}^{-}=Hf_{Li}^{3+}+Er_{Li}^{2+}+2V_{Li}^{-}+Li_{Li}+Nb^{5+} \qquad (3.15)$$

在 Hf 的掺入量为 4mol（Er3）、6mol（Er4）、8mol（Er5）的 Er（1mol）:$LiNbO_3$ 晶体中，Er 和 Hf 分别取代$(Nb_{Li})^{4+}$形成$(Er_{Li})^{2+}$和$(Hf_{Li})^{3+}$缺陷中心后，由于元素掺杂的浓度较大，晶体中的$(Nb_{Li})^{4+}$被完全取代，Nb_{Li}^{4+}—OH^-—3V_{Li}^-缺陷集团消失，部分 Hf^{4+}开始进入 Nb 位和 Li 位，形成$(Hf_{Li})^{3+}$和$(Hf_{Nb})^-$。反应方程式如下：

$$2Hf^{4+}+Nb_{Nb}+Li_{Li}=Hf_{Nb}^{-}+Hf_{Li}^{3+}+Nb^{5+}+Li^{+} \qquad (3.16)$$

在式（3.3）中，$(Hf_{Nb})^-$比$(Nb_{Li})^{4+}$更具有吸引 H^+的能力，因此晶体中的 H^+容易聚集到$(Hf_{Nb})^-$附近，这时的红外透射谱光主要反映$(Hf_{Nb})^-$周围 OH^-振动吸收情况，OH^-的吸收峰的峰位会产生相应的移动。因为$(Hf_{Nb})^-$比$(Nb_{Li})^{4+}$更具有吸引 H^+的能力，OH^-吸收光子受激振动需要更高的能量，所以在 Hf 的掺入量为 4mol(Er3)、6mol(Er4)、8mol(Er5)的 Er(1mol):$LiNbO_3$ 晶体中，OH^-的吸收峰发生了明显的紫移，峰位位于 3492cm^{-1}附近。根据掺杂元素在晶体中阈值浓度的定义，通过上述分析可以确定，掺 Hf 量达到 4mol%时为 Hf 在 Er:$LiNbO_3$ 晶体中的阈值浓度。

3.2.9　Mg:Er:$LiNbO_3$ 晶体的红外光谱分析

采用 Avatar-360 型 FT-IR 红外光谱仪对晶体进行了红外透射谱的测试，测试是在室温、干燥环境下进行，在测试中，空气中因 CO_2 引起的红外吸收峰略去不计，测试范围为 400～4000cm^{-1}。谱图是以波数为横坐标，表示吸收带的位置，以透射率为纵坐标，表示光的吸收强度。整个吸收曲线反映了一个化合物在不同波长的光谱区域内吸收能力的分布情况。测试结果如图 3.19 所示。

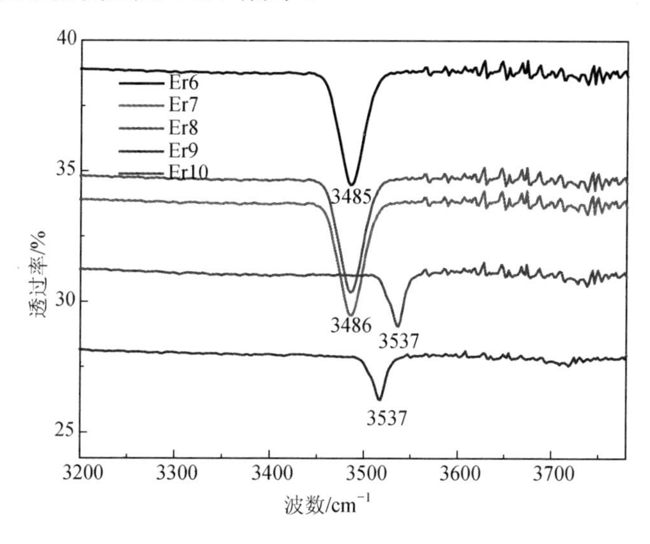

图 3.19　Mg:Er:$LiNbO_3$ 晶体红外吸收光谱

通过图 3.19 的结果，可以看到，当抗光损伤元素 Mg 低于域值浓度时，红外峰移不明显，主要位于 3485cm^{-1}附近，对应时(V_{Li})—OH^-缺陷中心的伸缩振动，因为损伤元素 Mg 替代反位 Nb，$(Nb_{Li})^{4+}$位，形成$(Mg_{Li})^+$缺陷中心，对于(V_{Li})—OH^-缺陷中心的伸缩振动影响不大，因此没有明显的峰移。当抗光损伤元素 Mg 达到域值浓度时，$(Nb_{Li})^{4+}$缺陷中心消失，抗光损伤元素 Mg 以及 Er 离子开始占据 Nb 位，$(Mg_{Nb})^{3-}$和$(Er_{Nb})^{2-}$缺陷中心出现。对应的红外光谱发生明显的红外峰移，抗光损伤元素 Mg 应该红移到 3535cm^{-1}，对应$(Mg_{Nb})^{3-}$—OH^{-}。当抗光损伤元素 Mg 超过域值浓度时，Er 离子全部被抗光损伤元素驱逐到 Nb 位，$(Er_{Li})^{2+}$缺陷中心消失。性能联合缺陷中心出现，如$(Mg_{Nb})^{3-}$—$OH^{-}(Er_{Nb})^{2-}$缺陷中心出现，对应的红外吸收峰进一步红移到 3537cm^{-1}。

3488cm^{-1} 的吸收峰是 $LiNbO_3$ 晶体自身的吸收峰之一。在不掺 Mg 只考虑掺 Er 的情况时。低掺 Er 的 $LiNbO_3$ 晶体中，Er 占据 Nb_{Li} 形成 Er_{Li}，使得晶体中的 V_{Li} 减少，但晶体中仍有数量较多的 Nb_{Li} 存在，而且 Er_{Li} 具有正电荷，对 H^{+}有排斥作用，所以在红外光谱中 OH^{-}的振动位置仍为 $3V_{Li}$ $Nb_{Li}H$—O 的振动情况，位于 3482cm^{-1} 附近。在 Nb_{Li} 被完全取代后，Er 开始进入正常的 Li 位，形成 Er_{Li}，Er_{Li} 需要 2 个 V_{Li} 或 Er_{Nb} 对产生的冗余电荷进行平衡，取代反应方程式如下：

$$Er^{3+}+2Li^{+}+Nb_{Li}^{4+}+4V_{Li}^{-}\longrightarrow Er_{Li}^{2+}+2V_{Li}^{-}+2Li_{Li}+Nb^{5+} \qquad (3.17)$$

$$Er^{3+}+3Li_{Li}\longrightarrow Er_{Li}^{2+}+2V_{Li}^{-}+3Li^{+} \qquad (3.18)$$

在 Nb_{Li} 被完全取代情况下，红外光谱中 OH^{-}的振动位置反映的主要是 $2V_{Li}$ $Nb_{Li}H$—O 的振动，所以 OH^{-}的位置位于 3488cm^{-1} 附近。

当掺入 Mg 时，Mg 离子是使 OH^{-}吸收峰发生紫移的原因。掺入 Mg 的浓度没有达到阈值浓度时，它们将占据$(Nb_{Li})^{4+}$，形成$(Mg_{Li})^{+}$，它对 H^{+}起排斥作用，H^{+}不会聚集到此处，此时的吸收峰仍为 $3V_{Li}$ $Nb_{Li}H$—O 振动吸收，Mg^{2+}是作为周围离子对 OH^{-}的振动产生影响，因此这时峰位不会发生明显变化。当 Mg 的掺量超过阈值浓度时，晶体中的反位$(Nb_{Li})^{4+}$被完全取代后，Mg 离子开始进入 Nb 位和 Li 位，形成$(Mg_{Nb})^{3-}$和$(Mg_{Li})^{+}$，形成自身的电荷平衡。取代反应方程式

$$Mg^{2+}+2Li^{+}+Nb_{Li}^{4+}+4V_{Li}^{-}\longrightarrow Mg_{Li}^{+}+2V_{Li}^{-}+2Li_{Li}+Nb^{5+} \qquad (3.19)$$

$$2Mg^{2+}+Nb_{Nb}+Li_{Li}\longrightarrow Mg_{Nb}^{3-}+Mg_{Li}^{+}+Nb^{5+}+Li^{+} \qquad (3.20)$$

其中$(Mg_{Nb})^{3-}$比$(Nb_{Li})^{4+}$更具有吸引 H^{+}的能力，因此晶体中的 H^{+}便聚集

到$(Mg_{Nb})^{3-}$附近，这时的红外透射谱主要反映$(Mg_{Nb})^{3-}$周围OH^-振动吸收情况。当掺入Mg的浓度超过阈值浓度时，红外光谱主要反映Mg_{Nb}H—O的受激振动。因为$(Mg_{Nb})^{3-}$比$(Nb_{Li})^{4+}$对H^+具有更强的吸引力，OH^-吸收光子受激振动需要更高的能量，所以Mg(5mol%):X:$LiNbO_3$晶体（X代表掺杂离子）的红外吸收峰较低掺Mg的晶体的吸收峰发生了紫移。同时这也可以说明，实验中所用的掺Mg量达到5mol%时已经超过了Mg在Er:$LiNbO_3$中的阈值浓度。

3.3 紫外-可见吸收光谱

铌酸锂晶体是氧八面体铁电体，它的基础光学吸收边被认为是电子由O^{2-}的2p轨道向Nb^{5+}的4d轨道的电荷转移跃迁能量决定的，其基础吸收边位于330nm处（带隙宽度约3.8eV）。纯$LiNbO_3$晶体的能级结构如图3.20所示[29]。

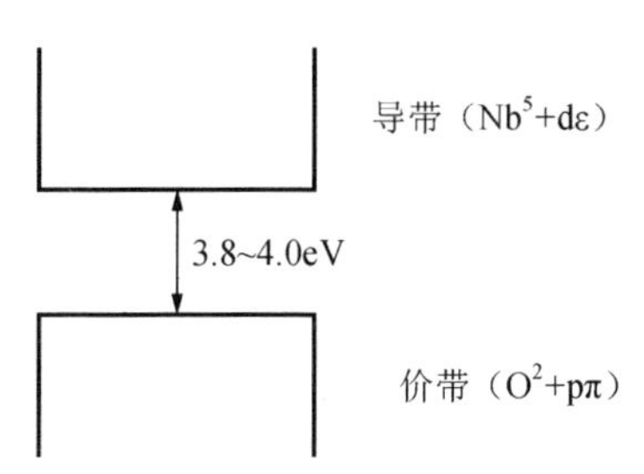

图3.20 纯$LiNbO_3$晶体的能级结构

在近紫外，可见和近红外波段，晶体是透明的，无本征吸收。掺杂离子由于在晶体的带隙中形成了缺陷能级，将对光产生某些特征吸收峰，因此通过吸收光谱的测量，可以确定掺杂缺陷能级的位置；也可以通过基础吸收边的移动判断掺杂离子的占位。吸收边被定义在吸收系数为$15cm^{-1}$或$20cm^{-1}$时的波长位置，本书中选取吸收系数为$15cm^{-1}$处为吸收边。

在固液同成分$LiNbO_3$晶体中，基础吸收边位于322nm处（带隙宽度 3.85eV），这是因为固液同成分 $LiNbO_3$ 晶体中，受到晶体中本征缺陷的影响，Nb_{Nb} 和 O 周围的环境有所改变，较化学计量比 $LiNbO_3$ 晶体带隙变窄，基础吸收边较化学计量比 $LiNbO_3$ 晶体基础吸收边（313nm）产生红移。这种移动，与晶体中本征缺陷的浓度有直接关系。本征缺陷对晶体的吸收边的影响主要表现在：$(Nb_{Li})^{4+}$缺陷浓度减少，基础吸收边紫移；$(Nb_{Li})^{4+}$缺陷浓度增加，基础吸收边红移[35]。

$LiNbO_3$ 晶体为氧八面体铁电体，其正常的结构状态是：每个 O^{2-} 周围有六个最邻近的格位，分别有两个 Nb^{5+}和两个 Li^+占据及空下两个空格位。其结构如图 3.21 所示。

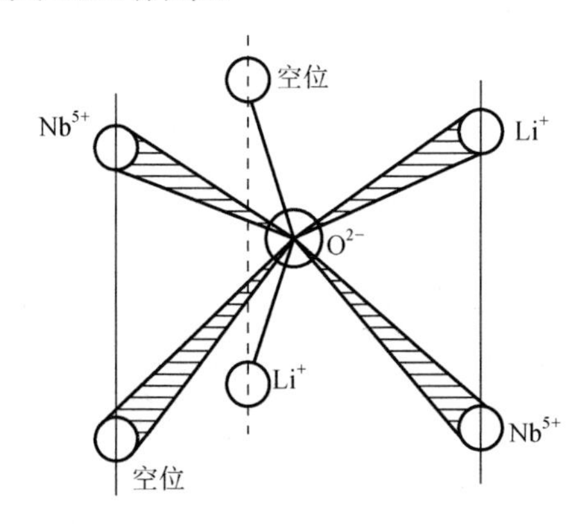

图 3.21　O^{2-}周围离子配置

O^{2-}周围离子的极化能力的大小决定掺杂铌酸锂晶体基础吸收边的位置。因此，配位氧的电子云分布变化将会影响到吸收边的位置。在离子晶体中，正负离子作为带电粒子在它们周边存在相应的电场，正负电场会相互作用引起对方的极化，基础吸收边位置与铌酸锂晶体中阳离子的类型有很大的关系：若杂质阳离子使 O^{2-}的极化度增加，则电子云变形性增大，电子从 O^{2-}的 2p 轨道到 Nb^{5+}的 4d 轨道的跃迁所需的能量会降低，导致吸收边红移；反之，若杂质阳离子使 O^{2-}极化度减弱，电子从 O^{2-}的 2p 轨道到 Nb^{5+}的 4d 轨道的跃迁所需的能量会升高，导致吸收边紫移。

3.3.1　$Mg:Ce:Fe:LiNbO_3$晶体的紫外-可见吸收光谱

图 3.22 是纯 $LiNbO_3$ 晶体紫外可见吸收光谱。$Mg:Ce:Fe:LiNbO_3$ 晶体紫外可见吸收光谱测试结果如图 3.23 所示。

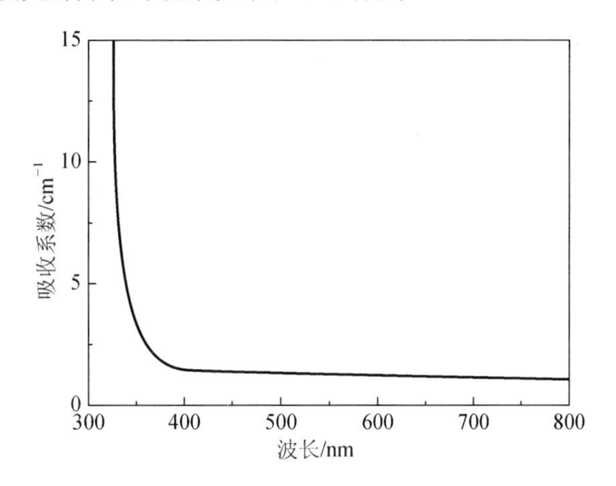

图 3.22　纯铌酸锂晶体的紫外-可见吸收光谱

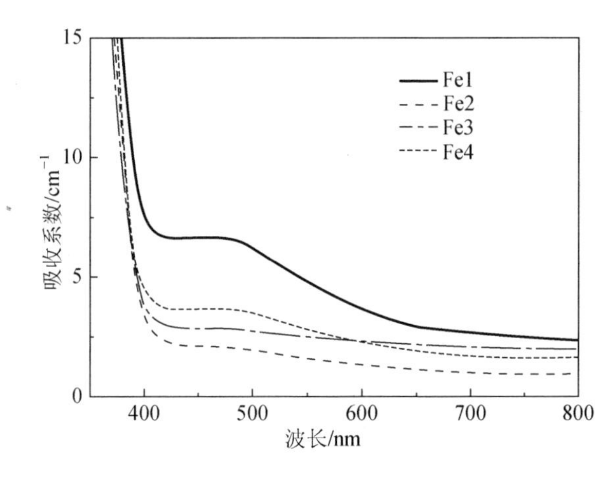

图 3.23　不同镁掺量的镁铈铁铌酸锂晶体的紫外可见吸收光谱

由图 3.24 中看到，对于 Mg:Ce:Fe:LN 晶体，它们的吸收边曲线随着晶体中 Mg^{2+}浓度增大，向短波长方向移动（紫移），Mg^{2+}掺量达到 6mol%时，相对 Mg(4mol%):Ce:Fe:LN 晶体的吸收边开始向长波方向移动（红移），Fe1、Fe2、Fe3、Fe4 晶体吸收边位置分别位于 379nm、374nm、370nm、372nm 附近。

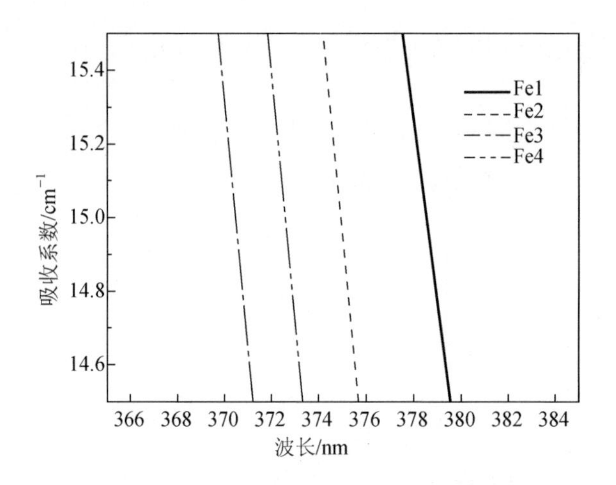

图 3.24　Mg:Ce:Fe:LN 晶体吸收光谱局部放大图

掺杂 LN 晶体吸收边位置和阳离子的极化能力，能级结构的带隙宽度，反位铌 Nb_{Li}^{4+} 的浓度有关。Mg:Ce:Fe:LN 晶体阳离子的极化能力见表 3.4[30]。

表 3.4　离子极化能力

离子	Mg^{2+}	Fe^{2+}	Fe^{3+}	Ce^{3+}	Ce^{4+}
极化能力	15.75	42.00	55.32	29.11	45.89

Mg:Ce:Fe:LN 晶体中阳离子的能级结构如图 3.25 所示。

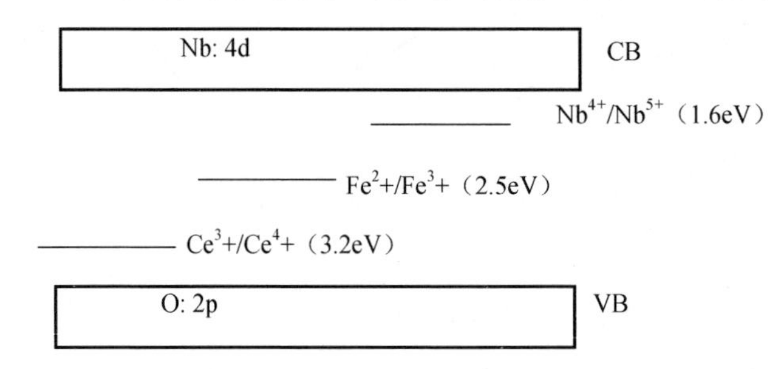

图 3.25　Mg:Ce:Fe:LN 晶体的能级结构

由测试结果可知，Ce:Fe:LN 晶体吸收光谱吸收边（379nm）相对 LN 晶体发生红移，这是由于 Ce^{3+}/Ce^{4+} 的带隙宽度（3.3eV）和 Fe^{2+}/Fe^{3+} 的带隙宽度（2.5eV）皆小于 LN 的带隙宽度（3.8eV），而且由于 Ce 离子进入到 Nb 位使反位铌 Nb_{Li}^{4+} 增加浓度。

$$Ce^{3+}+Nb_{Nb} \longrightarrow Ce_{Nb}^{2-}+Nb_{Li}^{4+} \tag{3.21}$$

$$Ce^{4+}+Nb_{Nb} \longrightarrow Ce_{Nb}^{-}+Nb_{Li}^{4+} \tag{3.22}$$

两者共同作用使 Ce:Fe:LN 晶体吸收边相对 LN 晶体发生红移。不同 Mg^{2+}浓度的 Mg:Ce:Fe:LN 晶体吸收边的位置发生不同的移动，但相对 Ce:Fe:LN 晶体都发生紫移。Fe2、Fe3、Fe4 相对 MF1 晶体吸收边发生紫移。Fe4 晶体相对 Fe3 晶体发生红移。Mg^{2+}在 Ce:Fe:LN 晶体中取代 Nb_{Li}^{4+} 使 Nb_{Li}^{4+} 浓度减小，Mg^{2+}的极化能力（15.7）低于 Nb^{5+}（44.80），两者共同作用使 Mg:Ce:Fe:LN 晶体相对 Ce:Fe:LN 晶体吸收边发生紫移。Fe4 晶体中 Mg^{2+}已超过阈值浓度，Mg^{2+}完全取代 Nb_{Li}^{4+}，Fe4 晶体中 Mg^{2+}开始取代 Li^{+}，Mg^{2+}的极化能力（15.7）高于 Li^{+}的极化能力（2.49），所以 Fe4 晶体的吸收边相对 Fe3 晶体发生红移。

对于 Mg:Ce:Fe:$LiNbO_3$ 晶体样品，它们的吸收边曲线随着晶体原料中的掺镁量的增大而向短波长方向移动，当镁掺量达到 6mol%时，样品又开始移向长波方向。它们的吸收边位置分别位于 379nm、374nm、370nm、372nm 附近。

结合铌酸锂晶体的结构缺陷和掺杂离子的占位情况，对不同镁掺量的镁铈铁铌酸锂晶体紫外-可见吸收光谱的实验结果分析如下：①当 Mg 离子掺入晶体后,它取代 Nb_{Li}^{4+}，由于 Mg^{2+}的极化能力小于 Nb_{Li}^{4+} 从而导致 O^{2-}的极化度减小，其电子云变形性减小，电子从 O^{2-}的 2p 轨道到 Nb^{5+}的 4d 轨道的跃迁所需的能量升高，导致吸收边紫移。②当 Mg 的掺量超过阈值浓度时，Mg^{2+}完全取代 Nb_{Li}^{4+} 后，开始进入 Nb 位和 Li 位，形成 Mg_{Nb}^{3-} 和 $3Mg_{Li}^{+}$，形成自身的电荷平衡，其中 $3Mg_{Li}^{+}$ 缺陷数量占主导地位，而 $3Mg_{Li}^{+}$ 的形成来源于两部分：Mg 离子占据正常 Li 位和 Mg 离子将占据 Li 位的 Fe 离子（掺镁阈值以下 Fe^{3+}占 Li 位）排挤至 Nb 位后而占据的 Li 位，在数量上前者占主导地位，因为 Mg 离子的极化能力大于 Li 离子，所以 O^{2-}的极化度与 Mg 的掺量未达到阈值浓度前相比反而增大，所以在 Mg 掺入量达到 6mol%时，基础吸收边折向长波方向。

3.3.2 钌系 $LiNbO_3$ 晶体的紫外-可见吸收光谱

当 $LiNbO_3$ 晶体中掺入其他离子时，在禁带会形成缺陷能级并对光产生特征吸收，并且掺杂离子会影响晶体内部电子状态，因此可以通过晶体的紫外可见吸收光谱测定掺杂晶体的基础吸收边，通过观察吸收边的移动来研究晶体的缺陷结构及占位。

$LiNbO_3$ 晶体基础吸收边是电子由价带向导带跃迁能量决定的，即电子由 O^{2-} 的 2p 轨道向 Nb^{5+} 的 4d 轨道转移跃迁的能量决定的，因此 O^{2-} 周围离子（铌和锂）的极化能力强弱、反位铌 ${Nb_{Li}}^{4+}$ 的浓度及杂质能级的位置，均会影响到 $LiNbO_3$ 晶体的基础吸收边位置的变化，因此 O^{2-} 的电子云分布及变化将决定着吸收边的位置。

离子的极化能力反映的是离子对其周围的离子所能施加的电场的强弱。离子的极化能力越强，对周围邻近离子的电场强度越大。离子的极化能力近似等于 Z^{*2}/r，其中 Z^* 表示离子有效电荷数，r 是离子半径。离子有效核电荷数 Z^* 表达式为

$$Z^* = Z - \sum s \tag{3.23}$$

式中，Z 为离子核电荷数；$\sum s$ 为离子中存在的所有电子对周围的电子的屏蔽系数之和[31]。

Mg:Ru:Fe:$LiNbO_3$ 晶体和 Zn:Ru:Fe:$LiNbO_3$ 晶体的紫外可见吸收光谱如图 3.26 和图 3.27 所示。在研究中吸收边设定为吸收系数为 15cm^{-1} 处的波长值。在所测试的紫外可见吸收光谱中，横坐标为波长值，纵坐标为吸光度 A。对某一块晶体来说，吸光度 A 与吸收系数 α 具有线性关系，即

$$A = 0.4343 \cdot \alpha \cdot d \tag{3.24}$$

式中，d 为晶片的厚度，单位为 cm。通过以上公式，可计算出吸收系数 α。

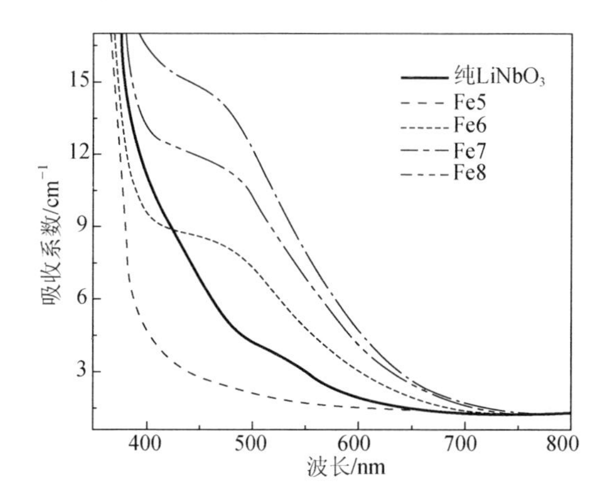

图 3.26　$Mg:Ru:Fe:LiNbO_3$ 晶体的紫外可见吸收光谱

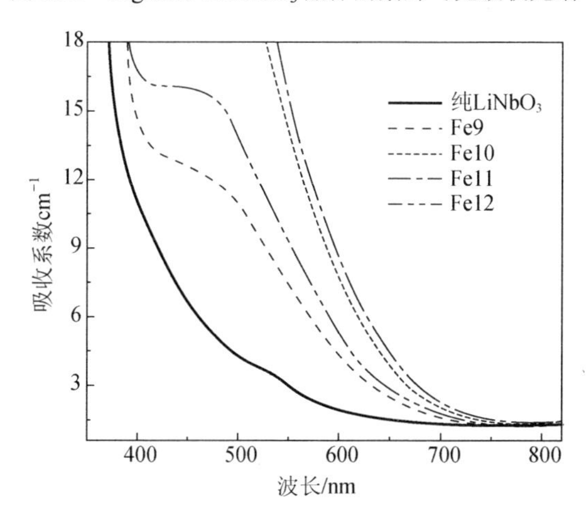

图 3.27　$Zn:Ru:Fe:LiNbO_3$ 晶体的紫外可见吸收光谱

从图 3.26 的结果我们可以看出，对 $Mg:Ru:Fe:LiNbO_3$ 晶体来说，当镁离子的掺杂浓度为 1mol%和 3mol%时，基本吸收边开始产生紫移，即向短波长方向移动，当镁离子的掺杂浓度为 5mol%时，产生了红移，即吸收边向长波长方向移动，当镁离子掺杂浓度为 7mol%时，吸收边产生了紫移。从图 3.27 的结果可以看出，对 $Zn:Ru:Fe:LiNbO_3$ 晶体来说，当锌离子掺杂浓度比较少（1mol%、3mol%和 5mol%）时，基础吸收边产生了红移，当锌离子掺杂浓度为 7mol%时，基础吸收边产生紫移，即向短波长方向移动。

通过晶体的缺陷结构和离子的极化能力来分析紫外可见吸收边移动的机理，掺杂 $LiNbO_3$ 晶体中各种离子的极化能力见表 3.5。

表 3.5　离子极化能力

离子	离子外层电子构型	核电荷数 Z	有效核电荷数 Z^*	半径 /（$\times10^{-10}$m）	极化能力 Z^{*2}/r
Nb^{5+}	$4d^4 5S^1$	41	6.40	0.70	58.51
Li^+	$1S^2$	3	1.72	0.60	4.93
Fe^{3+}	$3d^6 4S^2$	26	5.95	0.64	55.32
Ru^{4+}	$4p^6 4d^5$	44	6.75	0.81	56.25
Mg^{2+}	$2S^2 2p^6$	12	3.20	0.65	15.75
Zn^{2+}	$3p^6 3d^{10}$	30	3.82	0.74	19.71

Mg:Ru:Fe:$LiNbO_3$ 晶体来说，当镁离子的掺杂浓度比较低（1mol%和 3mol%）时，吸收边发生了紫移。这是因为少量的镁、钌和铁离子进入到 $LiNbO_3$ 晶体中，会首先取代反位铌 Nb_{Li}^{4+}和正常的晶格上的锂，但以取代反位铌 Nb_{Li}^{4+}为主，形成 Mg_{Li}^{+}、Ru_{Li}^{3+}和 Fe_{Li}^{2+}，而镁、钌和铁离子的极化能力比反位铌 Nb_{Li}^{4+}弱，那么配位氧的电子云变形性减小，电子从禁带到导带的输运电荷的跃迁所需的能量升高，从而使基础吸收边发生了紫移。而对 Zn:Ru:Fe:$LiNbO_3$ 晶体来说，当锌离子掺杂浓度较低（1mol%和 3mol%）时，同样，首先取代反位铌 Nb_{Li}^{4+}和正常的晶格上的锂，但以取代正常晶格上的锂为主，形成 Zn_{Li}^{+}、Ru_{Li}^{3+}和 Fe_{Li}^{2+}，而锌、钌和铁离子的极化能力比锂离子强，那么配位氧的电子云变形性增加，电子从禁带到导带的输运电荷的跃迁所需的能量降低，从而使基础吸收边发生了红移。

随着镁（锌）离子的掺杂浓度的增加，钌、铁离子会慢慢地被排挤到铌位形成 Ru_{Nb}^{-}和 Fe_{Nb}^{2-}，大量的镁（锌）离子占据锂位形成 Mg_{Li}^{+}（Zn_{Li}^{+}），镁（锌）、钌和铁离子的极化能力比锂离子强，那么配位氧的电子云变形性增加，电子从禁带到导带的输运电荷的跃迁所需的能量降低，从而使基础吸收边发生了红移。当镁（锌）离子的掺杂量达到了

5mol%（7mol%）时，即达到镁（锌）离子阈值浓度时，反位铌 Nb_{Li}^{4+} 已经被完全取代，镁（锌）离子开始进入正常铌位形成 Mg_{Nb}^{3-}（Zn_{Nb}^{3-}），而镁（锌）离子比铌离子的极化能力弱，那么配位氧的电子云变形性减小，电子从禁带到导带的跃迁所需能量升高，从而使基础吸收边发生了紫移。

3.3.3　Zr:Mn:Fe:LiNbO₃ 晶体的紫外-可见吸收光谱

本书实验采用 CARY UV-Visible Spectrophotometer 紫外-可见光分光光度计在室温下测试 Zr:Mn:Fe:$LiNbO_3$ 晶体的紫外-可见吸收光谱。测试范围为 200～900nm，步长为 1nm，扫描速率为 600nm/min。

在吸收光谱测试中得到的是吸光度 A，它与吸收系数α的关系为

$$A = 0.4343 \cdot \alpha \cdot d \qquad (3.25)$$

式中，d 为测试样品的厚度，单位为 cm。图 3.28 是各样品的紫外可见吸收光谱测试结果，横坐标为波长，纵坐标为吸收系数。图 3.28 中的小图为吸收系数为 15 cm^{-1} 时各样品对应的波长。

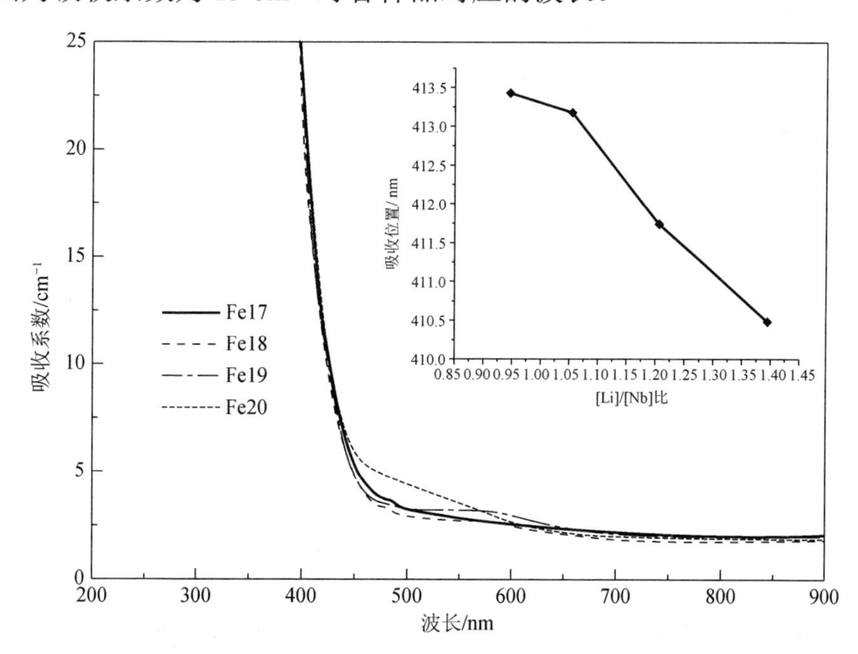

图 3.28　不同[Li]/[Nb]比的 Zr:Mn:Fe:$LiNbO_3$ 晶体的吸收光谱

$LiNbO_3$ 晶体是氧八面体铁电体，可以认为其基本光学吸收边是电子由 O^{2-} 的 2p 轨道到 Nb^{5+} 的 4d 轨道的电荷跃迁能量所决定。所以吸收边的位置会受到配位氧的电子云分布变化影响。

在化学计量比 $LiNbO_3$ 晶体中，本征吸收边位于 313nm 处（带隙宽度为 3.96eV）。在固液同成分 $LiNbO_3$ 晶体中，吸收边位于 322nm 处（带隙宽度 3.85eV），这是因为固液同成分 $LiNbO_3$ 晶体中，本征缺陷影响了 Nb_{Nb} 与 O 周围的环境，使得带隙变窄，吸收边红移。这种移动与晶体中本征缺陷 Nb_{Li}^{4+} 和 V_{Li}^{-} 的浓度变化有关。本征缺陷对晶体的吸收边的影响主要的表现为缺陷浓度减少，吸收边紫移；缺陷浓度增加，吸收边红移。

在晶体中，正负离子作为带点粒子，它们的周围存在相应的电场，正负电场相互作用会引起对方极化。因此，吸收边的位置与 $LiNbO_3$ 晶体中的掺杂阳离子极化能力有关。如果掺杂阳离子使 O^{2-} 的极化度增加，则电子云变形增大，电子从 O^{2-} 的 2p 轨道到 Nb^{5+} 的 4d 轨道跃迁所需能量降低，导致吸收边向长波长方向移动；如果掺杂的阳离子使 O^{2-} 的极化度减小，那么电子从 O^{2-} 的 2p 轨道到 Nb^{5+} 的 4d 轨道跃迁所需能量增加，导致吸收边向短波长方向移动。

用 Z^{*2}/r 值可以近似度量离子极化能力，其中 Z^* 为离子有效核荷数，r 为离子半径，配位环境不同 r 值也有所不同。Z^* 可计算为

$$Z^* = Z - \sum S \tag{3.26}$$

式中，Z 是离子核电荷数；$\sum S$ 是离子中所有电子对外面假设的加合电子的屏蔽系数之和。Zr:Mn:Fe:$LiNbO_3$ 晶体中的掺杂离子极化能力计算结果见表 3.6。

表 3.6　离子极化能力

离子	Zr^{4+}	Mn^{2+}	Fe^{3+}
极化能力 Z^{*2}/r	38.4	34.5	55.3

从紫外可见吸收光谱测试结果可以看到，$Zr:Mn:Fe:LiNbO_3$ 晶体的吸收边随着[Li]/[Nb]比的增大逐渐紫移。随着[Li]/[Nb]比的增加，Li^+替代 Nb_{Li}^{4+} 将其驱赶回正常的 Nb 位，当 Nb_{Li}^{4+} 几乎被全部赶回 Nb 位后，Li^+开始排挤 Zr_{Li}^{3+}，使 Zr^{4+}进入 Nb 位。由于 Li^+的极化能力弱于 Zr^{4+}和 Nb^{5+}，因此随着[Li]/[Nb]比的的增加，晶体的吸收边逐渐紫移。同时由于晶体中 Li 浓度升高，晶体中本征缺陷的减少也引起吸收边的紫移。

3.3.4　$Zr:Fe:LiNbO_3$ 晶体紫外-可见吸收光谱

我们在哈尔滨师范大学物理系利用 CARY 型紫外-可见光分光光度计在室温下测试了 $Zr:Fe:LiNbO_3$ 晶体的吸收光谱。测试范围为 200～900nm，步长为 1nm，扫描速率 600nm/min，平均时间为 0.1s。

图 3.29 为不同材料的紫外-可见吸收光谱，图 3.29 中的插图给出了不同样品吸收边的位置。在本文中选用吸收系数 $\alpha=15cm^{-1}$[32, 33]，$LiNbO_3$ 晶体的基本吸收边波长对材料的[Li]/[Nb]比变化很敏感[34]。No.1～No.3 样品的吸收边分别位于 379nm、378nm 和 376nm，随着[Li]/[Nb]比的增加，$Zr:Fe:LiNbO_3$ 晶体的吸收边发生紫移。

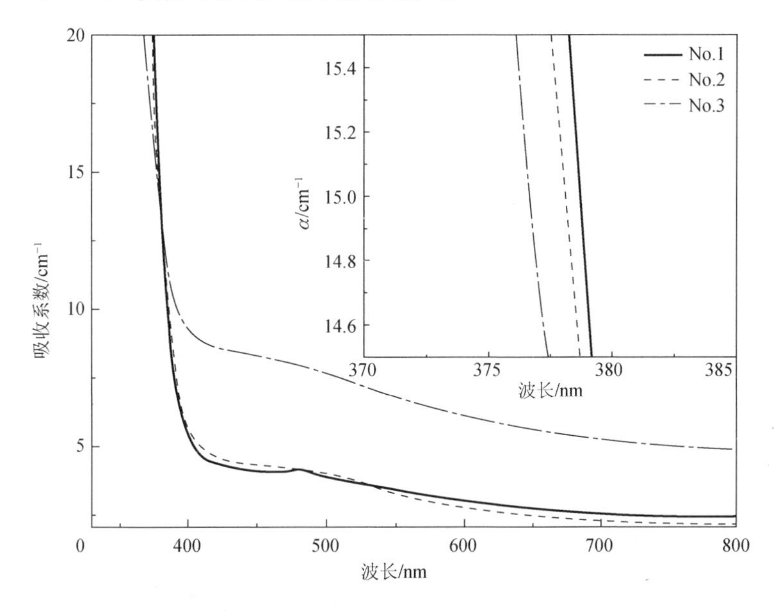

图 3.29　$Zr:Fe:LiNbO_3$ 晶体紫外-可见吸收光谱

$LiNbO_3$ 晶体具有氧八面体结构，在同成分 $LiNbO_3$ 晶体中，Li^+离子的数量比 Nb^{5+}离子少，锂空位模型被大多数学者所接受，他们认为反位铌 Nb_{Li}^{4+} 和锂空位 V_{Li}^- 的出现是因为 Nb^{5+}离子占据了 Li 位。在本文中，采用 Z^{*2}/r 来解释吸收边移动的现象，$Z^* = Z - \sum S$，其中 Z^*、Z、$\sum S$ 和 r 分别是离子的有效核电荷数、原子序数、屏蔽因子和离子半径。基本光学吸收边是由价电子从 O^{2-}的 2p 轨道向 Nb^{5+}的 4d 轨道跃迁的能量所决定的。因此，配位氧电子云的分布变化将影响吸收边的位置。若掺杂离子使得 O^{2-}的极化度增加，导致电子云变形增大，则电子从 O^{2-}的 2p 轨道向 Nb^{5+}的 4d 轨道转移的跃迁能会降低，导致吸收边红移，反之，吸收边则紫移[35]。

极化能力的测量取决于 $Z^* = Z - \sum S$，Nb^{5+}、Zr^{4+}和 Li^+的极化能力分别为 58.5、38.4 和 2.5。在 $Zr:Fe:LiNbO_3$ 晶体中，Li^+的极化能力比 Nb^{5+}离子小，所以当晶体中[Li]/[Nb]比增加时，晶体中 Li^+的浓度增加，反位铌 Nb_{Li}^{4+} 和锂空位 V_{Li}^- 的浓度减小，这使得 O^{2-}极化度降低，电子云变形减小，电子从 O^{2-}的 2p 轨道向 Nb^{5+}的 4d 轨道转移的跃迁能量会增加，另一方面，随着 Nb_{Li}^{4+} 减少，导致禁带变宽，价电子从导带向禁带跃迁的能量增加，所以随着[Li]/[Nb]比的增加，$Zr:Fe:LiNbO_3$ 晶体的吸收边发生紫移。

3.3.5 $In:Yb:Tm:LiNbO_3$ 晶体紫外-可见吸收光谱

为了证实作者的结论，深入研究了从长大的晶体的底部、中部和顶部切下的四个样品的紫外可视吸收光谱。图 3.30 表现了不同浓度的 In^{3+} 铌酸锂晶体的紫外可视吸收光谱。用吸收边缘验证晶体的成分。从图 3.29 可以看出样品 Yb1、Yb2、Yb3、Yb4 的紫外吸收边缘非别是 353nm、346nm、335nm 和 379nm。随着溶解时掺杂浓度的增加，铌酸锂晶体的吸收峰第一次发生强烈的转变，当 In^{3+} 的掺杂浓度为 4%mol 时发生红外转变。铌酸锂晶体的位置的吸收边缘的转变达到了 26nm，也就是样品 Yb4，这是一个值得了不起的事实，当 In^{3+}的掺杂浓度达到 4%mol

也就是样品 Yb4。他的吸收边缘转变到红外射线，实质上相当于 Yb3 号样品。有一些吸收谱位于 300～1050nm，这归因于 Tm^{3+}和 Yb^{3+} 离子的吸收。Tm^{3+} 为中心的三个吸收带分别位于 456nm、692nm 和 798nm 分别分配到 $^3H_6\rightarrow{}^1G_4$，$^3H_6\rightarrow{}^3F_{2,3}$ 和 $^3H_6\rightarrow{}^3H_4$ 过渡带。980nm 的吸收峰相对于位于基态的 $^2F_{7/2}$ 的 Yb^{3+} 跃迁到激发态 $^2F_{5/2}$。

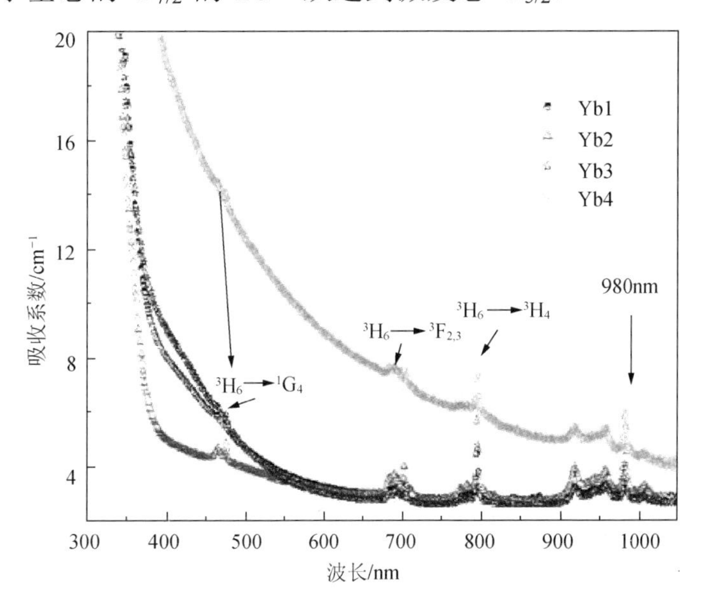

图 3.30　铌酸锂晶体的紫外可视吸收光谱

这是众所周知的道理，吸收边的转变能够用掺杂离子极化来解释。价电子的跃迁能力从 O^{2-}的 2p 轨道跃迁到 Nb^{5+}的 4p 轨道决定了晶体的基本吸收边。能够从先前的研究得出结论吸收峰的紫外转变归因于增加相邻的掺杂离子的极化能力，O^{2-}离子缩短价电子跃迁的带隙，否则，样品的吸收边缘转变为红外线带。事实上 Nb^{5+}的极化能力小于 In^{3+}、Yb^{3+}、Tm^{3+}和 Li^{+}。在铌酸锂晶体中 Yb^{3+}离子和 Tm^{3+}离子取代Nb_{Li}^{4+} 并且形成Yb_{Li}^{2+} 和Tm_{Li}^{2+} 。当 In^{3+} 进入铌酸锂晶体中因为 In^{3+} 的极化能力小于Nb_{Li}^{4+} Yb2 样品的吸收峰相比较 Yb1 样品转移到了紫外波段。当In^{3+} 的浓度超过阈值（样品 Yb3），Nb_{Li}^{4+} 缺陷基本消失，In^{3+}进入正常的 Li 位置和一些的 Nb 的位置。因为 In^{3+}的极化能力小于 Li^{+}引起了 O^{2-}电子云的变形，禁带的宽度增加，吸收边缘转移到紫色波段，当在溶解时 In_2O_3 的掺杂浓度达到 4%mol（样品 Yb4），一部分的 In^{3+}、Yb^{3+}和 Tm^{3+}开始占据 Nb 的位置形成 In_{Nb}^{2-}、Yb_{Nb}^{2-} 和 Tm_{Nb}^{2-}。当 In^{3+} 的极化能力小于 Nb^{5+} 时样品 Yb4 的红外吸收边相当于样品 Yb1 掺杂率的讨论与实验中的 OH^{-} 的吸收光谱的分析是一致的。

3.3.6 In:Yb:Ho:$LiNbO_3$ 晶体紫外−可见吸收光谱

采用美国 Nicolet 公司生产的 Avatar-360 型 FT-IR 红外光谱仪在干燥环境下对样品进行红外光谱测试，测试温度为 25℃。测试中，省略了因空气中的 CO_2 引起的红外吸收峰，选定的波数区间为 400～4000cm^{-1}。为了实验结果的可比性，同时确保测试参数的一致性，测试条件统一如下：①所有样品均采取 Y 面通光；②扫描的步长为 2 nm；③扫描的次数为 10 次。

氧八面体结构的铌酸锂晶体的导带由 Nb^{5+}离子的 dε 轨道重叠组成，价带由 O^{2-}离子的 pπ 轨道重叠组成，它的基础光学吸收边位于 330nm 处（带隙宽度 3.8eV），对应的能量等同价带中的电子向导带电荷转移跃迁需要的能量[36]。

在铌酸锂晶体的带隙中掺杂离子构成缺陷能级，对照射在晶体上的光产生一些特征的吸收峰，因此，通过测量吸收光谱可以判断掺杂缺陷能级的位置。带电的正负离子在晶体内部产生电场，正电场与负电场之间的作用引发对方的极化[37]。吸收边的移动主要取决于两个因素：第一，掺杂离子在晶体中的作用引发的本征缺陷浓度变化；第二，掺杂离子自身极化能力的大小。掺杂离子的极化能力大小具体体现在使附近离子电子云变形的能力。附近离子电子云的变形程度与掺杂离子的极化能力成正比，即如果掺杂离子的极化能力越大，则附近离子电子云的变形程度越大，因此，由氧离子的 2p 轨道到铌离子的 4d 轨道电子的跃迁能量将随着降低[28]，使吸收边沿着长波方向偏移，即所谓的“红移”。相反，若掺杂离子的极化能力越小，电子从 O^{2-}的 2p 轨道到 Nb^{5+}的 4d 轨道的跃迁需要的能量增大，使吸收边沿着短波方向偏移，即所谓的“紫移”。通过测量紫外可见吸收光谱吸收边的移动情况，进一步判断离子在晶体中的占位变化。

图 3.31 显示了 In:Yb:Ho:$LiNbO_3$ 晶体的 UV-VIS-NIR 光谱。可以看出在 300～3000nm 附近有很多吸收峰，这是由于 Ho^{3+}和 Yb^{3+}离子的吸收。Ho^{3+}离子在 363nm、390nm、422nm、459nm、489nm、543nm、649/664nm、894nm、1150nm、1957nm 和 2658nm/2850nm 的吸收峰分别是由于 $^5I_8 \to {}^3H_6$、$^5I_8 \to {}^5G_4$、$^5I_8 \to {}^5G_5$、$^5I_8 \to {}^5G_6$、$^5I_8 \to {}^5F_3$、$^5I_8 \to {}^5F_4$、$^5I_8 \to {}^5F_5$、$^5I_8 \to {}^5I_5$、$^5I_8 \to {}^5I_6$、$^5I_8 \to {}^5I_7$ 和 $^5I_7 \to {}^5I_6$。根据 J-O 理论，实验和理论长度（f_{exp}, f_{the}），对应的晶体 In1、In2、In3 和 In4 均方根偏差（δ_{rms}）示于表 3.7。δ_{rms} 随着[Li]/[Nb]比的增加而增加。In:Yb:Ho:$LiNbO_3$ 晶体中 Ho^{3+}离子的 J-O 强度参数来源于实验跃迁长度电偶极子的贡献，通过最小平方拟合，列于表 3.7。为了研究比较，其他 Ho^{3+}离子共掺系统的 J-O 强度参数列于表 3.8。

基于 J-O 模型，Ω_2 对稀土离子和配位场对称性是敏感的，而强度参数Ω_4 和Ω_6 依靠综合性能。对于评价激光活性介质受激辐射重要的参数，光谱质量因子 X 定义为Ω_4 对Ω_6 的比（$X=\Omega_4/\Omega_6$），其他 Ho^{3+}离子共掺晶体示于表 3.8。表 3.8 可以发现，X 的值分别是 1.05、1.12、1.33 和 1.69 对应于样品 In1、In2、In3 和 In4，他们随着[Li]/[Nb]比增加而升高。相比其他报道过的基质材料，In:Yb:Ho:$LiNbO_3$ 晶体（Li/Nb=1.38）的 X 值要比 LaF_3 和 LuGG 大，但是比 YAP 小，表明 In:Yb:Ho:$LiNbO_3$ 晶体（Li/Nb=1.38）对于有效的激光产生是很有发展前景的。

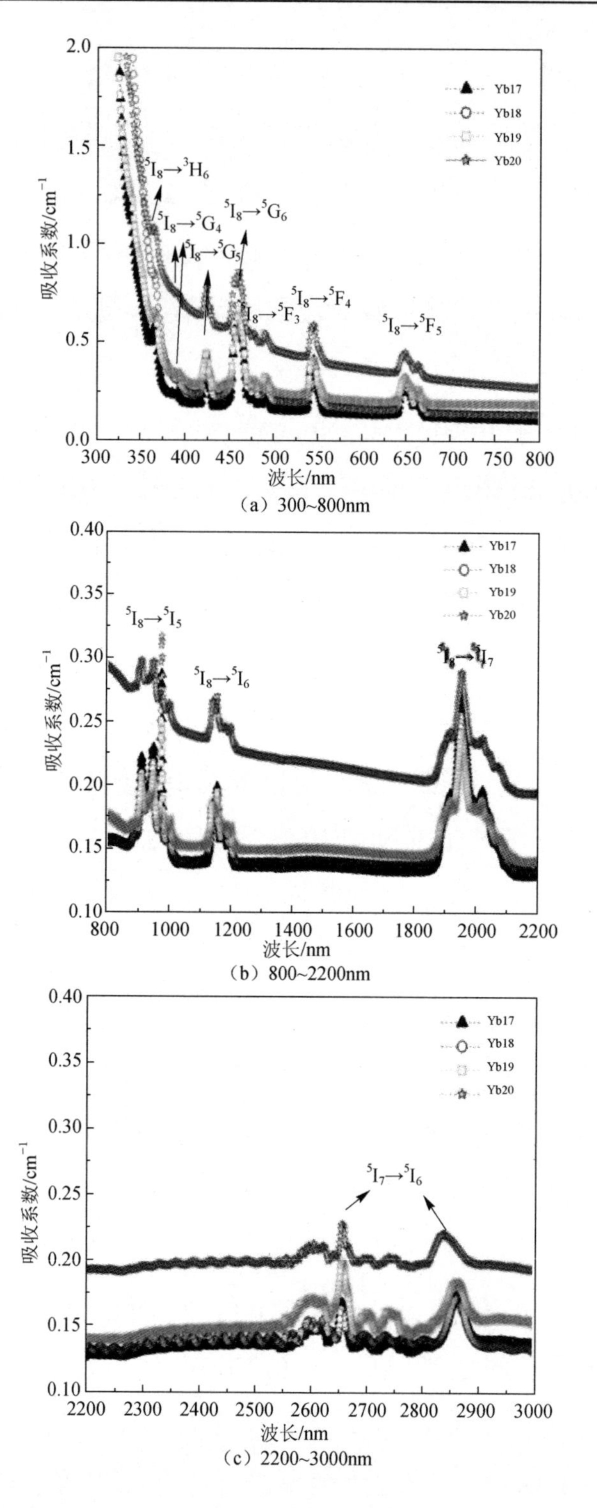

（a）300~800nm

（b）800~2200nm

（c）2200~3000nm

图 3.31　不同[Li]/[Nb]比 In:Yb:Ho:$LiNbO_3$ 晶体的紫外-可见-近红外吸收光谱

表 3.7　实验的跃迁强度（f_{exp}）和理论强度（f_{the}）对应的均方根差（δ_{rms}）

Transition $^5I_8 \to$	In1 f_{exp} /×10^{-6}	In1 f_{the} /×10^{-6}	In2 f_{exp} /×10^{-6}	In2 f_{the} /×10^{-6}	In3 f_{exp} /×10^{-6}	In3 f_{the} /×10^{-6}	In4 f_{exp} /×10^{-6}	In4 f_{the} /×10^{-6}
$^5I_7$	24.46	27.48	38.52	42.11	63.94	59.3	124.47	131.53
$^5I_6$	22.8	24.03	28.03	5.83	92.5	34.72	161.88	68.91
$^5I_5$	64.67	19.54	40.56	98.45	70.07	72.93	152.06	150.37
$^5F_5$	54.6	58.15	31.4	29.95	85.53	93.64	199.1	201.86
$^5F_4$	37.28	34.3	58.32	50.26	89.37	82.51	213.64	225.95
$^5F_3$	48.55	42.44	47.28	42.81	120.18	132.59	145.92	127.04
$^5G_6$	62.09	66.36	51.53	44.76	48.36	11.97	204.58	186.73
$^5G_5$	31.24	25.95	77.34	69.35	103.55	92.16	285.36	297.81
$^5G_4$	85.49	83.1	29.08	21.89	56.82	60.35	108.93	85.4
$^3H_6$	39.72	31.19	70.38	78.25	73.82	69.49	246.55	238.17
δ_{rms}	1.78×10^{-7}		2.44×10^{-7}		2.70×10^{-7}		3.84×10^{-7}	

表 3.8　J-O 强度参数Ω_t（t = 2, 4, 6）和 Ho^{3+}共掺各种晶体的光谱质量因数 X

样品	ω_2/（$\times10^{-20}cm^2$）	ω_4/（$\times10^{-20}cm^2$）	ω_6/（$\times10^{-20}cm^2$）	X（ω_4/ω_6）	文献
In1	7.39	11.96	11.39	1.05	本书
In2	5.43	8.36	7.46	1.12	本书
In3	10.74	15.35	11.54	1.33	本书
In4	8.13	9.48	5.61	1.69	本书
LaF_3	1.16	1.38	0.88	1.57	[38]
YAP	1.42	2.92	1.71	1.71	[39]
LuGG	0.34	2.07	1.38	1.50	[40]

3.3.7　Hf:Er:$LiNbO_3$晶体的紫外-可见吸收光谱

分子中的电子总是处在某一种运动动态之中，而每一种状态都具有一定的能量，属于一定的能级。电子吸收了光、热、电等外来辐射的能量而被激发，从一个较低的能级转移到一个能量较高的能级，称为跃迁。在分子内部除了电子相对原子核的运动外，还有核间的相对运动，即核的振动和分子绕着重心的转动。这三种运动的能量都是量子化的，因此分子具有转动能级、振动能级和电子能级。当分子吸收了外来辐射的能量 $h\nu$ 之后，其总能量变化 ΔE 为其振动能变化 ΔE_V、转动能 ΔE_r 以及电子运动能量变化 ΔE_e 之和，即

$$\Delta E = \Delta E_V + \Delta E_r + \Delta E_e \tag{3.27}$$

若分子的较高能级及较低能级能量之差恰好等于该项电磁波的能量 $h\nu$ 时，分子将从较低能级跃迁至较高能级。物质对不同波长的光线具有不同的吸收能力，物质也只能选择性的吸收那些能量相当于该分子振动能变化 ΔE_V、转动能 ΔE_r 以及电子运动能量变化 ΔE_e 的总和 ΔE 的辐射。由于各种物质分子内部结构的不同，分子的各种能级之间的间隔也互不相同，这样就决定了物质对不同波长光线的选择吸收。如果改变通过某一吸收物质的入射光波长，并记录该物质在每一波长外的吸光度，然后以波长为横坐标，以吸光度为纵坐标作图，这样得到的谱图就是该物质的吸收光谱或吸收曲线。紫外-可见光区的波长为 200～800nm。通过晶体的紫外-可见吸收光谱，根据吸收边位置变化可以判定掺杂离子在晶体中的占位，掌握晶体的缺陷结构。

用 CARY UV-Visible Spectrophotometer 紫外-可见光分光光度计测量了样品的吸收光谱。测试范围为 300～700nm，测试温度为 20℃。测试结果如图 3.32 所示。

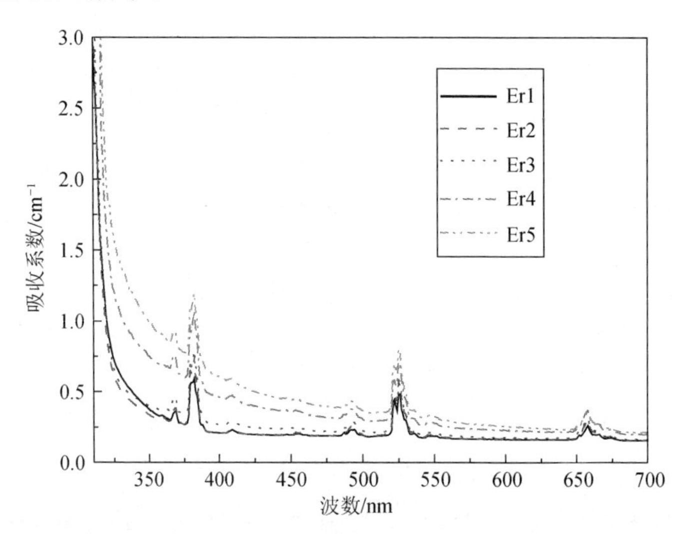

图 3.32　Hf:Er:$LiNbO_3$ 晶体的紫外-可见吸收光谱

如图 3.32 所示，实验样品在 381nm、492nm、525nm、657nm 处均存在吸收峰，且未出现个别样品存在特殊吸收峰的情况，所以可以确定当晶体受到波长变化的入射光照射时，掺杂离子在晶体的带隙中形成相同的缺陷能级，无特殊缺陷能级产生。

如图 3.33 所示，实验样品的紫外吸收边依次位于 313.70nm、313.62nm、314.38nm、317.68nm、319.81nm。样品的紫外吸收边出现先紫移（Er1、Er2）后红移（Er3、Er4、Er5）的现象。

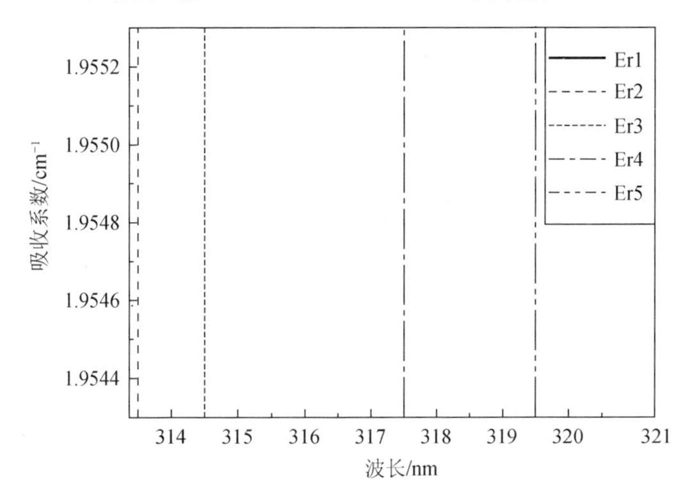

图 3.33　$Hf:Er:LiNbO_3$ 晶体样品对应的紫外吸收边

根据离子极化能力的计算规则，计算结果见表 3.9。

表 3.9　离子极化能力

离子	Li^+	Nb^{5+}	Hf^{4+}	Er^{3+}
极化能力 Z^{*2}/r	2.49	58.51	81.90	93.68

如图 3.32 测试结果所示，对于样品 Er1、Er2，当 HfO_2 的掺入量低于 4mol%时，Er^{3+}和 Hf^{4+}将分别取代本征缺陷$(Nb_{Li})^{4+}$形成$(Er_{Li})^{2+}$和$(Hf_{Li})^{3+}$缺陷中心，一方面由于 Er^{3+}和 Hf^{4+}的极化能力均大于本征缺陷$(Nb_{Li})^{4+}$，使 O^{2-}的极化度增加，电子云变形性增大，电子从 O^{2-}的 2p 轨道到 Nb^{5+}的 4d 轨道的跃迁所需能量会降低，导致吸收边较固液同成分 $LiNbO_3$ 晶体吸收边（322nm）产生红移；另一方面，由于此时晶体中的

本征缺陷$(Nb_{Li})^{4+}$被大量取代，浓度急剧下降，导致样品的吸收边较固液同成分 $LiNbO_3$ 晶体吸收边（322nm）产生紫移。在元素低浓度掺杂的情况下，本征缺陷$(Nb_{Li})^{4+}$的浓度变化对晶体吸收边的移动起主导作用。由于样品 1#、2#中$(Nb_{Li})^{4+}$的浓度持续降低，所以其相对于固液同成分 $LiNbO_3$ 晶体吸收边（322nm）产生持续的紫移，随着掺杂元素浓度的增加，紫移的程度相应的减小。

对于样品 Er3、Er4、Er5，当 HfO_2 的掺入量高于 4mol%时，晶体中的本征缺陷（Nb_{Li}）$^{4+}$被完全取代，Hf^{4+}开始占据正常的 Li 位和 Nb 位，由于 Hf^{4+}的极化能力大于 Li^+和 Nb^{5+}，使 O^{2-}的极化度增加，电子云变形性增大，电子从 O^{2-}的 2p 轨道到 Nb^{5+}的 4d 轨道的跃迁所需的能量会降低，导致吸收边又开始红移。随着样品中 HfO_2 掺入量的持续增大，吸收边红移的程度相应的增大。

3.3.8　Mg:Er:$LiNbO_3$ 晶体的紫外-可见吸收光谱

采用用 CARY UV-Visible Spectrophotometer 紫外-可见光分光光度计测量了样品 Mg:Er:$LiNbO_3$ 的吸收光谱。测试范围为 190～1100nm，吸收谱的范围选为 300～1100nm，测试温度为 20℃。测试结果如图 3.34 所示。

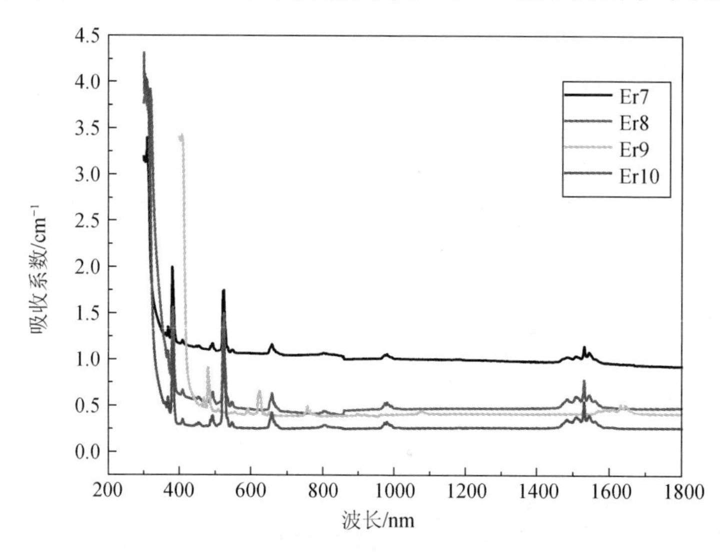

图 3.34　Mg:Er:$LiNbO_3$ 晶体的吸收光谱

我们对各晶体样品在光吸收边附近的光吸收曲线进行了局部放大，如图 3.35 所示。纯的同成分铌酸锂晶体的吸收边被报道位于 322nm 处，对于 Mg:Er:$LiNbO_3$ 晶体（Er7、Er8、Er9 和 Er10）样品，它们的吸收边曲线随着晶体原料中的 MgO 掺量的增大而向短波长方向连续移动，发生连续的紫移，它们的吸收边位置分别位于 328nm、319nm、315nm 和 312nm 附近。

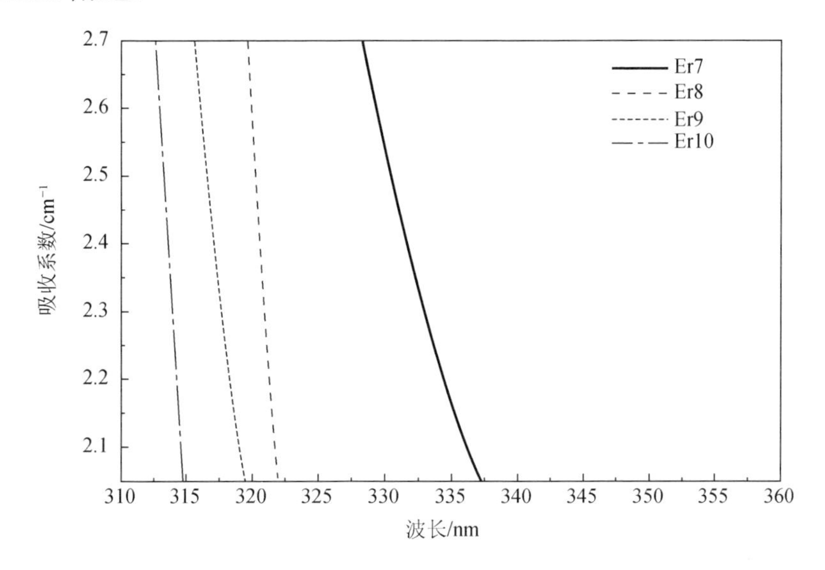

图 3.35　Mg:Er:$LiNbO_3$ 晶体紫外可见吸收光谱的局部放大图

对于以上紫外-可见吸收光谱的实验结果，结合近年来关于采用红外吸收光谱研究铌酸锂晶体结构的很多报道。当 Er^{3+}离子掺入晶体后，它将取代反位铌$(Nb_{Li})^{4+}$，由于 Er^{3+}的极化能力大于$(Nb_{Li})^{4+}$，从而导致 O^{2-}的极化度增加，其电子云变形性增大，电子从 O^{2-}的 2p 轨道到 Nb^{5+}的 4d 轨道的跃迁所需的能量会降低，导致吸收边红移。在 Mg:Er:$LiNbO_3$ 晶体中，当 MgO 掺量低于 5.0mol%时，绝大多数的 Mg 离子会取代反位铌$(Nb_{Li})^{4+}$占据 Li 位而形成缺陷格点$(Mg_{Li})^{+}$；由于 Mg^{2+}的极化能力大于$(Nb_{Li})^{4+}$，从而导致 O^{2-}的极化度降低。使吸收边发生紫移。随着晶体中掺镁量的增加，一部分 Er 离子被 Mg 离子排挤出 Li 位而占据 Nb 位，形成$(Er_{Nb})^{2-}$缺陷。当晶体中 MgO 掺量达到 5.0mol%以上时，一部分

Mg 离子和绝大部分 Er 离子会占据 Nb 位，形成$(Mg_{Nb})^{3-}$和$(Er_{Nb})^{2-}$缺陷。由于 Mg^{2+}的极化能力小于 Nb^{5+}，这种离子取代的结果会导致 O^{2-}的极化度降低，其电子云变形减小，电子从 O^{2-}的 2p 轨道到 Nb^{5+}的 4d 轨道的跃迁所需的能量相应升高，导致吸收边紫移。随着晶体原料中的掺镁量的增大，这种紫移的程度会相应的增大。

3.4　X 射线衍射

X 射线粉末衍射技术是研究物质结构的最重要手段之一。X 射线粉末衍射技术在研究物质结构、精确测定晶胞常数、研究晶体的完整性及进行物相分析中有着十分重要的地位。

利用 X 射线研究晶体结构，主要是通过 X 射线在晶体中所产生的衍射现象进行的。X 射线是一种电磁波，当它通过物质时，在入射光束电场作用下，物质原子中的电子将围绕其平衡位置发生振动，同时向其四周辐射出与入射光线频率相同的电磁波。假设原子中各电子皆集中在原子中心，则各电子的散射波同位相叠加。这样，将其合成波看作是从原子中心发射出的球面散射波，即原子的散射波。由于晶体中原子排列的规则性，各原子散射波相互干涉时（两列或数列振动方向相同、频率相同、位相相同或位相差恒定的波才能相互干涉，这种波称为相干波），将会在某些方向上互相加强，而在另一些方向上相互抵消，合成波的强度随方向而改变，形成一定的衍射花样。所以相干散射是衍射的基础，而衍射则是晶体对 X 射线散射的一种特殊表现形式，其必要条件是晶体中各原子散射波在某研究方向上均有固定的位相差关系。

X 射线衍射的基本原理是：设有一束波长为 λ 的单色 X 射线入射到面间距为 d_{hkl} 的晶面组，如图 3.36 所示，X 射线因在结晶内遇到规则排列的原子或离子而发生散射，由于散射的 X 射线在某些方向上相位得到加强，从而显示与结晶结构相对应的特有的衍射现象。若晶面组与入射线和反射线的夹角均为θ，则 X 射线经相邻晶面组反射所产生的光程差为 $2d_{\mathrm{hkl}}\sin\theta$。发生衍射的必要条件是光程差是波长的整数倍，即$2d_{\mathrm{hkl}}\sin\theta = n\lambda$，这就是著名的布拉格衍射方程。只有满足布拉格衍射条件时，才能发生衍射[41]。

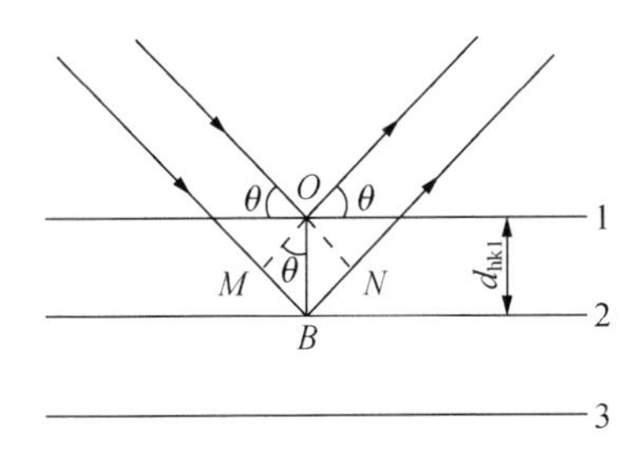

图 3.36　布拉格衍射

要能产生衍射，则入射线与晶面的交角必须满足布拉格公式。但是满足布拉格公式仅仅是产生衍射的必要条件，要想观察到晶体产生的衍射线，还必须满足结构因子不为零这个充分条件。一方面，晶胞的大小与形状等决定了晶体的衍射方向；另一方面，晶胞内原子的坐标位置决定了衍射强度。反过来，原子在晶体中的坐标位置可以根据整个晶体衍射强度的数据测定出来。当用 X 射线照射晶体粉末时，入射 X 射线夹角 θ 和波长满足布拉格方程时，则发生衍射。又由于 X 射线照射体积内存在许多各种取向的晶粒，因此满足布拉格条件的晶面也很多，所以，X 射线可以在这些晶面上分别发生衍射。我们可以根据衍射线的位置和强度对晶体进行物相分析，并可确定晶体结构和晶格常数。

将晶体样品在玛瑙研钵中研成粉末状态，放于炉内加热至 700℃恒温 2～3h，以消除由于研磨产生的应力。在哈尔滨工业大学应用化学系分析测试中心，采用日本 SHMADZU 公司的 XRD-6000 型旋转阳极 X 射线衍射仪对粉末进行物相分析。所用的样品测试条件为：室温，Cu 靶，波长 0.154060nm，Mo 滤波，扫描范围 10°～90°，管电压/管电流为 40kV/50mA。

3.4.1 Mg:Ce:Fe:$LiNbO_3$ 晶体的 X 射线衍射分析

对于铌酸锂晶体，它属于三方晶系，晶格常数的精度与 $\Delta d/d$ 成正比，因此，当 $\Delta\theta$ 一定时，采用高 θ 角的衍射线，面间距误差 $\Delta d/d$ 将要减小，当 θ 趋近 90° 时，误差趋近于零[42]。选取六方晶胞，其晶胞参数之间的关系有 $\alpha=\beta=90°$，$\gamma=120°$，$a=b\neq c$。测试结果如图 3.37～图 3.41 所示。

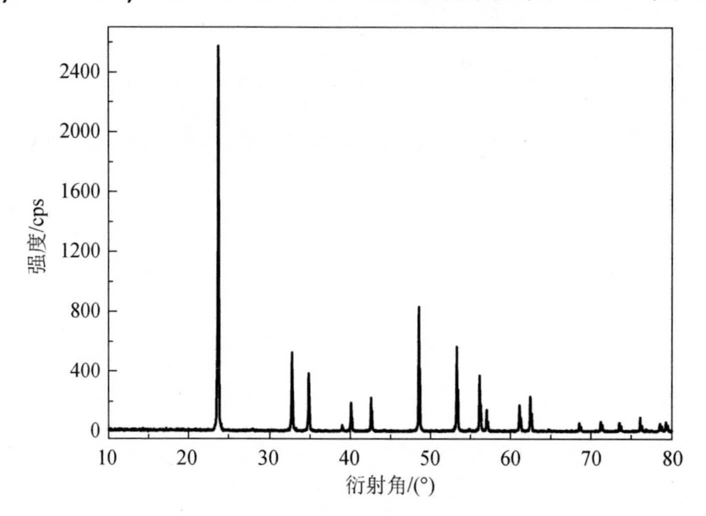

图 3.37　纯铌酸锂晶体的 X 射线粉末衍射图谱

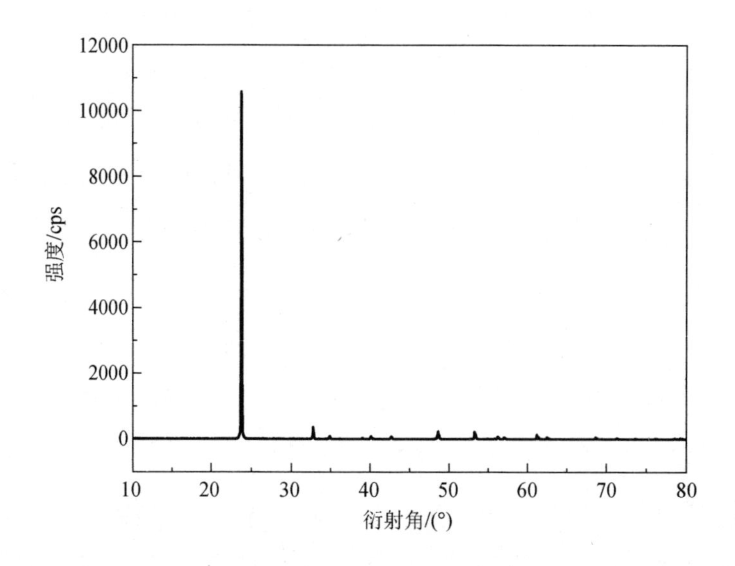

图 3.38　样品 Fe1 的 X 射线粉末衍射图谱

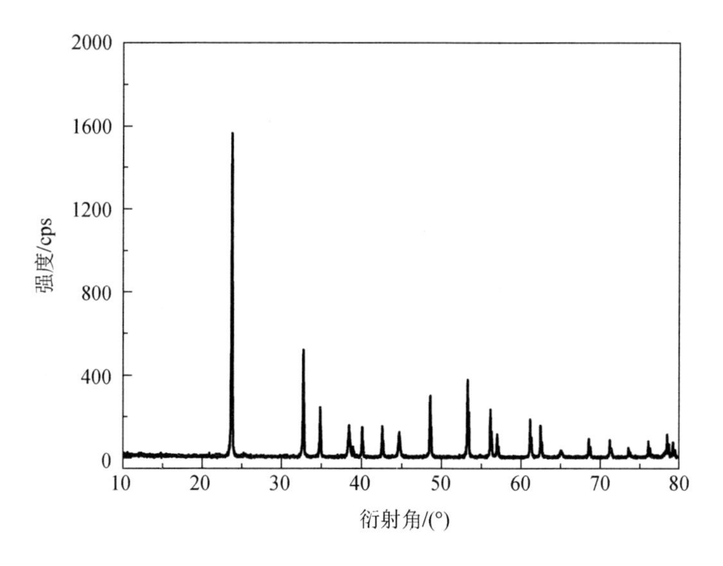

图 3.39　样品 Fe2 的 X 射线粉末衍射图谱

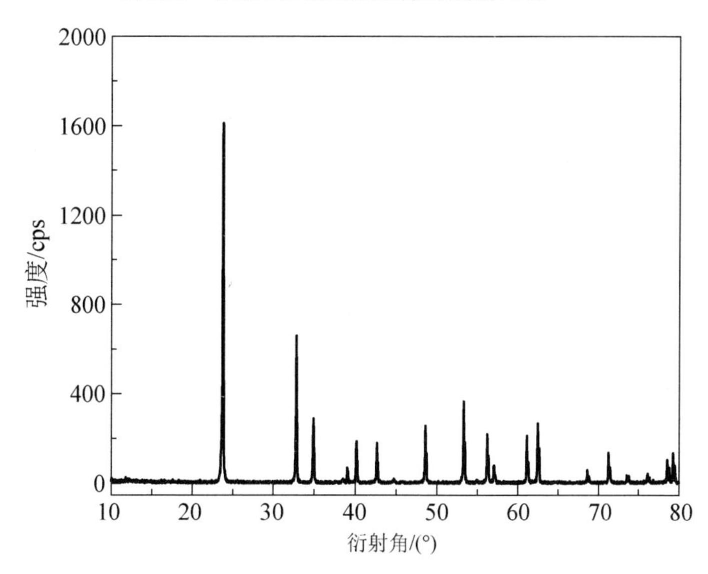

图 3.40　样品 Fe3 的 X 射线粉末衍射图谱

由各样品的衍射图与纯 $LiNbO_3$ 晶体衍射图（图 3.30）比较可知，并没有因为掺杂而引起附加峰，这说明没有新相产生，仍为三方 $LiNbO_3$ 晶体。说明掺入的 Ce 和 Fe 离子不是以占据晶格内的间隙位置而是以取代 Li 或 Nb 位的方式进入晶体。但因为掺入的 Fe^{2+}/Fe^{3+}、Ce^{3+}/Ce^{4+}的半径与 $LiNbO_3$ 晶体中的 Li^{+}和 Nb^{5+}离子半径有差别，因此使晶胞的大小、形状及原子位置都发生微小变化，对应在衍射图中衍射峰的位置和强度有所变化。

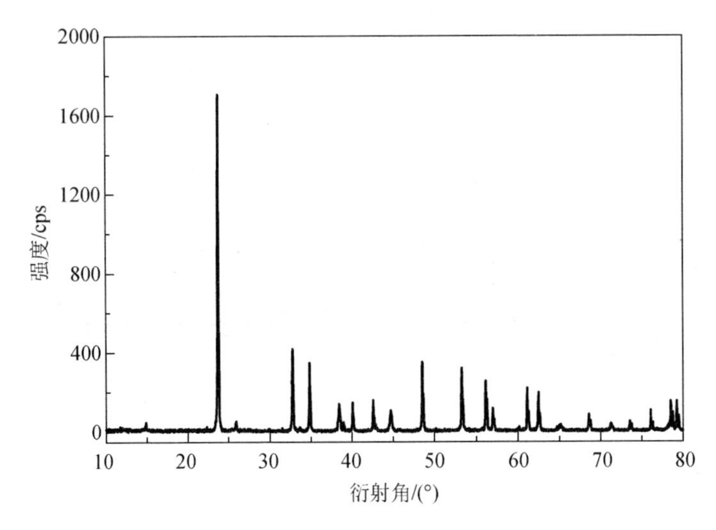

图 3.41　样品 Fe4 的 X 射线粉末衍射图谱

表 3.10 给出了晶体样品的晶格参数。根据 X 射线粉末衍射测出的数据，在 X 射线粉末衍射仪所连接的计算机上利用内部标准方法进行计算。计算模型采用最小二乘法（least squares），同时计算晶胞体积 V 为

$$V = a^2 c \times \cos 30^\circ \tag{3.28}$$

表 3.10　样品的晶格常数与晶胞体积

参数	$a=b$ / nm	Δa / nm	c / nm	Δc / nm	V/ nm^3	ΔV / nm^3
$LiNbO_3$	0.5148	0	1.3830	0	0.3175	0
Fe1	0.5154	0.0006	1.3817	−0.0013	0.3178	0.0003
Fe2	0.5153	0.0005	1.3878	0.0048	0.3186	0.0011
Fe3	0.5151	0.0003	1.3879	0.0049	0.3189	0.0014
Fe4	0.5149	0.0001	1.3956	0.0126	0.3204	0.0029

表 3.10 中的Δa、Δc 和ΔV 是将晶格常数 a、c 和晶胞体积 V 值分别减去纯 $LiNbO_3$ 晶体的相应值，得到掺杂 $LiNbO_3$ 晶体的晶格常数和晶胞体积变化值。它们的大小反映了掺杂对晶格造成的相对畸变程度，数值越大，晶格相对畸变越大。

从表 3.10 中的结果可以看到，Fe:$LiNbO_3$ 和 Ce:$LiNbO_3$ 的晶胞参数均大于纯 $LiNbO_3$，而共掺杂 Ce:Fe:$LiNbO_3$ 晶体的晶胞参数相对于纯 $LiNbO_3$ 略有增加，但却低于 Fe:$LiNbO_3$ 和 Ce:$LiNbO_3$。Fe1～Fe4 样品的晶胞参数 *a* 随着 Mg 的掺入量变化无明显规律性，晶胞参数 *c* 和晶胞体积 *V* 趋于变大。

由于掺杂离子的半径、电荷等与所取代的基质离子不同，因此掺杂必然引起晶体结构的畸变，主要表现在体积（晶格常数）的变化和由电荷补偿引起的本征缺陷浓度的变化两个方面。同时，离子在晶体场的影响下，其性质不同于自由离子，尤其是离子的极化作用，使得离子半径发生改变。离子的极按照锂空位模型，当[Li]/[Nb]<1 时，$LiNbO_3$ 晶体的本征缺陷为锂空位（V_{Li}^-）和反位铌（Nb_{Li}^{4+}），两者实现电荷平衡。当 Fe 离子进入晶体后，占据 Li 位,形成Fe_{Li}^{2+}和Fe_{Li}^+，为使晶体保持电中性，晶体中V_{Li}^-浓度增加，导致晶格收缩，同时 Fe 离子的极化能力要高于 Li^+，理论上晶胞参数应该有所降低；但由于 Fe 离子半径要大于 Li^+ 离子半径，因此，综合结果将造成氧八面体的体积扩张，晶胞体积变大。当 Ce 离子进入晶体后，占据 Nb 位，形成Ce_{Nb}^{2-}和Ce_{Nb}^-，为保持电中性，晶体中Nb_{Li}^{4+}浓度增加，晶体中的V_{Li}^-浓度也相应增加；但由于 Ce 离子的极化能力要小于 Nb^{5+}离子，Ce 离子半径大于 Nb^{5+}离子半径，综合表现为晶胞体积增加。

在双掺杂晶体中，两种掺杂离子的彼此补偿效应（体积补偿和电荷补偿）可以使晶体结构的畸变程度减小。Fe 进入晶体后先占据 Li 位，形成Fe_{Li}^{2+}和Fe_{Li}^+；而 Ce 进入晶体后占据 Nb 位，形成Ce_{Nb}^{2-}和Ce_{Nb}^-。这样 Ce 和 Fe 之间实现了电荷补偿而使晶体保持电中性。Fe 的极化能力大于 Li，Ce 的极化能力又小于 Nb，综合结果表现为双掺杂 Ce:Fe:$LiNbO_3$ 晶胞体积稍有增大。

当 Ce:Fe:$LiNbO_3$ 中掺入 Mg 时，Mg^{2+}将取代Nb_{Li}^{4+}，造成Nb_{Li}^{4+}浓度减小，为了对进行电荷补偿，保持电中性，其结果必然导致空位缺陷浓度减少，晶格膨胀，晶格体积增加。

3.4.2 钌系 $LiNbO_3$ 晶体的 X 射线衍射分析

X 射线衍射技术[43]利用 X 射线在晶体内部发生衍射现象来分析物质结构和缺陷，是研究缺陷结构与晶格常数的重要方法。本次实验是在哈尔滨工业大学微观结构分析研究室的 X 射线衍射仪上进行的。将待测晶体在玛瑙研钵中研磨成粉末，置于炉中 2～3h，温度保持在 700℃，测试环境为：室温，Cu 靶，电压为 40.0kV，电流为 30.0mA。通过实验结果，可以得到图谱中衍射线的位置和强度，进而可以确定晶体的晶格常数，分析晶体的结构。

晶体 Pure～Fe12 的 X 射线衍射测试结果如图 3.42～图 3.44 所示。可以看出，$Mg:Ru:Fe:LiNbO_3$ 和 $Zn:Ru:Fe:LiNbO_3$ 晶体 X 衍射图没有因为在 $Ru:Fe:LiNbO_3$ 晶体中掺杂镁（锌）离子而产生附加峰，这说明镁（锌）离子进入 $Ru:Fe:LiNbO_3$ 晶体中，与纯 $LiNbO_3$ 晶体[44]相比，晶格结构并没有发生很大的变化，没有产生新相，$Ru:Fe:LiNbO_3$ 晶体的结构仍为三方晶系。同时，可以说明，镁（锌）离子进入 $Ru:Fe:LiNbO_3$ 晶体并不是占据晶格中的间隙位置，而是占据了 Li 位或者 Nb 位，这一点也可以通过晶体取代离子半径近似原则得出。但是从衍射图中可以看出来，衍射峰的位置和强度都发生了不同的变化，这主要是因为镁（锌）离子的半径与晶体中存在的锂离子和铌离子的半径不同，这样晶体中晶胞的大小和形状都发生了细微的变化。

根据 $Mg:Ru:Fe:LiNbO_3$、$Zn:Ru:Fe:LiNbO_3$ 晶体的 X 射线衍射图谱，得到掺杂 $LiNbO_3$ 晶体的晶格常数，结果见表 3.11。

从表 3.11 可以看出，在 $Ru:Fe:LiNbO_3$ 晶体中掺入少量的镁离子时，晶体的晶格常数会随着离子浓度的增加而变小，当镁离子的掺杂浓度达到 5mol%时，晶体的晶格常数变大，当镁离子的掺杂浓度达到 7mol%时，晶体的晶格常数变小。而对 $Zn:Ru:Fe:LiNbO_3$ 晶体来说，当锌离子浓度较低时，晶体的晶格常数变小，当锌离子的掺杂浓度达到 3mol%时，晶体的晶格常数变大，当锌离子的掺杂浓度达到 5mol%时，晶体的晶格常数变小。

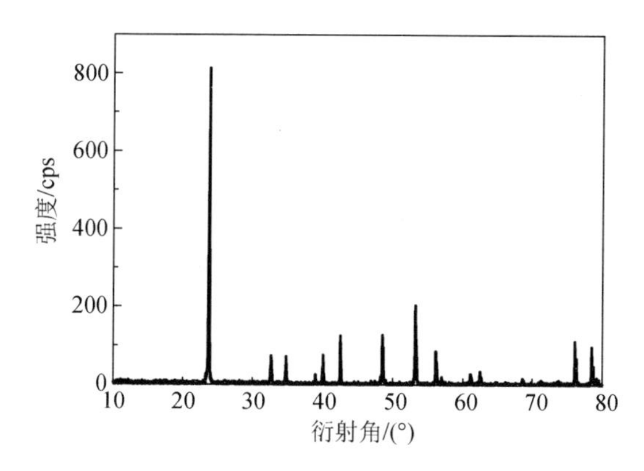

图 3.42 Pure X-射线衍射图

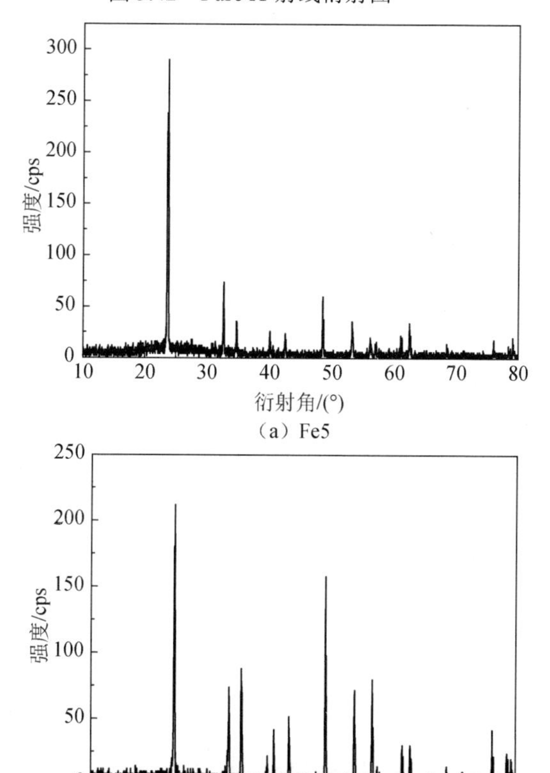

图 3.43 M1～M4 晶体的 X-射线衍射图

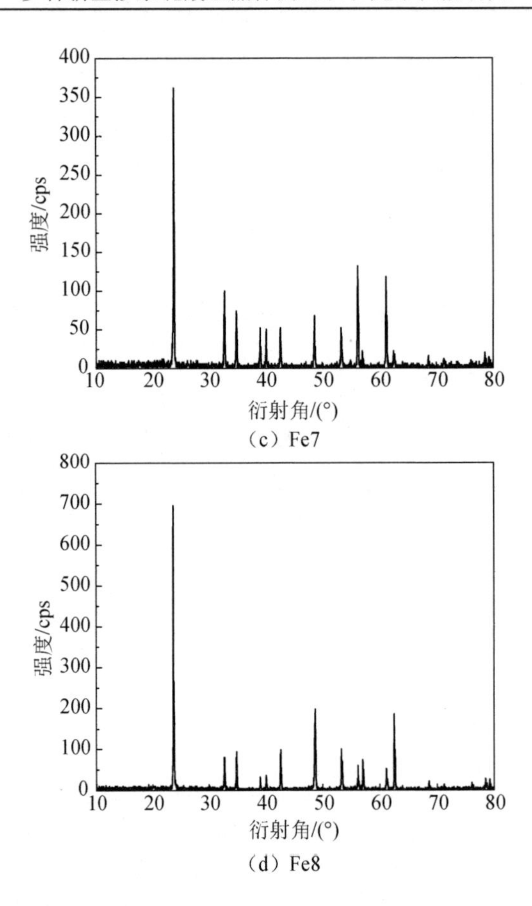

（c）Fe7

（d）Fe8

图 3.43　M1～M4 晶体的 X-射线衍射图（续）

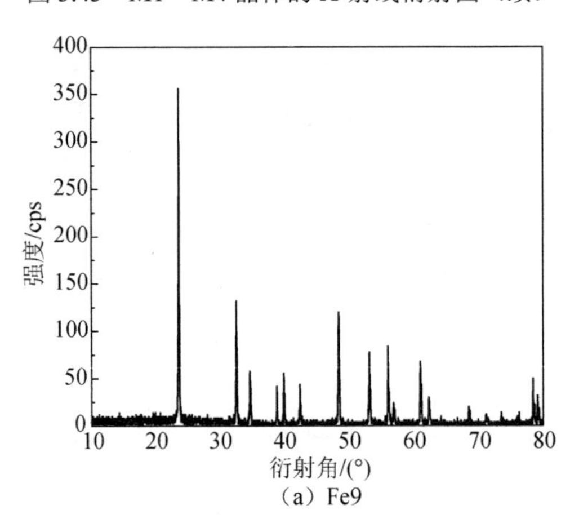

（a）Fe9

图 3.44　Z1～Z4 晶体的 X-射线衍射图

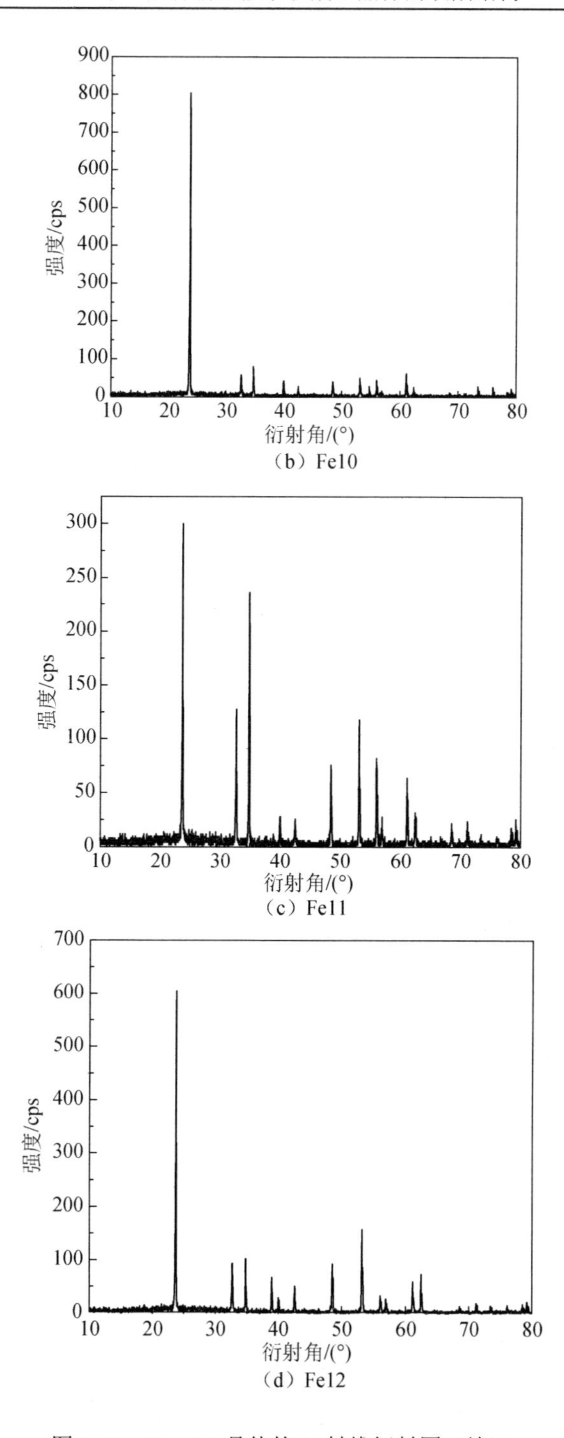

图 3.44　Z1～Z4 晶体的 X-射线衍射图（续）

表 3.11　晶体的晶格常数

晶体	*a* / Å	*b* / Å	*c* / Å
Pure	5.1499	5.1499	13.90487
Fe5	5.1482	5.1482	13.89860
Fe6	5.1367	5.1367	13.83622
Fe7	5.1462	5.1462	13.84637
Fe8	5.1431	5.1431	13.83597
Fe9	5.1490	5.1490	13.90113
Fe10	5.1514	5.1514	13.91311
Fe11	5.1492	5.1492	13.91056
Fe12	5.1490	5.1490	13.86757

晶格常数的变化体现出掺杂离子在晶体中占位情况的变化。$Ru:Fe:LiNbO_3$ 晶体中有少量的铁和钌存在，当镁（锌）离子的掺杂浓度较低时，钌、铁、镁（锌）离子首先取代反位铌 Nb_{Li}^{4+} 占据锂位，形成了 Ru_{Li}^{3+}、Fe_{Li}^{2+} 和 $Mg_{Li}^{+}(Zn_{Li}^{+})$，晶体中反位铌 Nb_{Li}^{4+} 的浓度降低，晶体中存在的空位的浓度也会相应地降低，那么晶体会紧缩，晶体的晶格常数减小。随着镁（锌）离子的逐渐增多，晶体中的反位铌 Nb_{Li}^{4+} 已经被完全取代，镁（锌）离子会把钌、铁离子排挤出锂位而占据铌位形成 Ru_{Nb}^{-} 和 Fe_{Nb}^{2-}，大量的镁（锌）离子将占据锂位形成 $Mg_{Li}^{+}(Zn_{Li}^{+})$，为了保持晶格的电中性，晶体中的空位的浓度也会随之增加，晶体会膨胀，这样，晶体的晶格常数增大。当镁（锌）离子的掺杂含量较大时，直至超过了离子的阈值浓度，那么镁（锌）离子会占据正常的铌位，形成 $Mg_{Nb}^{3-}(Zn_{Nb}^{3-})$，为了维持电荷平衡，晶体中的空位量只能减少，晶体的晶格常数减小。

3.4.3　$Zr:Mn:Fe:LiNbO_3$ 晶体的 X 射线衍射光谱分析

X 射线衍射法在研究物质结构、测定晶胞常数及晶体结构、物相分析等方面有十分重要的作用。在本节中，利用 X 射线衍射测定不同[Li]/[Nb]比 $Zr:Mn:Fe:LiNbO_3$ 晶体的晶胞参数，研究[Li]/[Nb]改变对

$Zr:Mn:Fe:LiNbO_3$ 晶体结构和晶胞参数影响。

本实验中 X 射线衍射测试是在日本 SHIMADZU 公司制造的 XRD-6000 型 X 射线衍射仪上进行。测试所用的样品在玛瑙研钵中研成粉末，即多晶状态。将粉末放于炉内加热至 700℃恒温 2h 消除由于研磨产生的应力。测试条件为：室温，波长 0.154 060 0nm，Cu 靶，Mo 滤波，管电压、管电流分别为 40kV、50mA。$LiNbO_3$ 晶体属三方晶系，选取六方晶胞，其晶胞参数之间的关系是$\alpha=\beta=90°$，$\gamma=120°$，$a=b\neq c$。测试结果如图 3.45～图 3.49 所示，图 3.49 为纯 $LiNbO_3$ 晶体的 X 射线粉末衍射图。

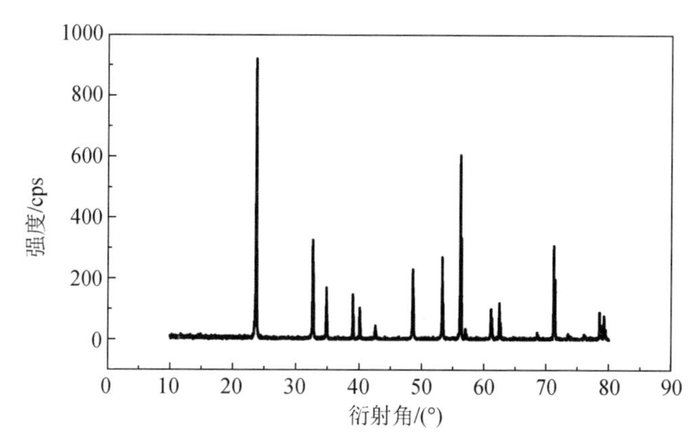

图 3.45　Fe17 样品的 X-射线粉末衍射图

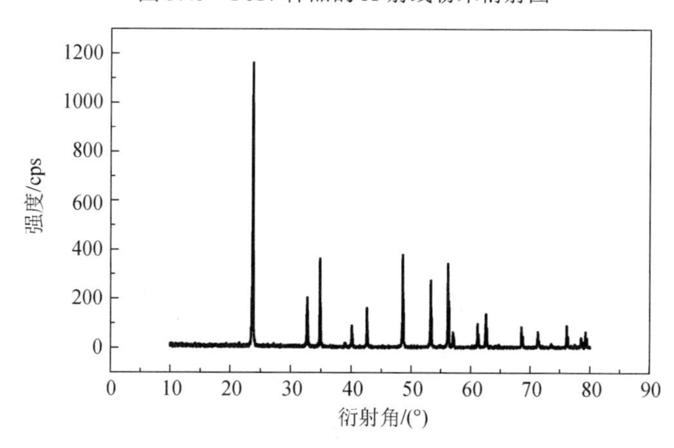

图 3.46　Fe18 样品的 X-射线粉末衍射标准图

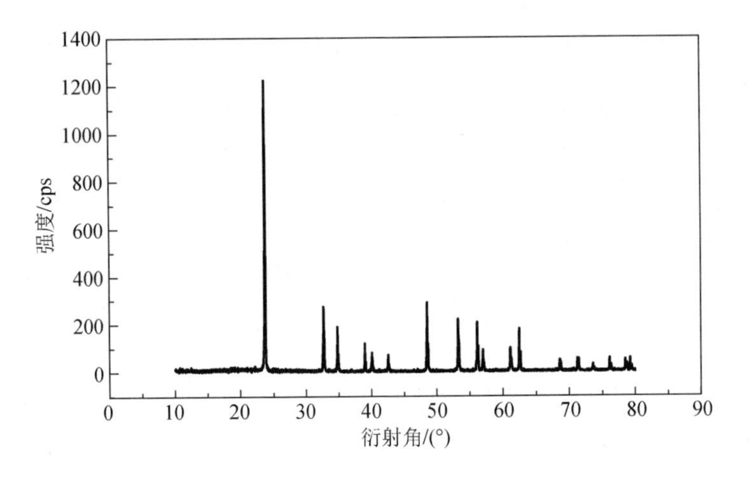

图 3.47　Fe19 样品的 X-射线粉末衍射图

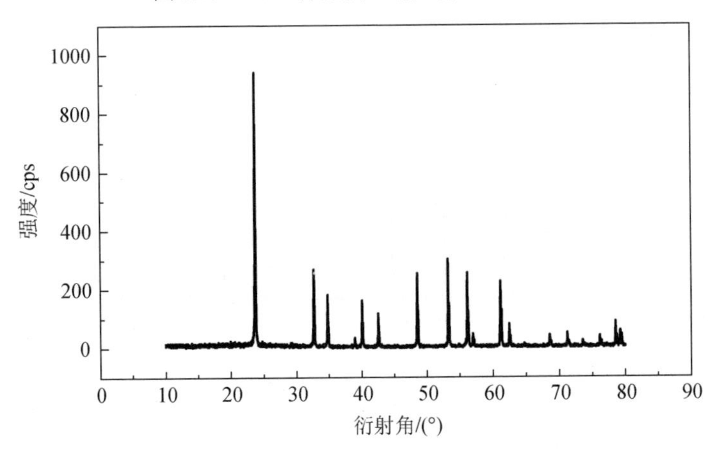

图 3.48　Fe20 样品的 X-射线粉末衍射图

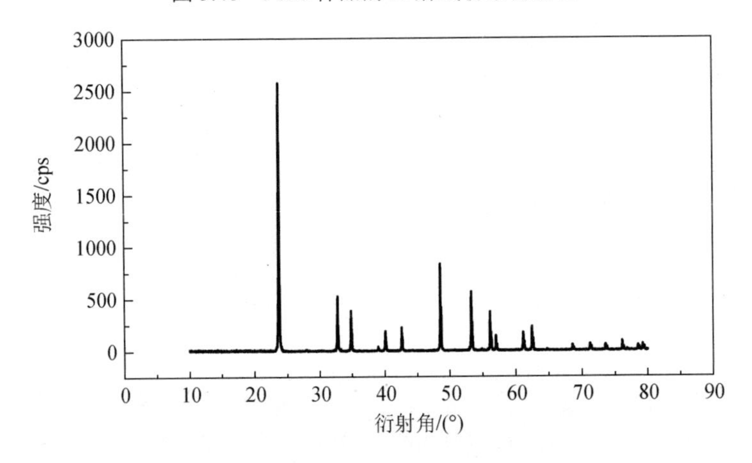

图 3.49　纯 $LiNbO_3$ 晶体的 X-射线粉末衍射图

将各样品的衍射图与纯 $LiNbO_3$ 晶体标准衍射图（图 3.49）比较发现，没有因为掺杂或[Nb]/[Li]比改变引起附加峰，这说明没有新相产生，仍为三方 $LiNbO_3$ 晶体。但是由于掺杂离子与被取代的离子半径不同，引起晶格常数发生变化，使衍射峰的强度发生变化。在计算机上进行最小二乘法计算，得到了样品的晶胞参数。样品的晶胞参数见表 3.12，同时计算晶胞体积 V 为

$$V = a^2 c \times \cos 30^\circ \tag{3.29}$$

表 3.12　晶体样品的晶格常数

样品	$a=b$/nm	Δa/ nm	c/nm	Δc/ nm	V/nm^3	ΔV/nm^3
纯 $LiNbO_3$	0.51461	0	1.38524	0	0.31770	0
Fe17	0.51493	0.00032	1.39631	0.01107	0.32049	0.00279
Fe18	0.51489	0.00028	1.39596	0.01072	0.32117	0.00347
Fe19	0.51537	0.00076	1.39630	0.01106	0.31918	0.00148
Fe20	0.51528	0.00067	1.38812	0.00288	0.31837	0.00067

从表 3.12 可以看出，不同[Nb]/[Li]比的 $Zr:Mn:Fe:LiNbO_3$ 晶体的晶格常数和纯 $LiNbO_3$ 晶体相比有逐渐增大的趋势，晶胞体积先变大后变小。

按照锂空位模型，在[Li]/[Nb]<1 的非化学计量比 $LiNbO_3$ 晶体中存在锂空位（V_{Li}^-）和反位铌（Nb_{Li}^{4+}）两种本证缺陷，两者实现电荷平衡。随着晶体中[Li]/[Nb]数值的增大，进入晶格的 Li^+取代了 Nb_{Li}^{4+} 并将其排挤回正常的 Nb 位，由于 Li^+的极化能力比 Nb^{5+}低，导致晶胞体积膨胀。当晶体中 Li 浓度逐渐增加使得 Nb_{Li}^{4+} 几乎被完全取代后，Li^+离子开始排挤通过取代 Nb_{Li}^{4+} 进入 Li 位的 Zr^{4+}离子（Zr_{Li}^{3+}），使 Zr^{4+}同时进入正常的 Li 位和 Nb 位，由于 Zr^{4+}的极化能力大于 Li^+，所以晶胞体积有一定程度的缩小。

3.4.4　$Zr:Fe:LiNbO_3$ 晶体的 X 射线衍射光谱分析

图 3.50 为样品的 X 射线衍射图谱。从图 3.50 可以看出，各样品 X

射线粉末衍射峰的位置均相似，并没有因为掺杂和[Li]/[Nb]比的改变而产生新的附加峰，这说明在我们所生长的 Zr:Fe:$LiNbO_3$ 中，没有产生新相，仍为三方晶系，杂质是以取代其他离子的形式进入到 $LiNbO_3$ 晶体中。

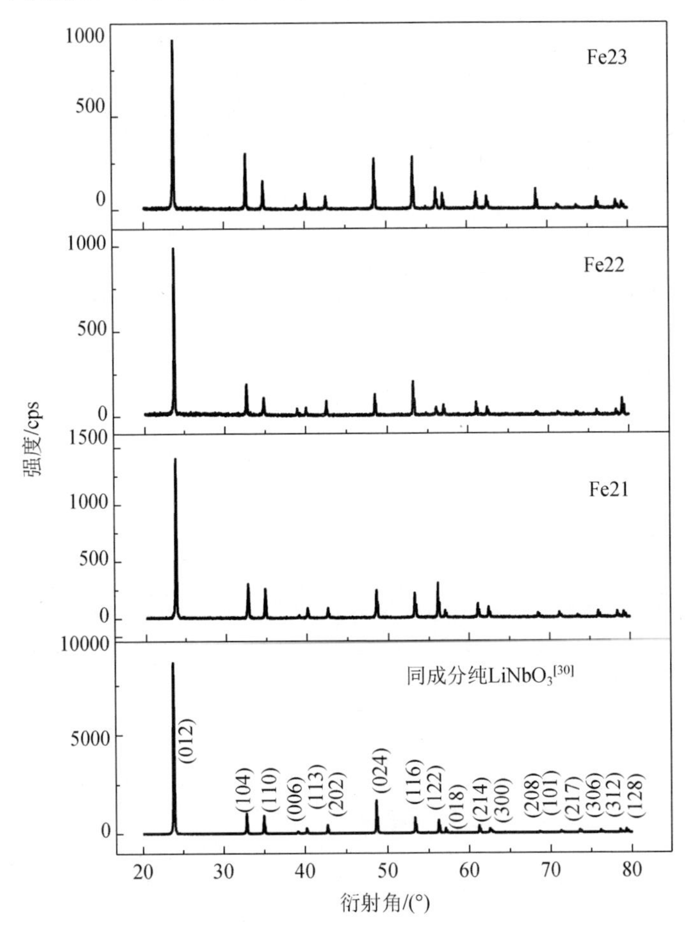

图 3.50　样品 X 射线衍射图谱

但是由于锆离子和铁离子的掺入，并且这些离子的半径与晶体中其他离子的半径有所差异，它们的选择占位将导致某些位置原子散射因子发生变化，从而引起晶体晶格发生变化。在结构上表现为掺杂晶体中晶面间距的变化，从而引起衍射峰位置发生微小变化，同时衍射峰的强度也发生了较大变化。

通过计算机进行的最小二乘法计算，得到了样品的晶胞参数。样品

的晶胞参数见表 3.13，同时计算晶胞体积 V[45]为

$$V = a^2 c\sqrt{\frac{3}{2}} \tag{3.30}$$

表 3.13　各样品的晶格常数

样品	$a=b$ / Å	Δa / Å	c / Å	Δc / Å	V / Å^3	ΔV / Å^3
$LiNbO_3$	5.1494	—	13.8620	—	450.16	—
Fe21	5.1444	−0.0050	13.8745	0.0125	449.71	−0.45
Fe22	5.1493	−0.0001	13.8571	−0.0049	450.00	−0.16
Fe23	5.1475	−0.0019	13.8206	−0.0414	448.50	−1.66

表 3.13 中的Δa、Δc 和ΔV 是掺杂 $LiNbO_3$ 晶体的晶格常数和晶胞体积的变化值，是将晶格常数 a、c 和晶胞体积 V 分别减去纯 $LiNbO_3$ 晶体的相应值所得到的。它们的大小反映了掺杂对晶格造成的相对畸变程度，数值越大，晶格相对畸变越大。并且随着[Li]/[Nb]比的增加，晶胞体积逐渐偏离同成分结构。

根据锂空位模型，在同成分 $LiNbO_3$ 晶体中，Li^+离子比 Nb^{5+}离子少，因此多余的 Nb 就会占据 Li 位形成反位铌 Nb_{Li}^{4+} 缺陷，同时为了保持电中性，就会产生四个锂空位 V_{Li}^- 缺陷，可表示为 Nb_{Li}^{4+}—4 V_{Li}^-。而 Zr 离子进入晶体后，首先取代反位铌 Nb_{Li}^{4+} 离子，占据 Li 位形成 Zr_{Li}^{3+} 缺陷，为了仍使晶体保持电中性，晶体中减少 1 个锂空位 V_{Li}^-，并由一个 Li 离子占据，这表现在晶体的晶胞上，就会使得晶体的晶胞发生变化，由于 Zr^{4+}的极化能力要高于 Li^+，所以使得氧八面体收缩，表现在晶格常数上出现了晶胞体积缩小的情况，并且 Fe23 晶体晶胞变形最大。

3.4.5　Mg:Yb:Ho:$LiNbO_3$ 晶体的 X 射线衍射光谱分析

测得的 Mg:Yb:Ho:$LiNbO_3$ 晶体的 X 射线衍射模型如图 3.51 所示。从图 3.51 可以看出，四种样品的衍射峰位置基本相同，没有新的衍射峰出现。这说明掺杂 Mg^{2+}、Yb^{3+}和 Ho^{3+}没有使晶体的内部结构产生明显的变化，仍然和纯铌酸锂晶体一样为三方晶系。这说明虽然没有新相

产生，但是掺杂离子 Mg^{2+}（0.66Å）Yb^{3+}（0.85Å）和 Ho^{3+}（0.90Å）的半径不同于 Li^{+}（0.68Å）和 Nb^{5+}（0.69Å）离子，就会导致晶胞大小、形状以及原子位置都会发生一些极小的变化，相应地就会体现在衍射图中衍射峰的强度和位置产生变化。根据测试的数据，采用最小二乘法计算每种样品的晶格常数，计算结果见表 3.14。表中 Δa、Δc 和 ΔV 是用晶格常数 a、c 和晶胞体积 V 分别减去了纯铌酸锂晶体的相应的值而得到的，代表掺杂铌酸锂晶体的晶格常数和晶胞体积的变化值。晶胞体积是通过式子 $V = a^2c \times \cos 30^{\circ}$ 计算出来的。

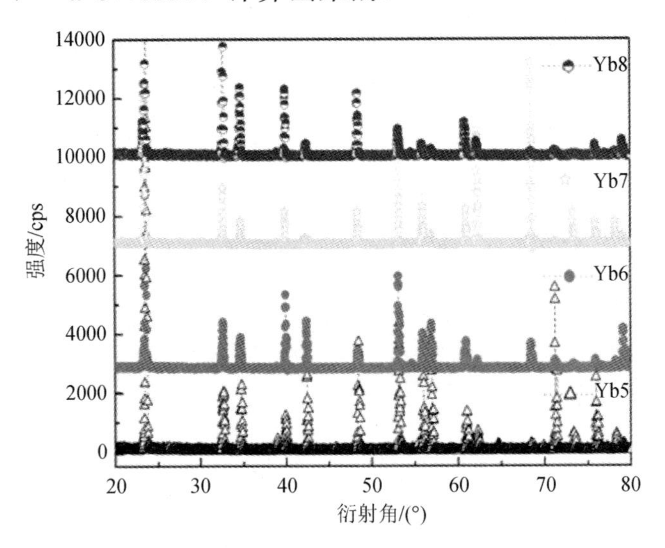

图 3.51　$Mg:Yb:Ho:LiNbO_3$ 晶体的 X 射线衍射模型

表 3.14　$Mg:Yb:Ho:LiNbO_3$ 晶体的晶格常数

样品	a/Å	Δa/Å	c/Å	Δc/Å	V/Å^3	ΔV/Å^3
Yb5	5.1513	0.0029	13.8245	−0.0137	317.69	0.04
Yb6	5.1522	0.0038	13.8509	0.0127	318.41	0.76
Yb7	5.1551	0.0067	13.8732	0.035	319.28	1.63
Yb8	5.1519	0.0035	13.8475	0.0093	318.29	0.64

结合图 3.51 与表 3.14 可以看出，不同的掺 Mg^{2+}浓度引起晶格常数的变化。晶格常数的改变不光与晶体内部的缺陷结构有关，还会受到掺杂离子半径的影响。而离子在受到晶体场的作用下，其性质有别于自由

离子，特别是离子的极化作用会改变离子半径的大小。离子自身极化能力的强弱严重影响着离子的电子云重叠程度，当一种离子具有很强的极化能力，那么该离子的电子云重叠程度就大，其离子半径就会越小。同成分铌酸锂晶体中的本征缺陷包括锂空位（V_{Li}^{-}）和反位铌（Nb_{Li}^{4+}），这两种缺陷能够保持晶体内部的电荷平衡。

从表 3.14 可以看出，样品 Yb5、Yb6、Yb7 和 Yb8 的晶格常数 a 随着 Mg^{2+}离子的掺杂浓度的增加而增大，其变化规律与晶胞体积的变化几乎是一样的，而纯铌酸锂的晶格参数 c 比样品 Yb5 的要大，随后的三种样品的晶格参数 c 增大后又减小。可以理解为：当 Mg^{2+}浓度掺杂较低的时候，Mg 离子开始进入铌酸锂晶体后，通过取代反位铌而占据锂位并形成Mg_{Li}^{+}缺陷，为了保持晶体内部的电荷平衡，锂空位的浓度就会增加，这样就导致了晶格的收缩，另外 Mg 离子的极化能力大于 Li 离子，理论上来讲晶格常数会下降；然而实验数据晶格常数 a 增大了，这可能是因为增加 Mg 离子浓度，使本征缺陷增高，锂空位明显增多，导致氧八面体的体积扩张，晶胞体积变大。而镁离子的极化能力却小于 Nb^{5+}，这就导致了氧八面体膨胀，其结果表现为晶胞体积变大。Mg^{2+}离子的掺杂浓度为 5mol%时，晶胞体积的变化最大，而当掺杂 Mg 离子的浓度达到了 7mol%，远超过其阈值浓度后，晶格常数和晶胞体积均变小。这时由于当掺杂 Mg 离子的浓度超过其阈值时，Li 空位的浓度增大到一定程度，反位铌Nb_{Li}^{4+}就会被完全取代，而此时的 Li^{+}开始排挤那些通过取代Nb_{Li}^{4+}方式进入 Li 位的 Mg^{2+}离子，使 Mg^{2+}进入正常晶格中的 Li 位和 Nb 位，又因为 Mg^{2+}的极化能力大于 Li^{+}，故晶胞体积又开始缩小。由此，可以得出一个结论，Mg 离子的掺杂浓度应该影响了 Yb^{3+}和 Ho^{3+}离子在铌酸锂晶体中的占位。虽然三掺离子进入铌酸锂晶体时的占位很复杂，但可以确定的是这三种离子在铌酸锂晶体中一定产生了体积补偿效应和离子价态补偿效应。

3.4.6　Hf:Er:$LiNbO_3$晶体的 X 射线衍射光谱分析

测试是在日本岛津公司制造的 XRD-6000 型 X 射线衍射仪上进行的。所用的样品在玛瑙研钵中磨成粉末状态，即多晶。将粉末放于炉内加热至 700℃恒温 2h，以消除由于研磨产生的应力。测试条件为：室温，Cu 靶，波长 0.154 060 0nm，Mo 滤波，管电压/管电流为 40kV/30mA，晶胞参数之间的关系为$\alpha=\beta=90°$，$\gamma=120°$，$a=b\neq c$。测试结果如图 3.52～图 3.56 所示。

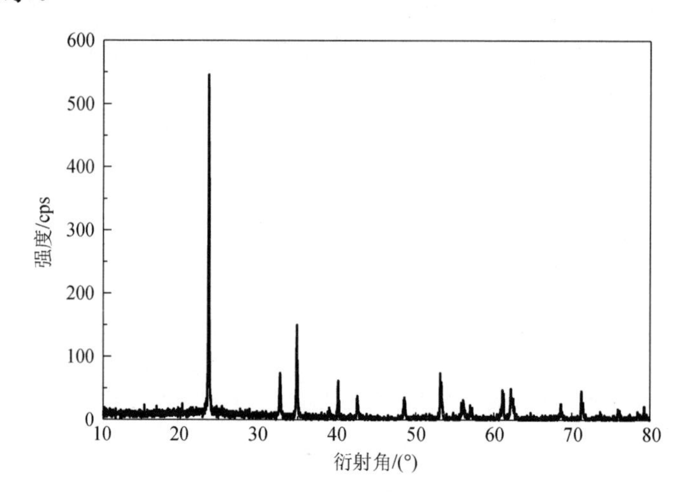

图 3.52　晶体 Er1 的 X 射线粉末衍射图谱

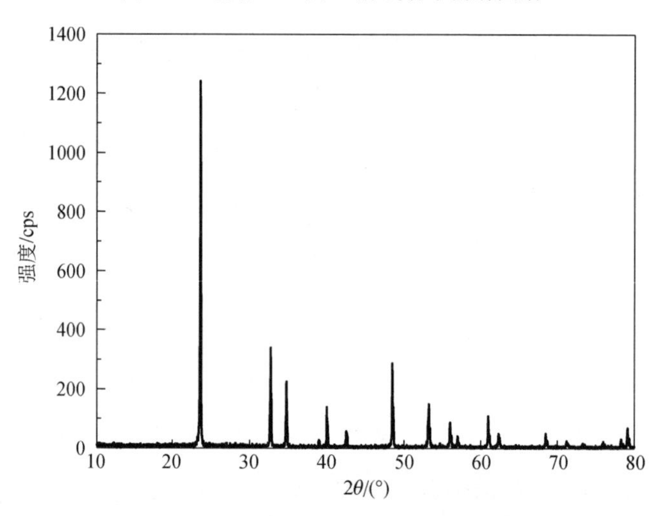

图 3.53　晶体 Er2 的 X 射线粉末衍射图谱

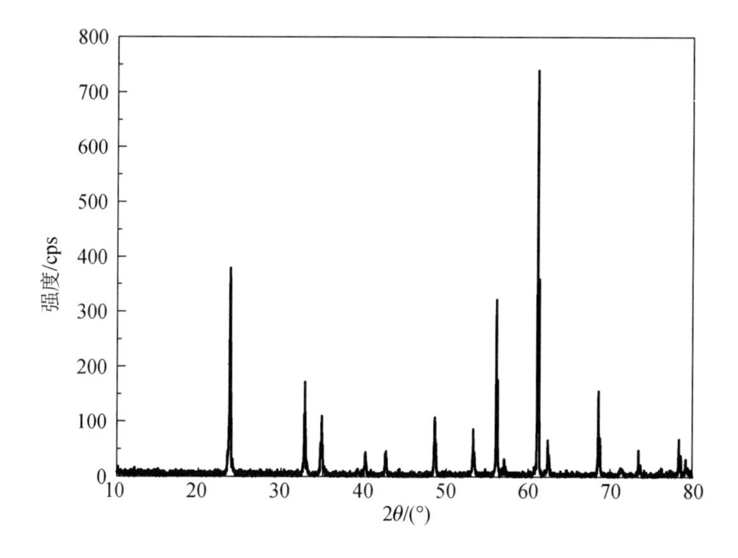

图 3.54　晶体 Er3 的 X 射线粉末衍射图谱

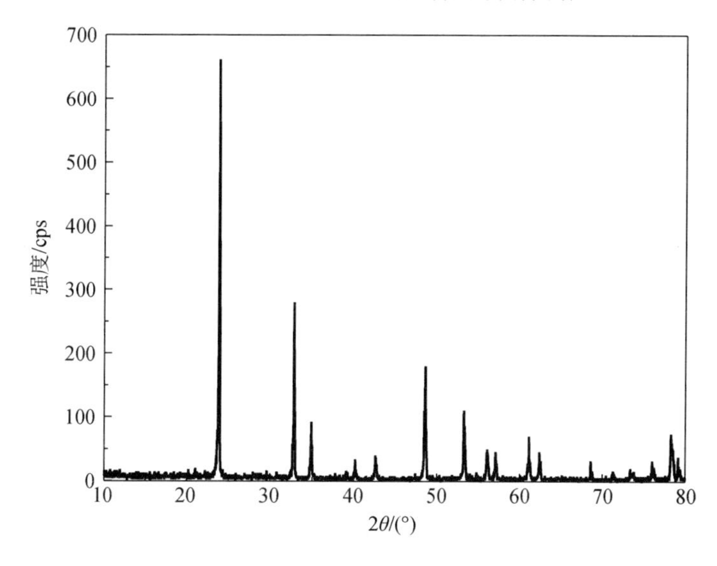

图 3.55　晶体 Er4 的 X 射线粉末衍射图谱

由 Hf:Er:$LiNbO_3$ 的 X 射线粉末衍射图可以看到，Er^{3+}和 Hf^{4+}掺入 $LiNbO_3$ 晶体并未产生新的衍射峰，说明了 Er^{3+}和 Hf^{4+}进入到 $LiNbO_3$ 晶格中，晶体结构未发生大的变化。但是因为掺入的 Er^{3+}和 Hf^{4+}的半径与 $LiNbO_3$ 晶体中的 Li^{+}和 Nb^{5+}离子半径有差别，因此使晶胞的大小、形状及原子位置都发生微小的变化，对应在 X 射线粉末衍射图中衍射峰的位置和强度有所变化。

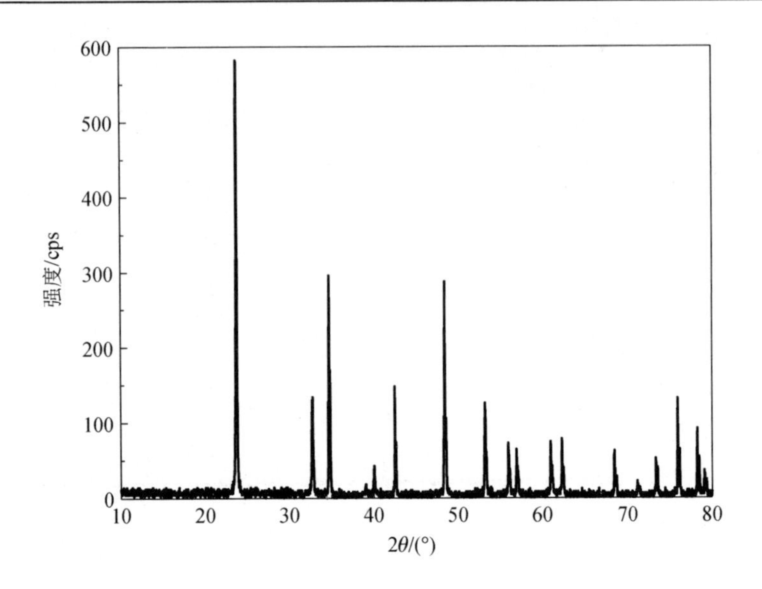

图 3.56　晶体 Er5 的 X 射线粉末衍射图谱

由于 Er^{3+}、Hf^{4+}、Li^{+}和 Nb^{5+}的离子半径分别为 0.88Å、0.71Å、0.68Å、和 0.69Å，并且 X 射线粉末衍射图中未出现新的衍射峰，根据晶体场理论中取代离子半径近似原则[38]，可以认为掺杂离子不可能占据晶格内的间隙位置，只能以取代 Li^{+}和 Nb^{5+}的形式进入晶格中。根据 X 射线粉末衍射法测出的数据，在计算机上用最小二乘法计算了各样品的晶格常数，结果见表 3.15。

表 3.15　试样的晶格常数与晶胞体积

晶体	$a=b$/ Å	c / Å	V / $Å^3$
Er1	5.1557	13.8806	451.8862
Er2	5.1514	13.8554	450.3138
Er3	5.1537	13.8579	450.7973
Er4	5.1579	13.8624	451.6789
Er5	5.1595	13.8716	452.2592

铌酸锂晶体属于类钙钛矿结构材料，$A^{1+}B^{5+}O_3$ 型，由变形的氧八面体堆砌，第一个氧八面体中有一个 Li 原子，第二个氧八面体中是一个空位，第三个氧八面体中是一个 Nb 原子，其中第二个氧八面体体积最

大。“锂空位模型”的结构式可写为$[Li_{1-5x}Nb_{x}\square_{4x}]_{Li}NbO_3$，一个反位铌$(Nb_{Li})^{4+}$缺陷由四个锂空位（$V_{Li}^{-}$）进行电荷补偿，所以当 Li 含量减小（锂空位增多）时，晶格的变形程度增加，$LiNbO_3$晶体密度减小，晶胞参数增大。反之，当 Li 含量增加（锂空位减少）时，晶格的变形程度减小，$LiNbO_3$晶体密度增大，晶胞参数减小。

从表 3.14 中可以看出，当Hf^{4+}的掺杂浓度低于 4mol%时，Er^{3+}和Hf^{4+}将分别取代$(Nb_{Li})^{4+}$形成 Er_{Li}^{2+}和 Hf_{Li}^{3+}，$(Nb_{Li})^{4+}$的浓度减小，原来与之相应实现电荷补偿的 Li 空位缺陷浓度也减少，表现在晶格常数上出现了晶胞体积缩小的情况。当Hf^{4+}的掺杂浓度高于 4mol%时，晶体中的$(Nb_{Li})^{4+}$被完全取代，部分Hf^{4+}开始进入 Li 位，形成$(Hf_{Li})^{3+}$，为了进行电荷补偿，保持电中性，晶体中的 Li 空位缺陷浓度也相应增加，从而导致晶格膨胀，晶胞体积变大。

3.5　光学均匀性

掺杂不同浓度Mg^{2+}的 Mg:Yb:Ho:$LiNbO_3$晶体的光学均匀性利用双折射梯度法测得。实验所用装置的示意图如图 3.57 所示。从波长为 632.8 nm 的 He-Ne 激光器中发射出来的单色光束作为激光光源，光束最开始经由装置中的起偏镜转变成线偏振光束，y 方向作为它的偏振方向，此时晶体的光轴和光束的偏振化方向之间的夹角呈 45°。以线偏振光方向出射的光束将会在经过晶体以后分解成为两束，并且互相垂直，它们就是 o 光和 e 光。o 光和 e 光在穿透晶体时发射出椭圆偏振光，这是因为二者在晶体中的传播速度不同。x 方向和 y 方向始终都是作为椭圆偏振光的长轴和短轴方向的，恰恰这两个方向又是 1/4 波片的快慢轴方向，从这点我们可以推断出经 1/4 波片透射出的光是线偏振光，其偏振方向与 y 轴直接存在着一个大小为的夹角，若此时我们将检偏镜的位置做出调整，让它从最开始所处的正交位置偏转一个的角度，这样就会造成输出非常的小，而这个状态下的角就被人们定义为消光角，并可以使用检偏器来测量大小。

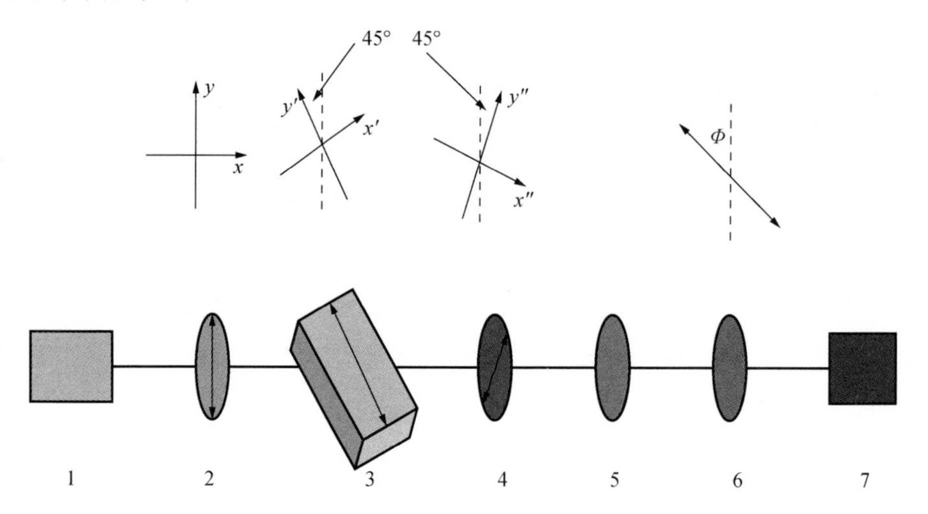

图 3.57　双折射梯度测试装置图

1. He-Ne 激光器；2. 偏振片；3. 样品；4. λ/4 波片；5. 分析仪；6. 检偏镜；7. 探测器

双折射梯度 ΔR 的表达式为

$$\Delta R=\frac{\partial(n_{\mathrm{o}}-n_{\mathrm{e}})}{\partial x}=\frac{\lambda}{\pi d}\frac{\Delta\phi}{\Delta x} \tag{3.31}$$

式中，晶片的厚度 d 也被定义为通光长度；λ 代表着激光的波长；Δx 表示的是处于扫描方向上两个点之间相距的长度；Δ 代表的是两点之间消光角的差。经检偏镜后的光强 I 表示为

$$I=I_{\mathrm{o}}\sin^2\phi,\ \phi=\sin^{-1}(I/I_{\mathrm{o}})^{1/2} \tag{3.32}$$

将式（4.2）代入式（4.1）可得

$$\Delta R=\frac{\partial(n_{\mathrm{o}}-n_{\mathrm{e}})}{\partial x}=\frac{\lambda}{\pi d\Delta x}\cdot\left[\arcsin\left(\frac{I_2}{I_0}\right)^{1/2}-\arcsin\left(\frac{I_1}{I_0}\right)^{1/2}\right] \tag{3.33}$$

式中，I_1、I_2 分别作为在扫描方向上距离为 Δx 的两点的光强；I_0 代表的是入射光强。一般来说，只要将某两点的光强测出来就可以求得双折射梯度 ΔR 的值。采用双折射梯度法测得的 ΔR 见表 3.16。

表 3.16　不同掺 Mg^{2+}浓度的 Mg:Yb:Ho:$LiNbO_3$ 晶体的 ΔR 值

样品	Yb5	Yb6	Yb7	Yb8
$\Delta R/cm^{-1}$	6.1×10^{-5}	4.7×10^{-5}	3.3×10^{-5}	2.9×10^{-5}

光学均匀性是光学材料的一个重要指标，决定着晶体的质量。ΔR 用来表征不同掺 Mg^{2+}浓度的 Mg:Yb:Ho:$LiNbO_3$ 晶体的光学均匀性。一般来说 ΔR 和光学均匀性成反比，也就是说 ΔR 的值越大，晶体的光学均匀性越差。由表 3.16 可以看出，ΔR 的值随着 Mg^{2+}掺杂浓度的增加而减小，样品 Yb5 的 ΔR 值最大，样品 Yb8 的最小。由此可以得出结论，Mg^{2+}离子的掺杂浓度越高，其光学均匀性越好，在这四个样品中，掺杂浓度为 7mol%的样品 Yb8 是光学均匀性最好的。

3.6　上转换光谱测试

3.6.1　In:Yb:Ho:$LiNbO_3$ 上转换发光性能

激发光源为美国 Spectra-Physics 公司生产的主动声光锁模飞秒激光系统，实验光路如图 3.58 所示。锁模 Ti:蓝宝石飞秒激光器（spectra-physics spitfire），激发波长为 808nm，谱线半高宽约 10 nm，输出功率为 100 mW，脉冲持续时间约 130fs，重复频率为 1kHz。上转换发射光沿着晶体的 c 轴，相对于激发光源被直角方式收集，光信号由光纤头输入光纤，送到 25cm 分光仪（Bruker Chromex 250is/sm spectrometer/monochromator）。经由电荷耦合装置，转换为数字信号，电荷耦合装置与分光仪与电脑相连。上转换时间分辨发射谱被热电冷却电荷耦合装置（ICCD）收集，同步延迟发生器作为外置触发器去触发 ICCD。为了减少因为再吸收而导致荧光强度增强的发生，初始光被聚焦在晶片的边缘，收集荧光也从同一测进行，测试在室温下（25℃）进行。

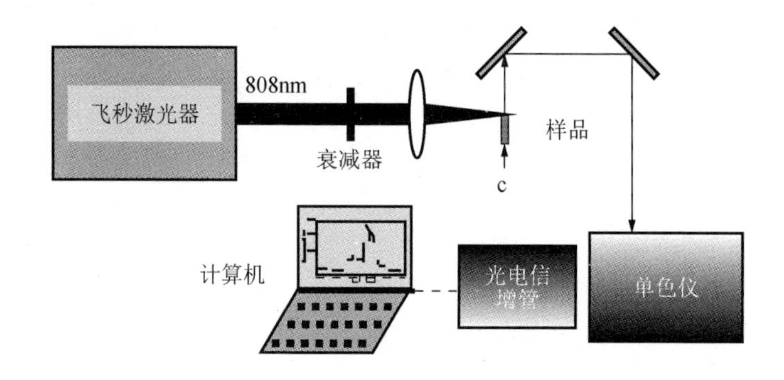

图 3.58　上转换荧光光谱的测试装置图

图 3.59 显示了各种[Li]/[Nb]比 In:Yb:Ho:$LiNbO_3$ 晶体在 980nm 二极管激光器激发下在 500nm 到 800nm 范围内的上转换发射光谱。光谱包括三个强烈的上转换发射峰中心位于 547nm，649/664 和 762nm，分别对应于 Ho^{3+} 离子 $^5S_2$、$^5F_4$→$^5I_8$、$^5F_5$→$^5I_8$、$^5I_4$→$^5I_8$ 或 $^5S_2$、$^5F_4$→$^5I_7$ 跃迁。从图 3.59 中可发现，随着[Li]/[Nb]比的升高，上转换蓝光，绿光和红光的强度呈共同增加的趋势。这是由于 Li^+离子（半径非常小）进入衬底材料，晶体的几何对称被明显的减小，这可以调节稀土材料周围的晶场环境，最后导致了上转换强度的增加。

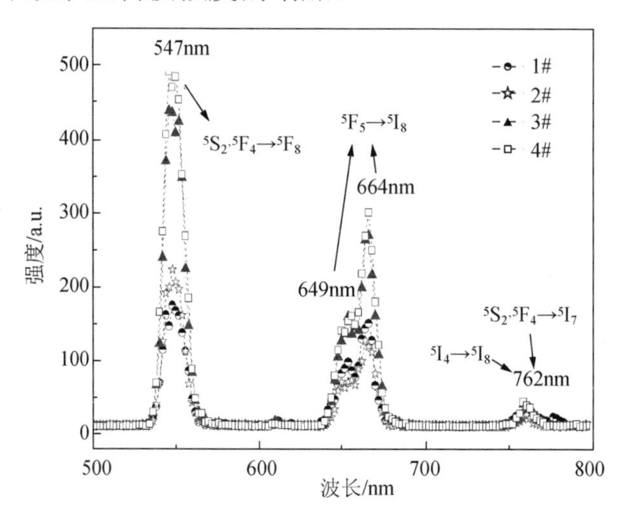

图 3.59　980nm 二极管激光器激发下 In:Yb:Ho:$LiNbO_3$ 晶体的上转换发射光谱

图 3.60 显示了不同[Li]/[Nb]比的 In:Yb:Ho:$LiNbO_3$ 晶体在 980nm 激发下 Ho^{3+}离子 $^5S_2$、$^5F_4$→$^5I_8$ 跃迁的衰退曲线。可以看出（$^5S_2$,$^5F_4$）→$^5I_8$

跃迁的寿命在四个样品中分别是 4.59ms、4.38ms、3.37ms 和 2.81ms。随着[Li]/[Nb]比增长，上转换能级的寿命降低。[Li]/[Nb]比可以促进上转换能级的辐射跃迁，表现为上转换发光强度的增强。

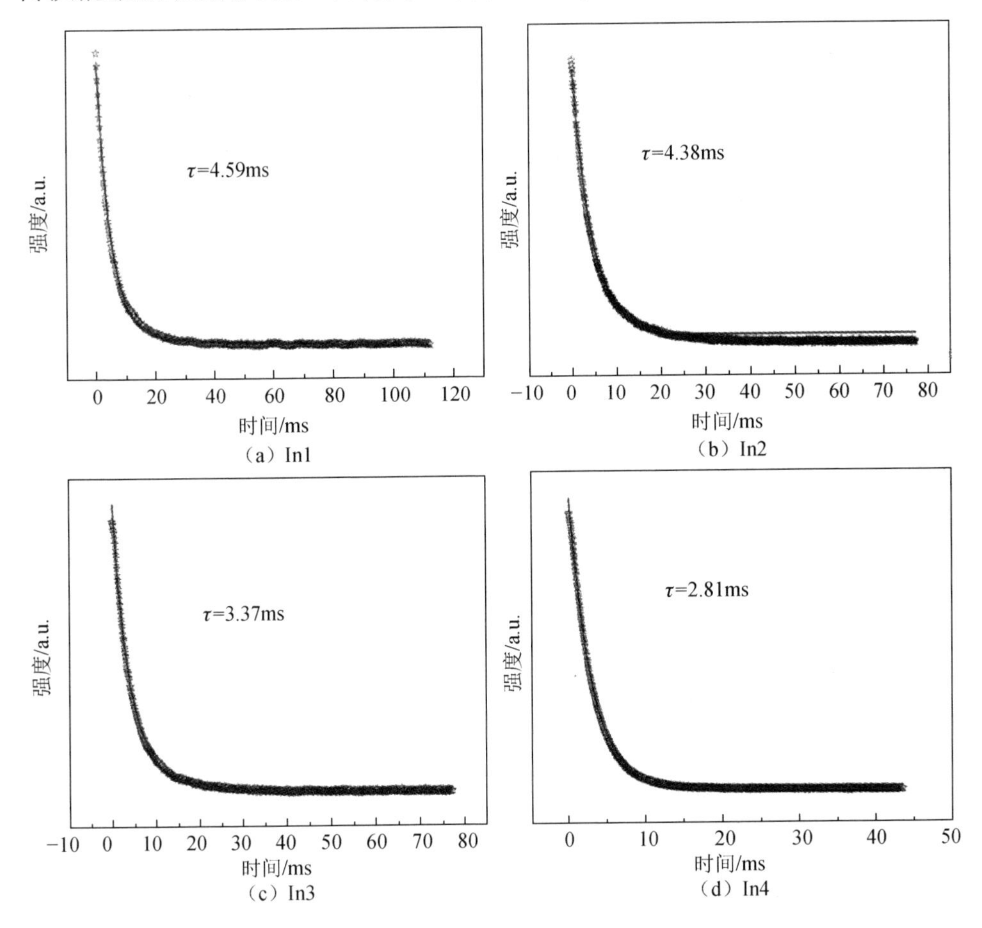

（a）In1　（b）In2　（c）In3　（d）In4

图 3.60　在 980nm 激发下各种[Li]/[Nb]比的 In:Yb:Ho:$LiNbO_3$ 晶体中 Ho^{3+}离子 $^5S_2$、$^5F_4 \rightarrow ^5I_8$ 跃迁衰减曲线

简要分析目前关于 Ho^{3+}最为关注的绿光，红光和蓝光的发射机制：从图 3.61 中可以看出：Yb^{3+}吸收一个 980nm 光子能量从基态跃迁到激发态，与此同时 Ho^{3+}离子吸收一个光子能量从基态跃迁至中间激发态能级上，由于晶体中 Yb^{3+}的和 Ho^{3+}吸能级能量较接近，所以可以发生能量传递，Ho^{3+}的能级被连续激发至更高的能级上的电子向基态跃迁时发出绿光。主要红光则是一部分能级上的光子无辐射弛豫到能级，当该能

级上电子向基态跃迁时发出红光。从图中可以看到非常强的上转换蓝光，分析 485nm 处的蓝光上转换发射机制如下：首先在 Yb^{3+}离子核外电子从基态被 980nm 激光泵浦到能级后，邻近的离子可以通过两种方式吸收光子并跃迁到能级上：①双光子吸收激发，即发光能级（$^5F_3$）直接吸收两个激发光子，$2^2F_{5/2}(Yb^{3+})\rightarrow{}^5F_3(Ho^{3+})$，而发出短波长蓝光的过程；②合作敏化，即处于激发态的 Yb^{3+}离子与邻近的 Ho^{3+}离子 $^5I_8$ 能级发生交叉弛豫，$^2F_{5/2}$ 能级上的电子回落到基态时将能量转移给 Ho^{3+}离子的 $^5I_5$ 能级，随后另一个处于激发态 Yb^{3+}离子的 $^2F_{5/2}$ 能级上光子的迅速的与处于激发态 $^5I_5(Ho^{3+})$能级的光子发生交叉弛豫，将其进一步激发到 $^5F_3$ 能级（Ho^{3+}），当该能级上光子向基态跃迁时发出蓝光。

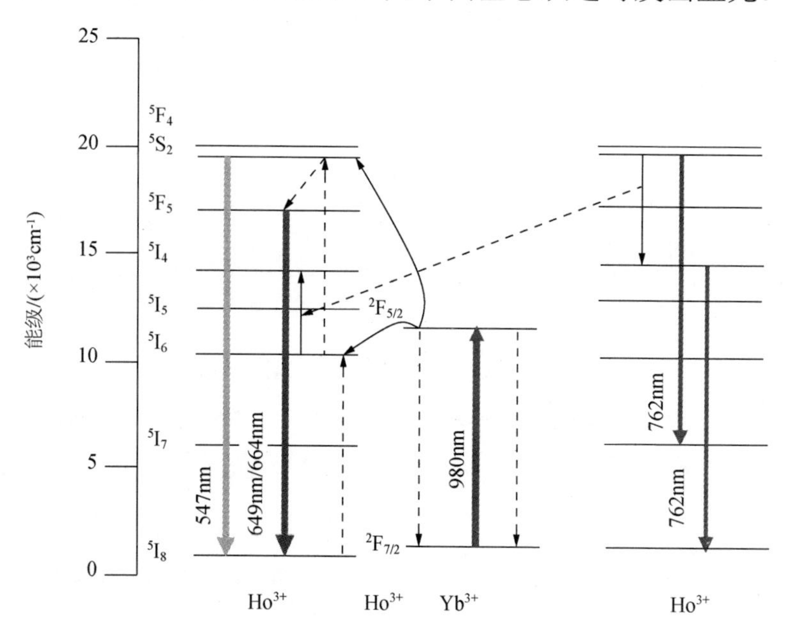

图 3.61 980nm 激光泵浦下三掺 $In:Yb:Ho:LiNbO_3$ 晶体的上转换发光机制

为了弄清楚 $In:Yb:Ho:LiNbO_3$ 晶体中 Ho^{3+}离子上转换机理，荧光强度与泵浦功率之间的关系。样品 Yb19 的双对数图如图 3.62 所示。泵浦光子的数量对于上转换机理为

$$I_f \propto P^n$$

式中，I_f是荧光强度；P 是泵浦功率 mW；n 是激光光子的数量。在 489nm、

543nm、649/664nm 和 1957nm 上转换发射的斜率为 1.87、2.12、1.98 和 2.26，这表明绿光，红光和近红外上转换的过程都是双光子过程。

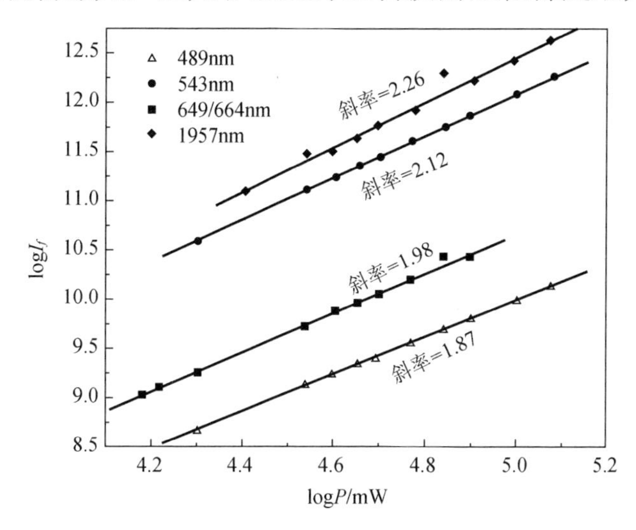

图 3.62　样品 Yb19 中泵浦能量和上转换发射强度积分的双对数曲线

Yb^{3+}-Ho^{3+}离子在 In:Yb:Ho:$LiNbO_3$ 晶体中在 980nm 激发下的上转换能级图如图 3.62 所示。双光子过程简要描述如下：

$$^2F_{7/2}(Yb^{3+})+h\nu\ (980\text{nm}) \longrightarrow {}^2F_{5/2}(Yb^{3+})$$

$$^2F_{5/2}(Yb^{3+})+{}^5I_8(Ho^{3+}) \longrightarrow {}^2F_{7/2}(Yb^{3+})+{}^5I_6(Ho^{3+})$$

$$^2F_{5/2}(Yb^{3+})+{}^5I_6(Ho^{3+}) \longrightarrow {}^2F_{7/2}(Yb^{3+})+{}^5S_2/{}^5F_4(Ho^{3+})$$

$$^5S_2/{}^5F_4(Ho^{3+}) \longrightarrow {}^5I_8(Ho^{3+})+h\nu(547\text{nm})$$

$$^5S_2/{}^5F_4(Ho^{3+}) \longrightarrow {}^5I_7(Ho^{3+})+h\nu(762\text{nm})$$

$$^5I_6(Ho^{3+})+{}^5S_2/{}^5F_4(Ho^{3+}) \longrightarrow {}^5I_4(Ho^{3+})+{}^5I_4(Ho^{3+})$$

$$^5I_4(Ho^{3+}) \longrightarrow {}^5I_8(Ho^{3+})+h\nu(762\text{nm})$$

$$^2F_{5/2}(Yb^{3+})+{}^5I_7(Ho^{3+}) \longrightarrow {}^2F_{7/2}(Yb^{3+})+{}^5F_5(Ho^{3+})$$

$$^5F_5(Ho^{3+}) \longrightarrow {}^5I_8(Ho^{3+})+h\nu(649\text{nm},664\text{nm})$$

3.6.2　Mg:Er:$LiNbO_3$ 上转换发光性能

发光光谱的测试范围在 500～600nm，双掺 Mg/Er-$LiNbO_3$ 晶体绿光上转换稳态发射谱的测试结果如图 3.63 所示可以看到抗光损伤元素 Mg 对于 Er:$LiNbO_3$ 晶体发光强度的规律性影响，在域值浓度之前荧光强度是增强的，但是超过阈值浓度，荧光强度被严重的压制。

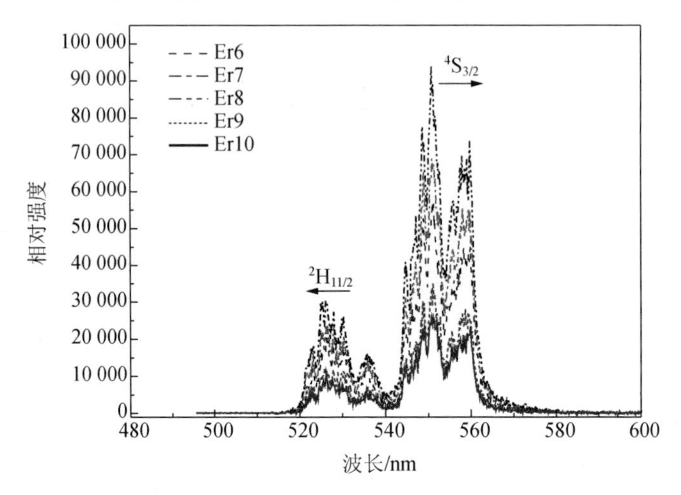

图 3.63　Mg:Er:$LiNbO_3$ 发射光谱

从图 3.64 和图 3.65 结果可以看到，Mg 离子在 $LiNbO_3$ 晶体中的掺杂浓度能够控制改变 Er 离子的 $^4S_{3/2}$ 能级的荧光寿命，在 Mg 离子没有达到域值浓度前，Er 离子的 $^4S_{3/2}$ 能级的荧光寿命随着 Mg 掺杂浓度的增加而增大，但当 Mg 离子掺杂的浓度大于域值浓度时，此能级的寿命由随着 Mg 离子的掺杂浓度的增加而减小，而且减少幅巨大。值得注意的是，当 Mg 的掺杂浓度为 4 mol%是，Er 离子的 $^4S_{3/2}$ 能级的荧光寿命比没有掺杂 Mg 离子的晶体的增长 27%；当 Mg 离子的掺杂浓度达到 8mol%时，Er 离子的 $^4S_{3/2}$ 能级的荧光寿命比没有掺杂 Mg 离子的晶体的减小 82.5%。

从图 3.66 我们给出波长范围在 300～1800nm 的 Mg:Er:$LiNbO_3$ 晶体吸收光谱，可以看到有 10 个主要的吸收带，10 个光谱项对应 Er^{3+}离子从基态 $^4I_{15/2}$ 向 $^4I_{13/2}$、$^4I_{11/2}$、$^4I_{9/2}$、$^4F_{9/2}$、$^4S_{3/2}$、$^2H_{11/2}$、$^4F_{7/2}$、$^4F_{5/2+3/2}$、$^2H_{9/2}$、$^4G_{11/2}$、$^4G_{9/2}$ 和 $^2G_{7/2}$ 等不同激发态的跃迁。

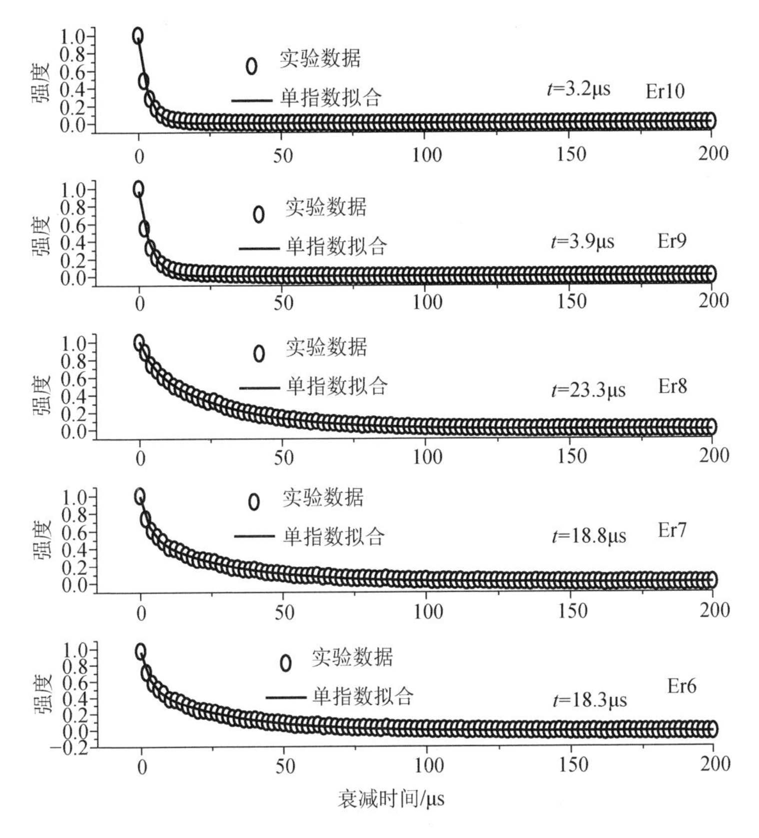

图 3.64　Mg:Er:$LiNbO_3$ 晶体荧光衰减动力学曲线

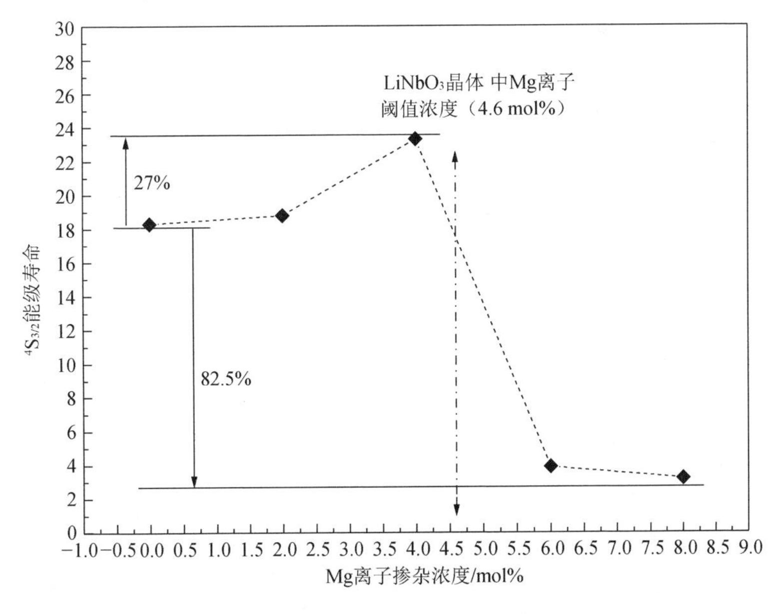

图 3.65　Mg 掺杂浓度 Er 离子在 $LiNbO_3$ 晶体中 $^4S_{3/2}$ 能级寿命对的影响

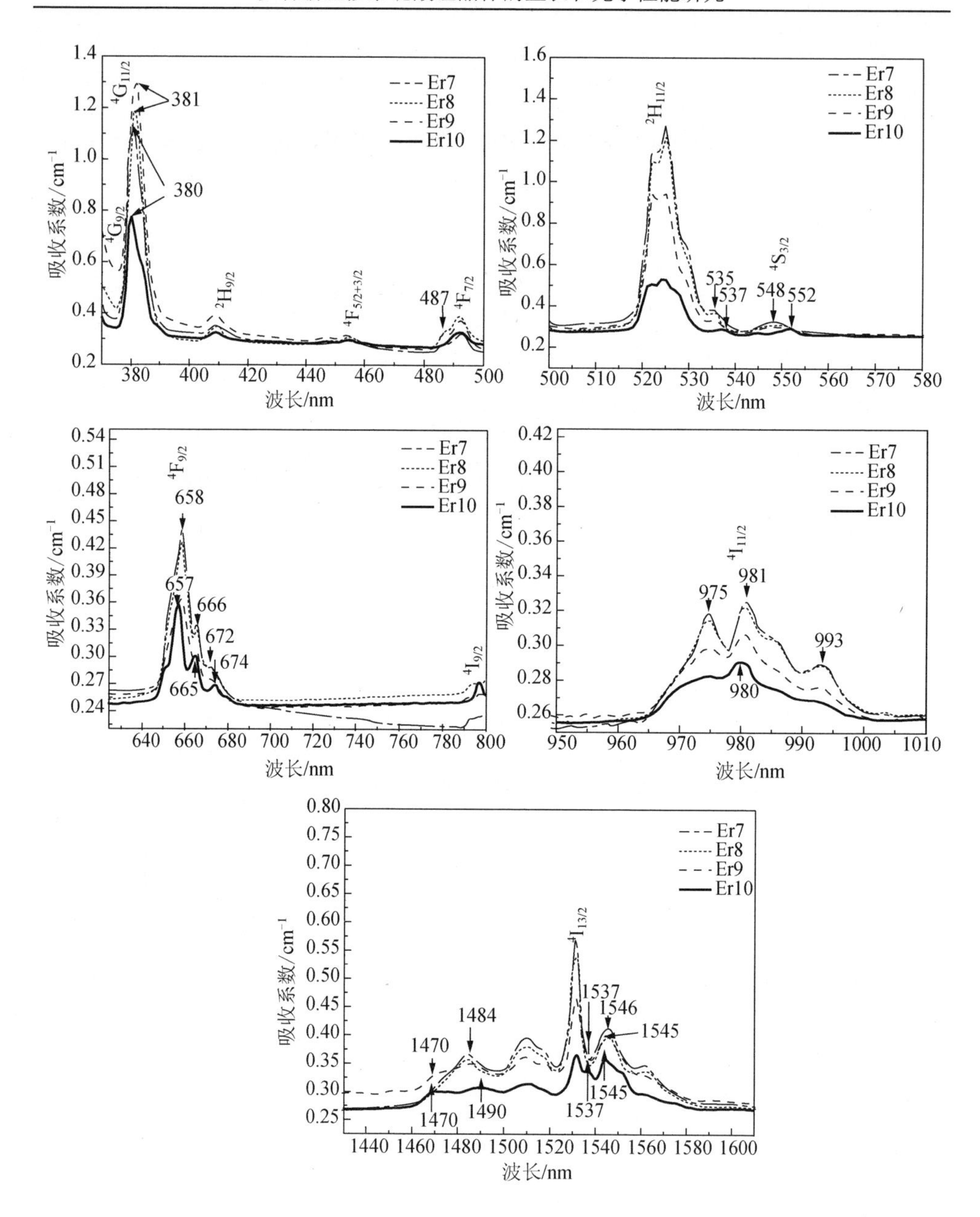

图 3.66　Mg:Er:$LiNbO_3$ 晶体吸收光谱

从图 3.67 给出了 Er^{3+}的绿光上转换发光的能级途径 [46]，即 Er^{3+}离子核外电子从基态由 800 nm 激光泵浦到 $^4I_{9/2}$ 能级后，无辐射跃迁至 $^4I_{11/2}$ 能级。在 800 nm 激发进一步激励下，电子从 $^4I_{11/2}$ 能级跃迁至 $^4F_{5/2}$ 能级后，无辐射跃迁至 $^2H_{11/2}$ 与 $^4S_{3/2}$ 能级，最后电子从 $^2H_{11/2}$ 与 $^4S_{3/2}$ 辐射跃迁回基态，分别发出位于 525nm 波段与 550nm 波段的绿光。表 3.17 给出了掺 Er^{3+} 样品的跃迁光谱及对应能级。

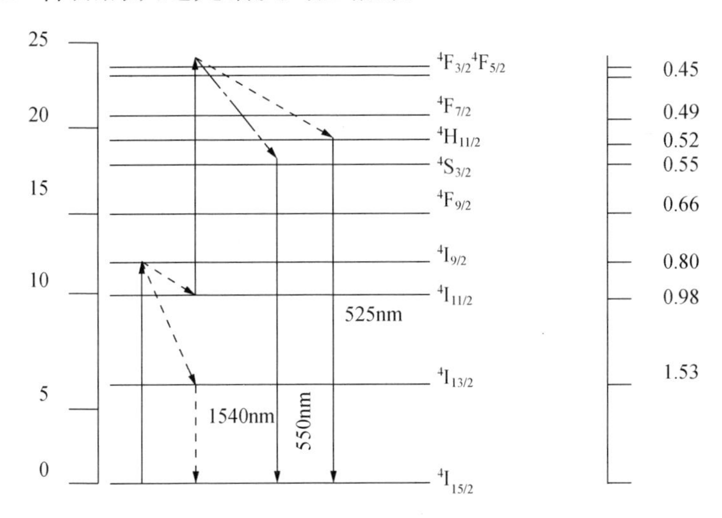

图 3.68 Er^{3+}离子绿光上转换发光机制及激发态吸收

表 3.17 掺 Er^{3+}样品的跃迁光谱及对应能级

跃迁光谱项	跃迁能级	跃迁光谱项	跃迁能级
$^4G_{11/2}$	0.378μ	$^4S_{3/2}$	0.547μ
$^2G_{9/2}$	0.408μ	$^4F_{9/2}$	0.653μ,0.661μ
$^4F_{7/2}$	0.491μ	$^4I_{11/2}$	0.974μ
$^2H_{11/2}$	0.520μ,0.523μ		

本节通过锂空位模型研究 Mg 掺量的变化对 Mg:Er:$LiNbO_3$ 晶体荧光寿命的影响。同成分 $LiNbO_3$ 锂铌比为 0.946，晶体含有很多 Li 空位 $(V_{Li})^-$。为了保持电中性，Nb 离子占据 Li 空位，形成反位铌$(Nb_{Li})^{4+}$缺陷。对于 Er6，当铒离子掺入晶体时，铒离子替代小部分$(Nb_{Li})^{4+}$缺陷形成$(Er_{Li})^{2+}$缺陷中心同时降低了$(V_{Li})^-$缺陷浓度，配位场的不均匀性有了微弱的改善。但是仍然有$(Nb_{Li})^{4+}$和$(V_{Li})^-$位于$(Er_{Li})^{2+}$缺陷中心附近，对配位场的均匀性产生影响，也就是陷阱中心从激发态 Er 离子吸收能量产生大量高能声子。跃迁过程增加了无辐射迟豫的可能性，同时也降低

了 Er 离子的寿命，所以测得 Er6 晶体的荧光寿命为 18.3μs。在 Er7 和 Er8 晶体中把 MgO 掺入 Er:$LiNbO_3$ 晶体，Mg 离子替代剩余$(Nb_{Li})^{4+}$缺陷形成$(Mg_{Li})^{+}$缺陷中心大大地降低了$(V_{Li})^{-}$缺陷浓度，增加了配位场均匀性。所以对称配位场中心和陷阱大量减少，从结果中我们看到，当 MgO 在 Er:$LiNbO_3$ 中掺入量从 2 mol%到 4 mol%（Er7 和 Er8 晶体）时，Er 离子的寿命持续增加。Er7 号和 Er8 号晶体相比 Er6 号晶体在 550nm 寿命分别增长了 21.8%和 36.6%，增长幅度比较大。作者认为 MgO 在晶体中掺入量低于 4 mol%时，Er 离子始终占据$(Nb_{Li})^{4+}$和 Li 位。550nm 寿命的增长归因于$(Nb_{Li})^{4+}$ 和$(V_{Li})^{-}$缺陷在晶体中的减少。

当 MgO 浓度超过阈值浓度时（5mol%），所有的$(Nb_{Li})^{4+}$被少部分的 Er 离子和大量的 Mg 离子所代替，形成$(Er_{Li})^{2+}$和$(Mg_{Li})^{+}$缺陷中心。剩余的 Mg 离子和 Er 离子占据 Nb 位分别形成$(Mg_{Nb})^{3-}$和$(Er_{Nb})^{2-}$。由于 Er 离子占位环境的变化，Er 离子的一些特性，如核外电子云结构、极化能力，对自由电荷的束缚能力和跃迁能力等有很大变化。同时，MgO 的大量掺入使对称配位场和缺陷中心增加。使得超过阈值浓度后 500nm 寿命变小幅度很大，相比没有掺杂 Mg 离子的 Er6 晶体，Er9 晶体和 Er10 晶体寿命分别减小 78.1%和 82.5%。也许$(Er_{Nb})^{2-}$缺陷中心的出现相比$(Mg_{Li})^{+}$、$(Mg_{Nb})^{3-}$、$(V_{Li})^{-}$和$(V_{Nb})^{4-}$缺陷中心对 Mg 离子掺入量在阈值浓度以上的晶体寿命影响更为重要。

参 考 文 献

[1] 张克从, 张乐潓. 晶体生长科学与技术(上册)[M]. 北京: 科学出版社, 1997.

[2] Palatnikov N M, Biryukova I V, Makarova O V, et al. Growth of large $LiNbO_3$<Mg> crystals[J]. Inorganic Materials, 2013, 49(3): 288-295.

[3] Shi H, Ren C, Luo S, et al. Optical damage resistance of Hf:Fe:$LiNbO_3$ crystals with various [Li]/[Nb] ratios[J]. Crystal Research and Technology, 2011, 46(9): 931-934.

[4] Smith R G, Fraser D B, Denton R T, et al. Correlation of reduction in optically induced refractive-index inhomogeneity with OH content in $LiTaO_3$ and $LiNbO_3$[J]. Journal of Applied Physics, 1968, 39: 4600-4602.

[5] 冯少新. 晶体缺陷计算[D]. 天津: 南开大学, 2001: 61-63.

[6] Grone A, Kapphan S. Volume holographic memory systems: techniques and architectures[J]. Ferroelectrics, 1994, 153: 261-268.

[7] 张克从. 近代晶体学基础(下)[M]. 北京: 科学出版社, 1987: 1-24.

[8] Smith R G, Fraser D B, Denton R T, et al. Correlation of reduction in optically induced refractive-index inhomogeneity with OH content in $LiTaO_3$ and $LiNbO_3$[J]. Journal of Applied Physics, 1968, 39(10):4600-4602.

[9] Kovacs L, Wohlecke M, Jovanovic A, et al. Infrared absorption study of the oh vibrational band in $LiNbO_3$ crystals[J]. Journal of Physics and Chemistry of Solids, 1991, 52(6): 797-803.

[10] Kovacs L, Szaller Z S, Cravero I, et al. OH-related defects in $LiNbO_3$:Mg,M (M=Nd, Ti, Mn) Crystals[J]. Journal of Physics and Chemistry of Solids, 1990, 51(5): 417-520.

[11] Kovacs L, Foldvari I. Properties of lithium niobate[J]. EMIS Datareview Series No. 5 (London: INSPEC)RN16018. 1989, 189.

[12] Cabrera J M, Olivares J, Carrascosa M, et al. Hydrogen in Lithium Niobate[J]. Advances in Physics, 1996, 45(5): 349-392.

[13] Engelskerg M, Souza R E, Pacobahyb A, et al. Structural determination of hydrogen site occupation in proton exchanged $LiNbO_3$ by nuclear magnetic resonance[J]. Applied Physics Letters, 1995, 67(3): 359-361.

[14] 冯少新. 晶体缺陷能学计算及铌酸锂的缺陷结构[D]. 天津: 南开大学. 2001, 64-66.

[15] Grone A, Kapphan S. Sharp temperature dependent OH/OD IR-absorption bands in nearly stoichiometric (VTE)$LiNbO_3$[J]. Journal of Physics and Chemistry of Solids, 1995, 56(5):687-701.

[16] Sun D, Hang Y, Zhang L, et al. Growth of near-stoichiometric $LiNbO_3$ crystals and Li_2O contents determination[J]. Crystal Research and Technology, 2004, 39(6): 511-515.

[17] Fontana M,Chah K, Aillerie M, et al. Optical damage resistance in undoped $LiNbO_3$ crystals[J]. Optical Materials, 2001, 16(1-2): 111-117.

[18] 郑威. 镁锰铁掺杂铌酸锂晶体生长及其缺陷与光全息存储性能[D]. 哈尔滨: 哈尔滨工业大学, 2005: 4.

[19] 师丽红, 陈洪建, 阎文博, 等. 高掺镁铌酸锂晶体 OH^-吸收光谱的低温研究[J]. 人工晶体学报, 2009, 38(3): 803-806.

[20] Heinemeyer U, Wengler M C, Buse K. Annihilation of the OH absorption due to domain Inversion in MgO-doped lithium niobate crystals[J]. Applied Physics Letters. 2006, 89: 112910-112910-2.

[21] Kovócs L, Szaller Z, Cravero I, et al. OH^- related defects in $LiNbO_3$:Mg, M (M=Nb, Ti, Mn)[J]. Journal of Physics and Chemistry of Solids, 1990, 51(5): 417-420.

[22] Kong Y, Xu J, Zhang W, et al. The site occupation of protons in lithium niobate crystals[J]. Journal of Physics and Chemistry of Solids, 2000, 61(8): 1331-1335.

[23] Dai L, Xu C, Qian Z, et al. Influence of In^{3+} ions concentration on the defect structure and light-induced scattering of Ce:Mn:$LiNbO_3$ crystals[J]. Journal of Luminescence, 2013, 134(3): 255-259.

[24] Schirmer O F, Thiemann O, Wōhlecke M. Defects in $LiNbO_3$-I. experimental aspects[J]. Journal of Physics and Chemistry of Solids, 1991, 52: 185-200.

[25] Sun L, Guo F, Lv Q, et al. Defect structure and photorefractive properties of In:Eu:Fe:$LiNbO_3$ Crystals with various Li/Nb ratios[J]. Journal of Crystal Growth, 2007, 307(2): 421-426.

[26] Smith R G, Fraser D B, Denton R T, et al. Correlation of reduction in optically induced refractive-index inhomogeneity with OH content in $LiTaO_3$ and $LiNbO_3$[J]. Journal of Applied Physics, 2003, 39(10): 4600-4602.

[27] Kovacs L, Szaiay V, Capelletti R. Stoichiometry dependence of OH^- absorption band in $LiNbO_3$ crystals[J]. Solid State Communications, 1984, 52(12): 1029-1031.

[28] Kasemir K, Betzler K, Matzas B, et al. Influence of Zn/In codoping on the optical properties of lithium niobate[J]. Journal of Applied Physics, 1998, 84(9): 5191-5193.

[29] 王英华. X 光衍射技术基础[M]. 北京: 原子能出版社, 1987: 88, 89.

[30] 周玉. 材料分析方法[M]. 北京: 机械工业出版社, 2000: 52-53.

[31] 苏勉曾. 固体化学导论[M]. 北京: 北京大学出版社, 1986: 109-111.

[32] Polgár K, Kovács L, Corradi G, et al. Growth of stoichiometric $LiNbO_3$ single crystals by top seeded growth method[J]. Journal of Crystal Growth, 1997, 177(3-4): 211-216.

[33] Li X C, Kong Y F, Liu H D, et al. Origin of Generally Defined Absorption Edge of Non-stoichiometric Lithium Niobate Crystals[J]. Solid State Communications, 2007, 141(3): 113-116.

[34] Kovács L, Ruschhaupt G, Polgár K, et al. Composition Dependence of the Ultraviolet Absorption Edge in Lithium Niobate[J]. Applied Physics Letters, 1997, 70(7): 2801-2803.

[35] Zhen X H, Li H T, Sun Z J, et al. Defect Structure and Optical Damage Resistance of Mg:Mn:Fe:$LiNbO_3$ Crystals[J]. Journal of Physics D: Applied Physics, 2004, 37(37): 634-637.

[36] 吴论生. 铌酸锂晶体的暗电导研究[D]. 成都: 西南大学, 2010, 17-19.

[37] 马德才. 锌掺杂铌酸锂和钽酸锂晶体的生长和结构及性能的研究 [D]. 哈尔滨: 哈尔滨工业大学, 2007, 17-23.

[38] Xu W W, Xu X D, Wang J, et al. Spectral properties of Ho : GdVO4 single crystal[J]. Journal of Alloys and Compounds, 2007, 440(1-2): 319-322.

[39] Sun G H, Zhang Q L, Yang H J, et al. Crystal growth and characterization of Ho-doped $Lu_3Ga_5O_{12}$ for 2um laser[J]. Materials Chemistry and Physics, 2013, 138(1): 162-166.

[40] Qian Y N, Wang R, Xu C, et al. Optical spectroscopy and laser parameters of $Zn^{2+}/Er^{3+}/Yb^{3+}$-tridoped $LiNbO_3$ crystal[J]. Journal of Luminescence, 2012, 132(8): 1976-1981.

[41] 梁敬魁. 粉末衍射法测定晶体结构(上册)[M]. 北京: 科学出版社, 2003: 96-97.

[42] 张心正. 光折变体全息高密度光存储器及其应用[D]. 南京: 南开大学, 2001: 12-14.

[43] Pochi Yeh. Introduction to photorefractive nonlinear optics published by John Wiley & sons [M]. New York:Inc. New York, 1993: 52-136.

[44] 范叶霞. 镁铈铜掺杂铌酸锂晶体微观结构及光折变性能[D]. 哈尔滨: 哈尔滨工业大学, 2007: 55-57.

[45] 徐吾生. 铟系掺杂铌酸锂晶体生长及抗光损伤性能的研究[D]. 哈尔滨: 哈尔滨工业大学, 2004: 38.

[46] Qiang L S, Zhang H X, Xu C Q. Photoluminescence of heavily magnesium and erbium codoped lithium niobate[J]. Materials Chemistry and Physics, 2002, 77(1): 6-9.

第四章　多种新型掺杂铌酸锂晶体的光折变性能

光折变效应是指发生在电光材料内部的一种复杂的光学过程。在适当强度激光辐照的条件下，具有某种杂质或者缺陷能级的电光晶体内部形成与辐照光强空间分布相对应的空穴或电子分布，从而产生空间电荷场，通过电光效应形成折射率空间调制，入射光可以在受到自写入体相位光栅的衍射作用而被读出。光折变晶体中的全息图像存储、光放大等都是相位光栅作用的结果。

光折变材料指那些由光致空间电荷场通过线性电光效应引起折射率变化的电光材料。几乎在所有的电光材料中都观察到了光折变效应，人们已先后在无机非金属晶体材料，如铌酸锂（$LiNbO_3$）、钽酸锂（$LiTaO_3$）、钛酸钡（$BaTiO_3$）、铌酸钾（$KNbO_3$）、钽铌酸钾[K（Ta,Nb）O_3]、铌酸钡钠（$Ba_2NaNb_3O_{15}$）、铌酸锶钡（$Ba_{1-x}Sr_xNb_2O_6$，$0.25<x<0.75$）、硅酸铋（$Bi_{12}SiO_{20}$）、锗酸铋（$Bi_{12}GeO_{20}$）、钛酸铋（$Bi_{12}TiO_{20}$），陶瓷材料（Pb,La）（Zr,Ti）O_3，半导体材料砷化镓（GaAs）、磷化铟（InP）、碲化镉（CdTe），以及有机材料 PMMA:DTNB:C60（异丁烯酸甲酯 1,3-二甲基-2,2 四甲基-5-硝基苯并咪唑和 C_{60}）、PQ/PMMA（菲醌、异丁酸甲酯）等材料中都观察到显著的光致折射率变化。这些材料的光学，电学和结构特性差别都非常大，但它们有几个共同点，如晶格较易被扭曲，可在光致内电场的作用下发生晶格结构的畸变，并进一步导致折射率改变；晶体内部含有大量缺陷，用于充当电荷载流子的施主和陷阱等。

不同的光折变材料的特性不同，取决于材料的带宽、材料中杂质离子施主和陷阱的能级位置和浓度，以及辐照光源的波长等。光折变晶体是那些没有对称中心的晶体，它们可以大致归为三类。

（1）铁电体

铁电体类晶体具有较大的电光系数，因此能达到很高的衍射效率，在许多场合下仅仅因为晶体本身的光吸收使得衍射效率低于 100%。另一方面，铁电晶体具有大的最大折射率变化（Δn）和长的暗存储时间，使得它们非常适用于全息存储。铁电晶体的另一个显著特点是存在结构相变，发生在居里点附近，此时材料的许多性能都会发生明显改变。铁电光折变晶体材料又可分为：

1）钙钛矿结构晶体，其通式为 ABO_3，由 BO_6 八面体以共顶角方式联结成晶格骨架，一价或二价金属离子 A 则填充在八面体之间的空隙内。典型的钙钛矿结构铁电氧化物晶体包括钛酸钡（$BaTiO_3$），铌酸钾（$KNbO_3$）和钽铌酸钾（$KNb_{1-x}Ta_xO_3$，KTN）等。

2）钨青铜结构晶体。其通式为$(A1)_2(A2)_4(B1)_2(B2)_8(C)_4O_{30}$，其中由$(B1)O_6$和（B2）$O_6$八面体构成晶格骨架。另外还有三种不同的空隙，即 12 配位的（A1），15 配位的（A2）和 9 配位的 C 位，A1、A2 和 C 间隙可以填充不同价态的阳离子，从而形成各种钨青铜结构的化合物。这些阳离子间隙可以被完全填满，也可以保留作为空位，因此具有钨青铜结构的晶体组分变化范围较大，内部缺陷结构复杂，易于掺杂，为其光折变效应的掺杂优化提供了很多的可能。典型的钨青铜结构光折变晶体包括：铌酸锶钡 $Sr_xBa_{1-x}Nb_2O_6$（SBN，$0.25<x<0.75$），钾钠铌酸锶钡$(K_yNa_{1-y})_a(Sr_xBa_{1-x})_bNb_2O_6$（KNSBN），铌酸铅钡 $Pb_xBa_{1-x}Nb_2O_6$(PBN)等。

3）类钙钛矿结构晶体。$LiNbO_3$ 和 $LiTaO_3$ 也具有由 BO_6 氧八面体组成的 ABO_3 晶格，但与钙钛矿结构不同的是这些氧八面体是通过共用氧三角平面，沿三重极轴 c 连接起来。从极轴看去阳离子的排列次序为 Nb（Ta）、空位、Li、Na（Ta）、空位、Li、…。$LiNbO_3$ 和 $LiTaO_3$ 两种晶体均采用提拉法从熔体中生长，且居里温度分别高达 1210℃和 665℃。与其他铁电光折变晶体相比，这两种晶体更易于获得大尺寸高质量的单畴单晶，且不必担心在长期使用过程中退极化。

（2）硅铋族立方氧化物晶体

这类材料主要包括硅酸铋 $Bi_{12}SiO_{20}$(BSO)、锗酸铋 $Bi_{12}GeO_{20}$（BGO），它们都具有顺电电光和光导特性。晶体属立方结构，$43m$ 对称点群，无外加电场时晶体为各向同性，在外电场作用下表现出双折射。与铁电氧化物光折变晶体相比，这两种晶体的电光系数虽然较小，光折变效应也较弱，但由于它们是光电导材料，因此具有很快的光折变响应速度。如果采用外加直流或交流电场等方法，也可以增强这些晶体的光折变效应，以满足实际应用的需要。

（3）半导体光折变材料

半导体光折变材料具有大的电荷迁移率、高的光电导和很快的响应速度，但它们的电光系数很小，必须借助于外加电场来得到较大的空间电荷场。这类材料的光谱响应波段在红外区的 0.95～1.35μm 处，且载流子的迁移率、寿命以及迁移特征长度等性能参数都与外加电场有关。

除了上述几类光折变晶体之外，有机聚合物材料也是近年来发展迅速的一类新型光折变材料。与无机材料相比，有机聚合物光折变材料最大的特点是具有较小的介电系数，较大的品质因素，成分和性能的均匀性高，种类繁多却更容易制备和掺杂并可以制成薄膜。正是由于它们在应用上具有无机晶体无法比拟的优越性，有机聚合物在相对短暂的时间内成为最具有吸引力的光折变材料之一。此外，高度透明的电光陶瓷如 PLZT 等也具有光折变效应。

理论上凡具有光折变效应的材料都可用于全息存储，但目前的研究得最多的是素有“光学硅”之称的铌酸锂晶体（$LiNbO_3$）。这是因为铌酸锂晶体作为光折变材料在目前是综合性能最优的：

1）铌酸锂晶体的光折变敏感波段在可见波段，利于仪器设备的调节。虽然半导体材料的响应速度很快，可达微秒以下，但它们的响应波段落在红外波段，设备不易调节。

2）铌酸锂晶体的造价低廉，它不需要苛刻的生长和处理条件，容易拉制成大尺寸单晶，晶体的成品率高，易于加工。

3）铌酸锂晶体的居里温度（T_c）约为 1210℃，适用温度范围广，不存在像 $BaTiO_3$ 晶体那样的低温相变的问题。

4）铌酸锂晶体不易退极化。很多光折变晶体的退极化时间很短，只有几天到几个月。晶体退极化后，其内存储的信息自然就会丢失。铌酸锂晶体在极化处理后，很难观察到它的退极化现象。

5）铌酸锂晶体除具有电光和光折变效应之外，还同时具有优良的压电和声学特性，是一种应用范围较广的倍频晶体材料，这些综合特性意味着铌酸锂晶体可以在单一介质中提供高效率的声、光、电能之间的相互转换，在器件的设计方面前景广阔。

这些原因使人们将体全息存储材料的选择集中在铌酸锂晶体上。当然它存在着响应时间长（分的量级）、增益系数小和抗光致散射能力低等缺点，人们通过掺杂改性、氧化还原后处理等不同手段来提高其性能。本论文就是研究铜铁离子的掺杂对铌酸锂晶体结构及光折变性能的影响。

无机铁电晶体是一类重要的光折变材料。除了 $LiNbO_3$ 晶体外，钛酸钡（$BaTiO_3$）晶体、铌酸锶钡（$Sr_xBa_{1-x}Nb_2O_6$，SBN）晶体等都是被发现具有光折变效应的材料。其中，$BaTiO_3$ 晶体是研究较早的一种光折变材料，但该材料难以生长出大尺寸的单晶体[1~3]。铌酸锶钡是光折变效应最强的晶体材料之一，但同样由于生长条件的限制而未得到广泛的应用[4]。$LiNbO_3$ 晶体本身具有特殊的缺陷结构，可以掺入多种金属元素，如第一章提到的 Mg、Zn、In、Hf、Zr、Fe、Ce、Cu、Ru 等，改进和优化光折变性能，各种掺杂铌酸锂晶体已经受到了广泛的关注和研究[5,6]。此外，近年来的研究表明掺杂 $LiNbO_3$ 晶体的光折变性能和入射光波长密切相关。许京军等人发现传统意义的抗光损伤离子如 Mg 在紫外激光照射时能产生增强的光折变效应[7]。目前研究掺杂 $LiNbO_3$ 晶体的光折变效应所采用的光源多为 532nm 或 633nm，采用 476nm 的短波长可见光激光研究晶体的光折变效应还少有报道。

本章中，首先介绍了光折变效应的物理过程、载流子输运模型、光折变动力学方程。利用二波耦合方法，研究了新型多掺杂铌酸锂晶体在不同波长下的光折变性质。实验中分别采用 He-Ne 激光器（633nm）和 Kr 离子激光器（476nm）测试了 $Ru:Fe:LiNbO_3$ 晶体的时间常数、衍射效率、灵敏度、动态范围等光折变参数，讨论了激光波长、氧化还原处理、Li/Nb 比变化、掺杂等因素对光折变性能的影响。

4.1　光折变效应的物理基础

4.1.1　光折变效应的过程

光折变效应可概括为如下几个过程[8,9]，如图 4.1 所示。

1）载流子激发过程：电光晶体内的杂质、缺陷和空位作为电荷的施主或受主，在不均匀光辐照下产生光激发载流子，并跃迁入导带。不同光折变晶体中载流子类型不尽相同，可能是空穴，也可能是电子。某些材料中空穴和电子可能同时存在，这样两者之间会存在一定的竞争关系。

2）载流子迁移过程：光激发载流子（在导带中的电子或者价带中的空穴）的迁移机制主要有三种，即扩散机制（由于载流子浓度分布不同而产生扩散）、漂移机制（在外电场作用下发生载流子漂移）以及光生伏打作用。

3）载流子俘获过程：迁移的载流子又被陷阱重新俘获，经过激发、迁移、俘获和再激发的过程，直到被暗处深能级的陷阱重新俘获，形成空间电荷的分离。

4）折射率调制过程：载流子经过重复的激发、迁移、俘获过程，最后到达暗光区，使晶体中的空间电荷场分布发生改变，从而晶体中形成分布不均匀的空间电荷场。

5）形成相位光栅：空间电荷场通过线性电光效应使晶体中的折射率分布产生变化，使晶体的折射率分布变得不均匀。新的稳态下的折射率分布与辐照光光强分布相关。当用两相干光以一定的夹角辐照光折变晶体时，空间电荷场通过电光效应在晶体内形成了与光强相对应的折射率位相光栅。

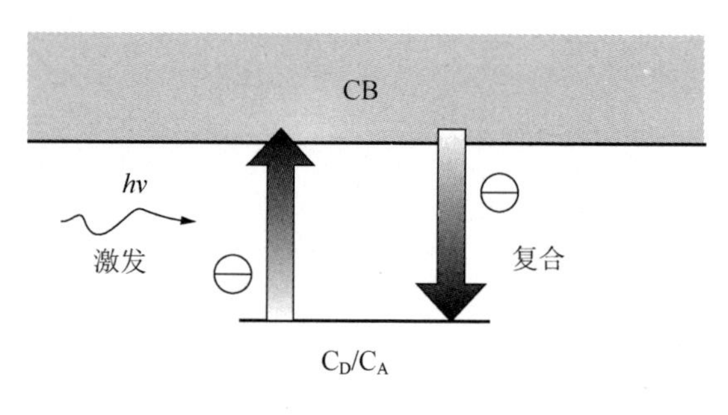

图 4.1　光电子激发和复合过程

CB. 传导带；VB. 价带；C_D/C_A. 电荷施主中心/受体中心

4.1.2　载流子输运模型

光照之前，光折变晶体中的电子被束缚在价带中，不能自由运动，在空间调制光或非均匀光的辐照下，光照区内的电子被激发出来，进入相邻的导带，同时在价带中留下空穴。导带中的电子和价带中的空穴都可以自由地运动，这就是光生载流子。载流子在晶体中的运动形式主要有三种：

1）由于晶体各部分受光照射的强度不同因此光生载流子的浓度存在梯度分布，造成了载流子的扩散运动，如图 4.2（a）所示。

2）电荷在外加电场或晶体内电场的作用下产生漂移运动，内电场是由于晶体内正负电荷中心的分离造成的，如图 4.2（b）所示。

3）对于铁电晶体，其晶胞结构的不对称导致了一个自发电极矩[4]。

经单畴化处理后的晶体内，每个晶胞的自发电极矩取向一致，相当于一个宏观的内电场。光生载流子在此电场作用下产生迁移运动，这就是光伏打作用。对于不同的光折变材料，这三种电荷迁移运动所占的比例有所不同。电荷迁移的结果造成了正负电荷中心的分离。另一方面，运动着的载流子又可能重新被离子等陷阱中心俘获，还可再吸收光子进行再激发。经过一系列的激发、迁移、俘获、再激发过程，载流子最终离开光照区，在暗区定居下来，此时光激发过程不再进行。这种运动的结果是在晶体内形成了与光的空间分布相对应的电荷的空间分布。根据泊松方程，这样的空间电荷分布必将产生与之相应的空间电荷场 E_{sc}（晶体的内电场强度可达 104V/cm，这一量级的电场已足以使晶格产生约0.01%量级的畸变），并通过电光效应，调制晶体的折射率，即在晶体中写入体位相光栅[3]。

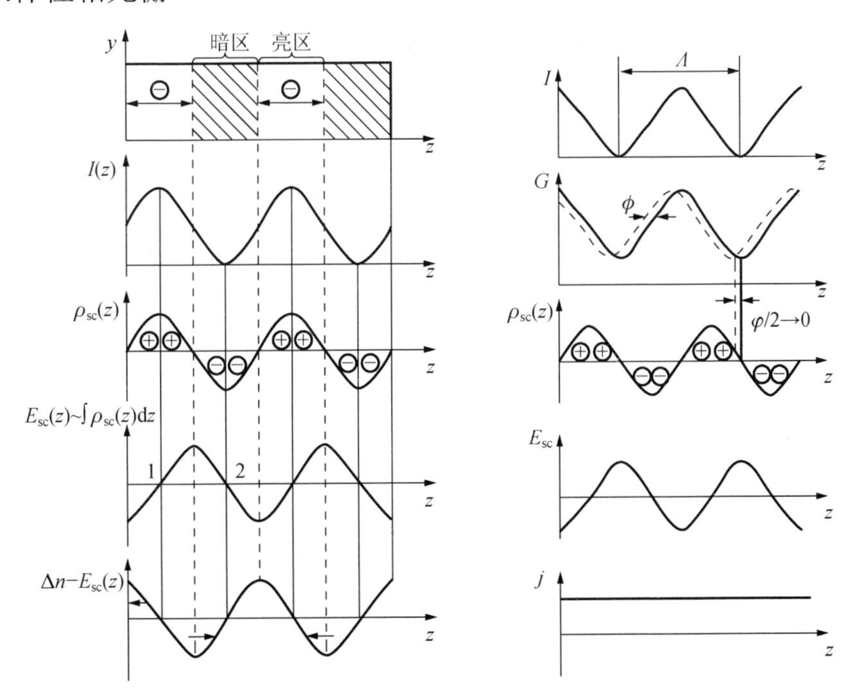

图 4.2　铌酸锂晶体中载流子的运动

光折变效应有两个显著的特点，其一是光折变效应的大小只与入射光的能量有关，而与光强无关（光强只影响光折变材料的响应速度）。对于毫瓦数量级的弱光，只要有足够的时间，同样会产生折射率变化。其二是对光强的非空间定域响应，折射率光栅与入射的光强分布之间存在一个位相差，这个位相差的存在是光束在晶体内发生耦合作用的原因所在，也是许多非线性光学效应产生的根源。

晶体中载流子的空间分布，在黑暗条件下，能保持一段时间。载流子空间分布保存的时间与晶体的暗电导有关。同样，这种载流子空间分布的擦除，可通过一定光强和波长的均匀光照或者通过加热来激发载流子的运动。

由于光折变效应使材料的折射率发生变化，因此用该材料作为光传播基质的器件，会使光的传播受到干扰，常见的如扇形效应现象。这一问题，可以通过在高温条件下操作、在器件材料中加入抗光损伤杂质等手段加以解决。

光折变效应能够将入射光强的空间分布实时地转换为介质中折射率变化空间分布，并且这种变化能够被长期保存下来，这为利用光折变效应实时制作各非线性光学元、器件奠定了基础。因此它已经成为实时光学信息处理的基本手段，并且在三维光学存储器、相位共轭器、全光学图像处理、光通信及集成光学等领域得到了广泛的应用。

对于钌铁双掺的 $LiNbO_3$ 晶体来说，Ru 离子和 Fe 离子会在 $LiNbO_3$ 晶体带隙中形成施主/受主能级，其中 Fe 离子为浅能级，Ru 离子为深能级。而 Zr 离子不能形成光折变中心，仅会影响 Fe 或 Ru 离子的占位和浓度。因此这里只讨论 $Ru:Fe:LiNbO_3$ 晶体的载流子输运模型，如图 4.3 所示。

两种掺入的光折变离子在 $LiNbO_3$ 晶体带隙中形成施主/受主能级。Ru 离子在晶体中会以 Ru^{3+}、Ru^{4+}和 Ru^{5+}三种形式存在，而 $Ru^{4+/5+}$是更为有效的深陷阱中心，因此以后的讨论忽略 Ru^{3+}的影响。Ru^{4+}和 Fe^{2+}能级上束缚电子，Ru^{5+}和 Fe^{3+}为空能级，因此激光辐射到晶体上时 Ru^{4+}

和 Fe^{2+}能级上的电子被激发而进入导带，经过一系列漂移、扩散过程后弛豫到 Ru^{5+}和 Fe^{3+}能级上。

$$Ru^{4+}+h\nu \longrightarrow Ru^{5+}+e\text{；}\quad Fe^{2+}+h\nu \longrightarrow Fe^{3+}+e$$

$$e+Ru^{5+} \longrightarrow Ru^{4+}\text{；}\quad e+Fe^{3+} \longrightarrow Fe^{2+}$$

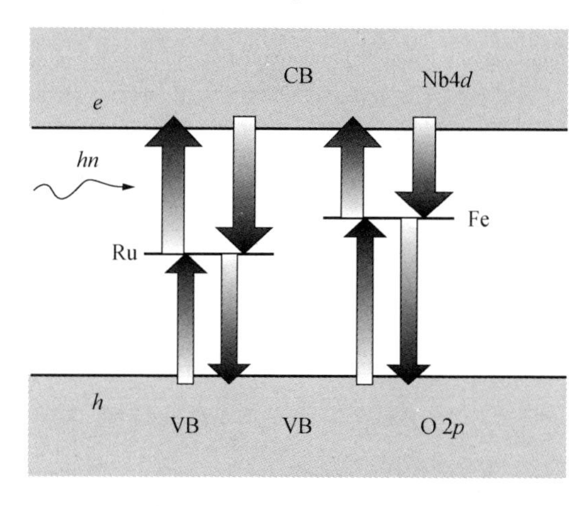

图 4.3　Ru:Fe:$LiNbO_3$ 晶体载流子输运模型

这类 Ru:Fe:$LiNbO_3$ 晶体载流子模型中的单位体积内电子产生和复合速率分别为[10]

$$G=(s_1I+\beta_1)N_{D_1}+(s_2I+\beta_2)N_{D_2} \tag{4.1}$$

$$R=\rho(\gamma_1N_{D1}^{+}+\gamma_2N_{D2}^{+}) \tag{4.2}$$

式中，G 和 R 分别为单位体积内电子产生和复合速率；ND 为施主浓度；N_A 为受主浓度，角标 1 和 2 分别代表 Ru 和 Fe 离子；s 为电子的光激发截面；I 为入射光强；β 为电子热激发系数；ρ 为自由电子数密度；γ_1 为电子与受主复合常数，N_D^{+} 为在光辐照条件下的施主数密度。因此电子净增加的速率 ζ 可表示为

$$\zeta=G-R \tag{4.3}$$

当辐照的光强均匀时，电离施主浓度速率方程为

$$\frac{\partial N_{D1}^{+}}{\partial t}=D_1(s_1I+\beta_1)-\gamma_1N_{D1}^{+}\rho \tag{4.4}$$

$$\frac{\partial N_{D2}^{+}}{\partial t} = D_2(s_2 I + \beta_2) - \gamma_2 N_{D2}^{+} \rho \tag{4.5}$$

双光折变中心 Ru:Fe:LiNbO$_3$ 晶体在暗处即无光照的条件下，电子是被热激发，即$\beta_2 \gg \beta_1$，也就是 $D_2 \gg D_2$。当有激光照射时，电子从 Ru^{4+} 被激发到导带，导带中的电子经迁移后被 Ru^{5+}或 Fe^{3+}俘获。因为 Fe^{2+} 的电子易热激发，N_{D2} 仍很小。随着光强增加或照射时间增长，越来越多的电子被从 Ru^{4+}中激发。在光折变中心 Ru 产生了更多的 N_{D2}，这种作用使光电导产生亚线性[11]，即

$$\sigma_{ph} \propto I^{x} \tag{4.6}$$

在小光强条件下（$I \ll \beta_1(q_1 s_1)^{-1}$，但 $I \gg \beta_2(q_2 s_2)^{-1}$），深中心不参与电荷传输过程，$x$=1；当 $I \approx \beta_1(q_1 s_1)^{-1}$ 时，浅中心作为额外的陷阱减少了，所以 x<1；当光强很高时，因为浅中心的光致激发电子被复合，并且可能不会再在浅中心俘获电荷载流子，所以 x=1。

4.1.3 光折变动力学方程

用两束平面波 I_1 和 I_2 对称辐照晶体，这样两束光在晶体内干涉并在晶体内建立光强分布，根据 Kukhtarev 提出的带输运模型[12]

$$I = I_0(1 + M\cos Kx) \tag{4.7}$$

上面公式里 $I_0=I_1+I_2$，K 为光栅波矢，M 为干涉条纹的调制度

$$M = \frac{2\sqrt{I_1 I_2}}{I_1 + I_2}\cos(2p\theta_{cry}) \tag{4.8}$$

$2\theta_{cry}$ 为光束在晶体内夹角。两束光偏振方向相同，当它们的偏振方向平行于入射平面时 p=1，垂直于入射平面时 p=0。光栅波矢 $\vec{K}$ 为

$$|K| = |k_1 - k_2| = \frac{4\pi}{\lambda}\sin(\theta_{air}) \tag{4.9}$$

式中，$\vec{k}_1$ 为光束 1 的波矢；$\vec{k}_2$ 为光束 2 的波矢；$2\theta_{air}$ 为两光束在空气中夹角；λ为光波在真空中的波长。

假设晶体中只存在一种施主杂质，且光激发载流子仅为电子，这样带输运模型由以下一组方程式组成。

自由电子的连续性方程

$$\frac{\partial \rho}{\partial t}=\frac{\partial N_{\mathrm{D}}^{+}}{\partial t}+\frac{1}{q}\nabla\cdot\vec{J} \quad (4.10)$$

电离施主浓度的变化率方程

$$\frac{\partial N_{\mathrm{D}}^{+}}{\partial t}=N_{\mathrm{D}}(sI+\beta)-\gamma N_{\mathrm{D}}^{+}\rho \quad (4.11)$$

电流方程

$$\vec{J}=qD\nabla\rho+q\mu\rho\vec{E}+\vec{J}_{ph} \quad (4.12)$$

泊松方程

$$\nabla\cdot(\varepsilon\vec{E})=q(N_{\mathrm{D}}^{+}-N_{A}-\rho) \quad (4.13)$$

光波方程

$$\nabla^{2}E_{\mathrm{opt}}+\frac{1}{c^{2}}n^{2}\frac{\mathrm{d}^{2}}{\mathrm{d}t^{2}}E_{\mathrm{opt}}=0 \quad (4.14)$$

折射率方程

$$n=n_{0}-\frac{1}{2}n_{0}^{3}\gamma_{\mathrm{eff}}E_{\mathrm{sc}} \quad (4.15)$$

式中，$\vec{J}$为电流密度；D为电子的扩散系数；μ为电子的迁移率；J_{ph}为光生伏特电流；ε为晶体的静态介电常数；N_{A}为光照前的电离施主浓度；$\vec{E}$为电场，包括外场$\vec{E}_{0}$和晶体中的空间电荷场$\vec{E}_{\mathrm{sc}}$；$\vec{E}_{\mathrm{opt}}$为光波电场；n为折射率；c为真空中光速；n_0为晶体未受光辐照时的折射率；γ_{eff}为晶体的有效电光系数。

在图4.3的配置下的正弦调制的光场下，晶体内部形成的空间电荷场可表示为

$$E(z)=E_{0}+E_{\mathrm{sc}}(z) \quad (4.16)$$

式中，E_0为外电场强度；$E_{\mathrm{sc}}(z)$为空间电荷场。

Kukhtarev 方程组是一组非线性耦合方程，难以直接求解。这里根据实验作如下简化和假设：

（1）小调制度近似

在图4.4的配置下，因为光强在x和y方向分布是均匀的，所以ρ、

$\bar{E}$和N_D^+只是z的函数，与x和y无关。在调制度很小（$M \ll 1$）的情况下，对它们进行傅里叶分解时可忽略高阶项，即

$$\rho(z) = \rho_0 + \frac{1}{2}(\rho_1 e^{iKz} + \rho_1{}^* e^{-iKz}) \tag{4.17}$$

$$N_D^+(z) = N_A + \frac{1}{2}(N_{D1}{}^+ e^{iKz} + N_{D1}{}^{+*} e^{-iKz}) \tag{4.18}$$

$$E(z) = E_0 + \frac{1}{2}(E_{sc} e^{iKz} + E_{sc}{}^* e^{iKz}) \tag{4.19}$$

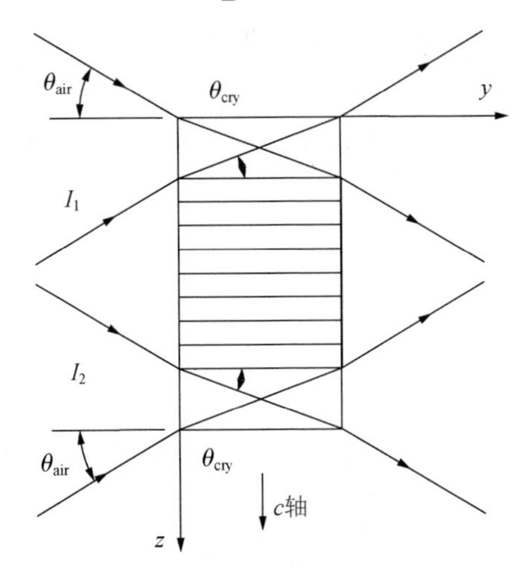

图 4.4　晶体中的双光束干涉

（2）绝热近似

实际测量表明光电子在导带中的寿命τ_R远小于空间电荷场建立时间τ_{sc}，即$\tau_R \ll \tau_{sc}$，同时假定$\rho \ll N_D - N_A$，N_A，$N_D^+ \approx N_A$，所以电子在导带中的变化并不明显，因此有近似$\tau_R \cdot \partial\rho/\partial t = 0$，这也说明了导带中的电子浓度在整个光折变过程中维持准静态分布。

通过以上两个近似处理，把式（4-17）～式（4-19）代入 Kukhtarev 方程组，就能得出光折变空间电荷场。对于 $LiNbO_3$ 晶体，晶体中存在很高的光伏电场 E_{ph}，通常不需额外加电场增强光折变效应。另外，采用图 4.4 的配置可利用 $LiNbO_3$ 晶体的最大电光系数（γ_{33}）。通过上述方程组可以求解 $LiNbO_3$ 晶体在短路的情况下的稳态空间电荷场，得到如下三个电场参数。

1）对应电子的扩散形成的扩散场 E_{d}

$$E_{\mathrm{d}}=2\pi k_{\mathrm{B}}T/(q\Lambda)=\left(k_{\mathrm{B}}T/q\right)\times K \tag{4.20}$$

式中，k_B 是玻尔兹曼常数；T 是绝对温度；$\Lambda=2\pi/K$ 是光栅间距。

2）光生伏特效应形成的光生伏特场 E_{ph}

$$E_{\mathrm{ph}}=\frac{\kappa N_{\mathrm{D}}I}{\sigma_{\mathrm{d}}+\sigma_{\mathrm{ph}}} \tag{4.21}$$

式中，κ 为光生伏特 Glass 常数；$\sigma_{\mathrm{d}}+\sigma_{\mathrm{ph}}$ 为晶体的电导；σ_{d} 为晶体的暗电导，$I=I_1+I_2$ 是总光强。

3）有限的光折变杂质心，可能形成的最大空间电场，即饱和场 E_{s}

$$E_{\mathrm{s}}=\frac{q\Lambda}{2\pi\varepsilon_0\varepsilon}N_{\mathrm{eff}} \tag{4.22}$$

式中，N 为总的掺杂浓度。

采用一阶近似，求解 Kukhtarev 方程组可以得到

$$E_{\mathrm{sc}}=E_{\mathrm{q}}\sqrt{\frac{E_{\mathrm{ph}}^2+E_d^2}{\left[\left(N_A/N\right)\times E_{\mathrm{ph}}\right]^2+\left(E_d+E_{\mathrm{q}}\right)^2}} \tag{4.23}$$

根据电光效应，调制的折射率光栅为

$$\Delta n_1=n^3\gamma_{\mathrm{eff}}E_{\mathrm{sc}}/2 \tag{4.24}$$

沿着 θ_{cry} 方向的折射率

$$n=n_{\mathrm{e}}n_{\mathrm{o}}\left(n_{\mathrm{e}}^2\sin^2\theta_{\mathrm{cry}}+n_{\mathrm{o}}^2\cos^2\theta_{\mathrm{cry}}\right)^{-1/2} \tag{4.25}$$

有效电光系数 γ_{eff} 为

$$\gamma_{\mathrm{eff}}=\gamma_{33}\cos^2\theta-\gamma_{13}\sin^2\theta+\frac{n_{\mathrm{e}}-n_{\mathrm{o}}}{n_{\mathrm{e}}}(\gamma_{33}+\gamma_{13})\sin^2(2\theta) \tag{4.26}$$

$\mathrm{N_D^+}$ 和 $\mathrm{N_A^-}$ 分别为离子的施主和受主浓度。在双光折变中心的 $Ru:Fe:LiNbO_3$ 晶体中，当两个光折变中心不发生电荷交换时，稳态光伏电场为

$$E_{\mathrm{ph}}=E_{\mathrm{ph1}}+E_{\mathrm{ph2}}=\frac{\kappa(D_1+D_2)I}{q\mu\rho} \tag{4.27}$$

同时，稳态时晶体的折射率变化可表示为

$$\Delta n = -\frac{1}{2}n^3\gamma_{\text{eff}}E_{\text{ph}} = -\frac{1}{2}n^3\gamma_{\text{eff}}\frac{\kappa(D_1+D_2)I}{q\mu\rho} \tag{4.28}$$

当有连续激光照射晶体，且电荷光栅间距小于或等于电荷传输距离时，光折变光栅记录时间 τ_{w} 可表示为[13]

$$\tau_{\text{w}} = \tau_{\text{di}}\frac{\left(1+\tau_{\text{R}}/\tau_{\text{D}}\right)^2+\left(\tau_{\text{R}}+\tau_{\text{E}}\right)^2}{\left[1+\tau_{\text{R}}\tau_{\text{di}}/\left(\tau_{\text{D}}\tau_{\text{L}}\right)\right]\left(1+\tau_{\text{R}}/\tau_{\text{D}}\right)+\left(\tau_{\text{R}}/\tau_{\text{E}}\right)^2\left(\tau_{\text{di}}/\tau_{\text{L}}\right)} \tag{4.29}$$

式中，$\tau_{\text{di}} = \varepsilon\varepsilon_0/(4\pi q\mu s)$ 为介电弛豫时间；$\tau_{\text{E}} = 1/(K\mu E_0)$ 为漂移时间；$\tau_{\text{D}} = e/(\mu k_{\text{B}}TK^2)$ 为扩散时间；$\tau_{\text{R}} = 1/(\gamma_{\text{R}}N_{\text{A}})$ 为载流子复合时间；$\tau_{\text{L}} = 1/(sI_0+\gamma_{\text{R}}n_0)$ 为光激发和复合速率之和的倒数；$n_0 = sI_0(N_{\text{D}}-N_{\text{A}})/(\gamma_{\text{R}}N_{\text{A}})$ 为零阶载流子数密度。

ε、ε_0 为介电常数；μ 为载流子迁移速率；K 为光栅波矢，E_0 为电场强度，k_{B} 为玻尔兹曼常数；T 为绝对温度；γ_{R} 为载流子复合速率；s 为光激发截面；N_{D} 和 N_{A} 分别表示施主和受主中心的浓度。

当 τ_{w} 数值很小时，式（4-29）可以简化为

$$\tau_{\text{w}} \approx \tau_{\text{di}} = \varepsilon\varepsilon_0/(4\pi q\mu s) = \varepsilon\varepsilon_0/(4\pi\sigma_{\text{ph}}) \tag{4.30}$$

式中，ε 和 ε_0 分别为 $LiNbO_3$ 晶体的相对介电常数和真空介电常数，通常不随晶体掺杂和锂铌比变化而改变。因此影响 $LiNbO_3$ 晶体光折变响应时间的主要参数为光电导 σ_{ph}，光电导的大小与 $LiNbO_3$ 晶体中掺杂元素种类、氧化还原处理等密切相关，$\sigma_{\text{ph}} = I_0N_{\text{D}}/(\gamma N_{\text{A}})$[14]。因此可以得出 $\Delta n \propto N_{\text{A}}$，$\tau_{\text{w}} \propto N_{\text{A}}/(N_{\text{D}}-N_{\text{A}})$。

以上结果表明晶体的饱和折射率调制度与电子受主的浓度成正比，记录时间与电子受主和施主的浓度比成正比关系。

4.2　光折变性能主要参数

本小节将系统阐述光折变效应的主要性能参数，包括衍射效率、时间常数、灵敏度、光电导和动态范围等。

4.2.1　衍射效率

$LiNbO_3$ 晶体是通过晶体内折射率的改变实现的，因此晶体内的折射率调制度直接反映了存储性能。由于晶体的折射率调制度数值一般较小，难以实时测量，而衍射效率又与折射率调制度直接相关，因此通常采用测试晶体衍射效率随时间变化关系的方法来研究 $LiNbO_3$ 晶体的存储性能。

衍射效率（η）定义为全息图衍射的成像光通量与照明全息图的总光通量的比值，是衡量存储器性能的一个重要参数。衍射效率不仅直接影响信息页面重构时的亮度，还决定了在同一体积中能存储的页面数。根据体全息耦合波理论，衍射效率数值为从材料内衍射出的衍射光光强与入射到材料内的读出光光强的比值。在透射光路配置下，如果考虑晶体的反射和吸收，则晶体的衍射效率可以表示为

$$\eta(t)=(1-R)^2\exp\left(-\frac{\alpha d}{\cos\theta}\right)\sin^2\left(\frac{\Delta n(t)\pi d}{\lambda\cos\theta}\right) \tag{4.31}$$

式中，R 为晶体表面的反射率；$\Delta n(t)$ 为晶体的折射率调制度；α为晶体的吸收系数；θ为激光在晶体内的入射角；d 为晶体内的有效作用长度；λ为入射光在真空中的波长。若忽略晶体反射和吸收，则衍射效率 $\eta(t)$ 的表达式为

$$\eta(t)=\sin^2\left(\frac{\Delta n(t)\pi d}{\lambda\cos\theta}\right) \tag{4.32}$$

通常测量时一般不考虑晶体的反射和吸收的影响。

4.2.2　时间常数

光折变效应是一种电光过程，涉及光激发载流子的产生、迁移和捕获以及由空间电荷场引起的一阶线性电光效应。所以晶体内需要一定的时间形成空间电荷场，为此引入写入和擦出时间常数来描述晶体内折射率光栅的建立和擦除。

写入时间也称响应时间，是光折变体全息存储的重要参量，它表征了光栅建立的动态特征。折射率光栅建立的动态过程可描述为

$$\sqrt{\eta}=\sqrt{\eta_{\text{sat}}}\left[1-\exp(-t/\tau_{\text{w}})\right] \tag{4.33}$$

式中，τ_{w}为写入时间常数，即光栅建立时间常数，也称为响应时间、记录时间，它描述了折射率光栅建立的速度；η_{sat}为饱和衍射效率，指在辐照时间远大于光栅建立时间后晶体的衍射效率值。

$LiNbO_3$ 晶体中光栅的擦除是指晶体被均匀光辐照以后，能级陷阱中被捕获的电子被再次激发，并在晶体内重新分布，使得晶体中相位光栅消失，晶体恢复常态的现象。折射率光栅的擦除过程可表示为

$$\sqrt{\eta}=\sqrt{\eta_{\text{sat}}}\exp(-t/\tau_{\text{e}}) \tag{4.34}$$

式中，τ_{e}为擦除时间常数，它描述的是折射率光栅擦除的快慢。

通过单个折射率光栅的记录和擦除过程，结合上述表达式，可获得晶体的饱和衍射效率、写入时间常数和擦除时间常数等。通常情况下，$LiNbO_3$ 晶体的擦除灵敏度比记录灵敏度要低，也就是说写入时间常数和擦除时间常数不对称。这种不对称性有利于减少多重全息存储过程中后记录光栅对已记录光栅的擦除效应。因此，在实际应用中优先选择写入时间短、擦除时间长的材料。

4.2.3 光电导

在光栅擦除过程中，光电导起主要作用[15]。本实验中采用全息法测量晶体的光电导。擦除过程中，晶体内空间电荷场随时间变化关系为

$$E_{\text{SC}}(t)=E_{\text{SC}}(0)e^{-t/\tau_{\text{sc}}} \tag{4.35}$$

对上式取对数，得到

$$\frac{2\sigma_{\text{ph}}}{\varepsilon}=\frac{\partial}{\partial t}\left[\ln\eta/\eta_0\right] \tag{4.36}$$

或

$$\ln(\eta/\eta_0)=\frac{2\sigma_{\text{ph}}}{\varepsilon}t+\text{常数} \tag{4.37}$$

做 $\ln(\eta/\eta_0)-t$ 图，得到一直线，其斜率为 $2\sigma_{\text{ph}}/\varepsilon$。再用最小二乘法计算该直线的斜率，即可得到晶体的光电导 σ_{ph}。

4.2.4　灵敏度

灵敏度 S 用来表征光折变晶体对入射光能量的利用程度，定义为在记录光栅的初始阶段，单位体积内吸收光能所引起的晶体折射率变化。灵敏度描述了晶体利用光能建立光栅的能力，可表示为

$$S=\frac{(\mathrm{d}\sqrt{\eta}/\mathrm{d}t)\Big|_{t=0}}{I_0 d} \tag{4.38}$$

式中，I_0 为记录光总光强；d 为材料的厚度。灵敏度可通过测量单个光栅的衍射效率随时间变化曲线计算得到。灵敏度由晶体及其光学性质等因素决定，灵敏度越大，表明记录图像的速度越快，单位时间内可记录的全息图数量越多。

4.2.5　动态范围

体全息存储器的显著特点之一是存储容量大，可以通过角度复用、波长复用、相位编码复用或几种复用方法结合的混合复用方式在 $LiNbO_3$ 晶体中存储大量的全息图。在复用存储图像的过程中，所有记录的全息图共同分享材料的记录响应能力。为描述多重复用存储过程中材料的总响应能力，引入动态范围参数（$M/\#$）。动态范围的定义式为

$$M/\#=\sum_{i=1}^{M}\sqrt{\eta_i} \tag{4.39}$$

式中，η_i 为第 i 个全息图的衍射效率值；M 为总的全息图复用的幅数，材料动态范围 $M/\#$表示由同一体积中复用存储的所有全息图分享记录介质的总的响应范围。动态范围的大小决定了材料在单位体积内可存储的全息图数量。采用合适的曝光时序，可对全息图的衍射效率进行均匀化处理。假定每幅全息图的光栅强度记录时按 $A_0(1-\exp(-t/\tau_{\text{w}}))\approx(A_0/\tau_{\text{w}})t$ 变化，擦除时按 $A_0\exp(-t/\tau_{\text{e}})$ 变化，则在复用 M 幅全息图时，

最终得到的均匀化衍射效率为

$$\eta=\left(\frac{A_0}{\tau_{\mathrm{w}}}\frac{\tau_{\mathrm{e}}}{M}\right)^2=\left(\frac{M/\#}{M}\right)^2 \tag{4.40}$$

式中，$A_0=\Delta n_{\mathrm{sat}}\pi d/(\lambda\cos\theta)$ 为饱和光栅强度，则动态范围为

$$M/\#=\frac{A_0}{\tau_{\mathrm{w}}}\tau_{\mathrm{e}} \tag{4.41}$$

由上式可得，$M/\#$与材料的响应时间常数τ_{w}成反比，与擦除时间常数τ_{e}成正比。

通过单幅全息图的记录和擦除曲线，可以得到

$$\frac{A_0}{\tau_{\mathrm{w}}}=\left.\frac{\mathrm{d}\sqrt{\eta(t)}}{\mathrm{d}t}\right|_{t=0} \tag{4.42}$$

即

$$\frac{1}{\tau_{\mathrm{e}}}=\frac{\left.\frac{-\mathrm{d}\sqrt{\eta}}{\mathrm{d}t}\right|_{t=0}}{\left.\sqrt{\eta}\right|_{t=0}} \tag{4.43}$$

根据以上公式可以计算出$M/\#$。另外，也可通过拟合单幅全息图的记录和擦除曲线得到τ_{w}和τ_{e}，通过饱和衍射效率间接计算出饱和折射率调制度Δn（t），再通过上述公式得到$M/\#$。晶体的动态范围越大，单位体积内可记录的全息图数量就越多或者读出的全息图衍射效率就越高。在存储容量一定时，提高单幅全息图的衍射效率或等价地要求衍射效率一定，提高动态范围，可实现大容量的全息图存储。

4.3 Zr:Ru:Fe:$LiNbO_3$晶体的光折变性能主要参数

本实验采用二波耦合实验装置来研究晶体的光折变性能，实验装置如图 4.5 所示。采用的光源为 Kr 离子激光器发出的 476nm 激光，记录光经分束镜分为光强相等的两束光——信号光 S 和参考光 R，两束光对称入射到晶体上，并在晶体内部相交发生干涉。记录光水平偏振，光栅

波矢沿晶体 c 轴方向。实验中分别研究了不同记录光波长、Zr^{4+}离子掺杂、锂浓度变化、氧化还原处理等因素对晶体光折变性能的影响。

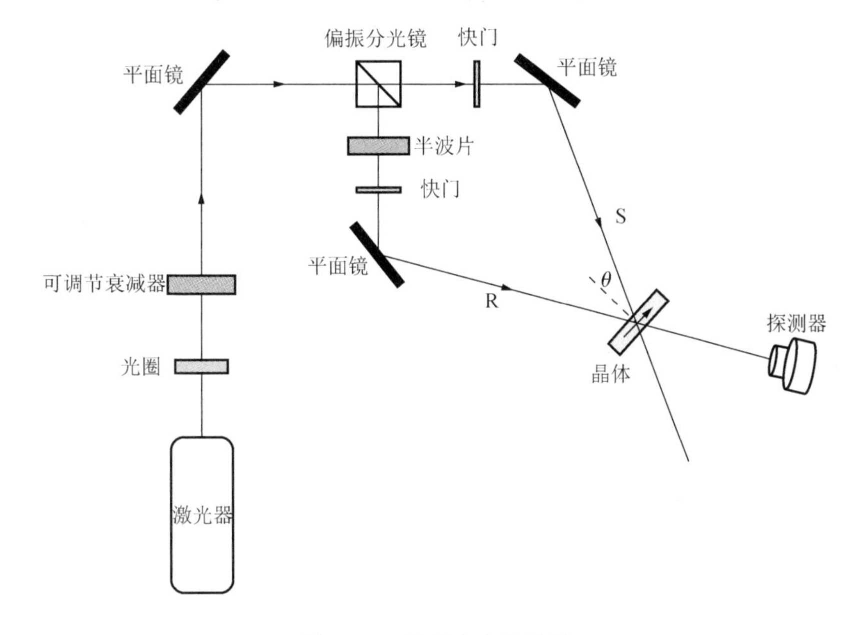

图 4.5　二波耦合实验装置

实验中采用的两束光的光强均为 $100mW/cm^2$，光斑直径 2mm，两束光以 30° 的夹角入射到晶体上。记录的光栅矢量沿晶体 c 轴方向，这样可以有效利用最大电光系数γ_{33}。在信号光和参考光的光路上放置快门来控制光栅存储过程中的不同记录过程。在光栅记录过程中，参考光快门处于打开状态，信号光光路快门每隔一定时间关闭一次再打开，用于测量光栅衍射效率的变化情况。光栅擦除过程中，关闭信号光快门，只保持参考光快门，用来实时探测光栅衍射效率的变化情况。功率计用来探测衍射光强随时间变化。

4.3.1　Ru/Fe 比值对晶体光折变性能的影响

为了更清楚研究 Ru/Fe 比值对晶体光折变性能的影响，生长了不同 Ru 浓度的 $Ru:Fe:LiNbO_3$ 晶体，分别为 Ru 为 0.10*wt*%、0.15*wt*%、0.25*wt*%，样品编号命名为 1#、2#和 3#。采用一组不同 Ru/Fe 比值的 $Ru:Fe:LiNbO_3$

晶体测得的衍射效率随时间变化曲线如图 4.6 所示，晶体原料配比见表 4.1，计算得到的光折变参数列于表 4.2。

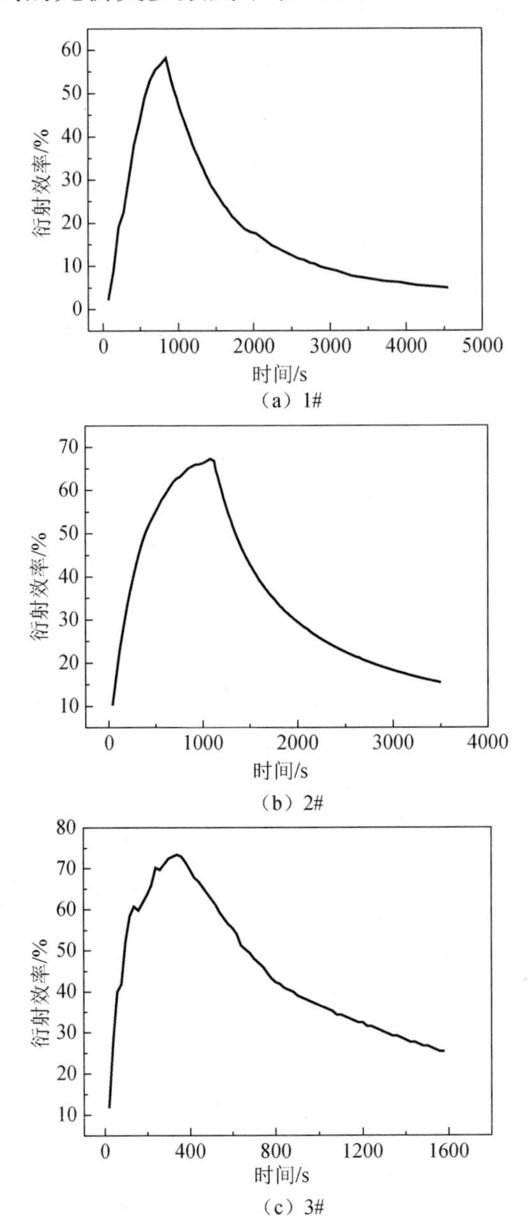

图 4.6　不同 Ru/Fe 比例的 $Ru:Fe:LiNbO_3$ 晶体衍射效率随时间变化

表 4.1　不同 Ru/Fe 比例的 Ru:Fe:$LiNbO_3$ 晶体原料配比

No.	Zr/mol%	Ru/*wt*%	Fe/*wt*%
1#	0	0.10	0.15
2#	0	0.15	0.15
3#	0	0.25	0.15

表 4.2　不同 Ru/Fe 比例的 Ru:Fe:$LiNbO_3$ 晶体的蓝光光折变性能

晶体	τ_w/s	τ_e/s	η_s/%	S/（cm/J）	M/#	$\Delta n_s/\times10^{-5}$	σ_{ph}/［$\times10^{-12}$cm/（Ω·W）］
1#	320.5	1193.5	58.1	0.059	2.84	5.19	0.77
2#	210.4	991.6	67.4	0.098	3.87	6.01	1.48
3#	107.1	560.2	73.4	0.199	4.49	6.27	2.31

从测试结果可以看出，在同一状态下随着晶体中 Ru 含量的增加，晶体光折变性能增强，饱和衍射效率有较明显的提高，响应时间和擦除时间均有小幅缩短缩短，当 Ru 的掺杂量达到 0.25*wt* %时，光折变灵敏度可达 0.199 cm/J，比 Ru（0.10*wt* %）:Fe:$LiNbO_3$ 晶体的灵敏度提高了 3 倍以上。

在掺杂 $LiNbO_3$ 晶体中，光折变敏感中心决定了其光折变性能。对于本实验中采用的 Ru:Fe:$LiNbO_3$ 晶体，掺入 Ru 和 Fe 离子充当主要的光折变敏感中心。由于 476nm 的光源有足够的能量激发深能级（Ru）中的载流子，因此深浅能级可以同时记录折射率光栅，这样相比于单中心的 Fe:$LiNbO_3$ 晶体，具有双光折变中心的 Ru:Fe:$LiNbO_3$ 晶体中的光栅强度明显提高。两种掺杂离子之间的互补效应和能量传递作用，将大大改善光折变中心的电离截面σ和俘获截面γ值，从而影响晶体内载流子的激发、迁移及俘获过程。这是双掺杂晶体相对于单掺杂晶体光折增强的一个重要原因。但同时在实验中也注意到，Ru（0.25*wt* %）:Fe:$LiNbO_3$ 晶体对于入射光吸收强烈，造成透射的光强很低。结合前面的吸收光谱，发现过高的 Ru 掺量会导致大量入射光被吸收，不利于 $LiNbO_3$ 晶体的全息存储应用。

4.3.2　记录光波长对晶体光折变性能的影响

前一节中，采用蓝光做记录光测试了晶体的光折变性能，实验结果

显示 $Ru:Fe:LiNbO_3$ 晶体在 476nm 下表现出较强的蓝光光折变性能。众所周知，记录光波长对光折变性能有显著影响[16]。为了深入了解这一情况，采用波长 633nm 作为光源测量 $Ru:Fe:LiNbO_3$ 晶体的光折变性能。晶体的衍射效率随时间变化曲线如图 4.7 所示，红光记录时的光折变参数见表 4.3。

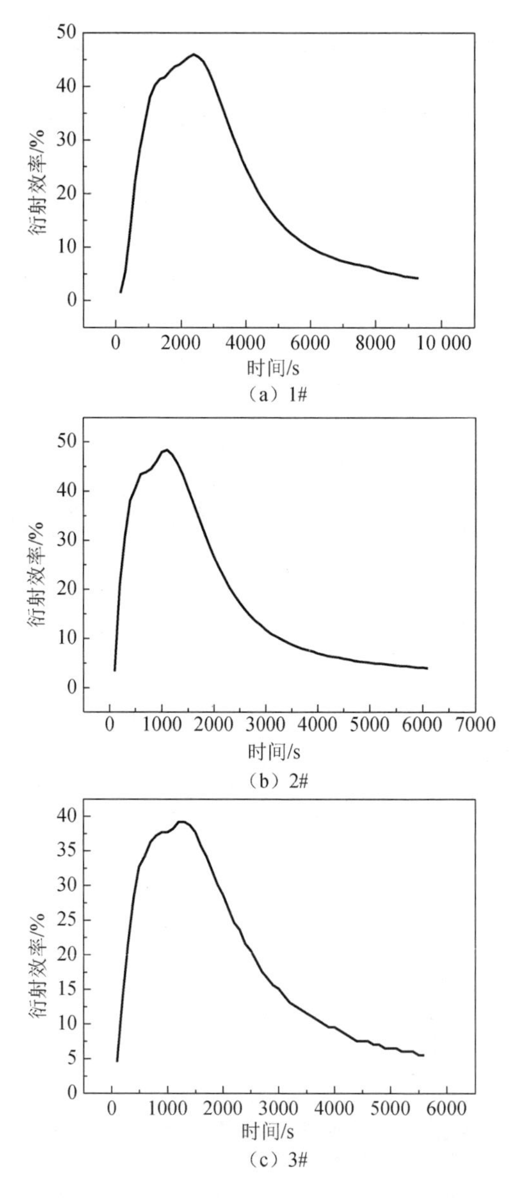

图 4.7　$Ru:Fe:LiNbO_3$ 晶体在 633nm 的衍射效率随时间变化

表 4.3　钌铁铌酸锂晶体红光光折变性能

晶体	τ_w/s	τ_e/s	η_s/%	$\Delta n_s/\times10^{-5}$	S/（cm/J）	M/#	σ_{ph}/[$\times10^{-12}$cm/（Ω·W）]
1#	454.7	3181.7	45.9	4.39	0.037	4.74	0.54
2#	211.4	1702.9	48.4	4.52	0.082	5.60	1.37
3#	205.8	2246.7	39.2	4.06	0.076	6.84	1.20

从实验结果可知，以 He-Ne 激光器作为记录光时 Ru:Fe:$LiNbO_3$ 晶体光折变参数和蓝光下相比均有不同程度的下降。对于同一晶体样品，响应速度变慢，擦除时间延长，饱和折射率调制度减小。随着 Ru 浓度的增加，写入时间的变化趋势与蓝光下相同，都是随 Ru 掺量增大而减小，而不同的是折射率调制和光电导有减小的趋势。

由于 Ru 的能级比 Fe 的能级深，红光对 Ru 上电子的激发要远远小于对 Fe 上电子的激发，当以红光做记录光时 Ru 浓度的变化对晶体光折变性能影响不大。由于 Ru 离子存在不同的氧化态，因此 Ru:Fe:$LiNbO_3$ 晶体内 Ru 的浓度变化会影响 Fe 离子的状态。从前一章紫外可见吸收光谱的测试结果可知，随着增加 Ru 掺量会导致 Ru:Fe:$LiNbO_3$ 晶体吸收边红移，也就是 Ru 含量增加会使晶体中更多的 Fe^{3+}还原成 Fe^{2+}。同时，蓝光的高能量使得能级中载流子能有效被激发，因此相同掺杂浓度的晶体在 476nm 的响应速度更快。对于同一掺杂浓度的晶体材料，由第三章的紫外可见吸收光谱测试结果可以看出，晶体在 476nm 波长处的吸收要大于在 633nm 波长的吸收，更为合适的吸收会导致晶体在 476nm 处的折射率调制度的增大。

4.3.3　Zr 掺杂浓度对晶体光折变性能的影响

为了研究 Zr 离子浓度变化对 $LiNbO_3$ 晶体蓝光光折变性能的影响，利用二波耦合实验装置，对 Zr 掺量变化的 Zr:Ru:Fe:$LiNbO_3$ 晶体光折变性能进行了系统研究。图 4.8 给出的是不同 Zr^{4+} 掺杂浓度的 Zr:Ru:Fe:$LiNbO_3$ 晶体光栅建立和擦除过程衍射效率随时间变化曲线。

利用光折变参数的定义表达式，计算得到的 Zr:Ru:Fe:$LiNbO_3$ 晶体在 476nm 波长的光折变性能参数列于表 4.4。

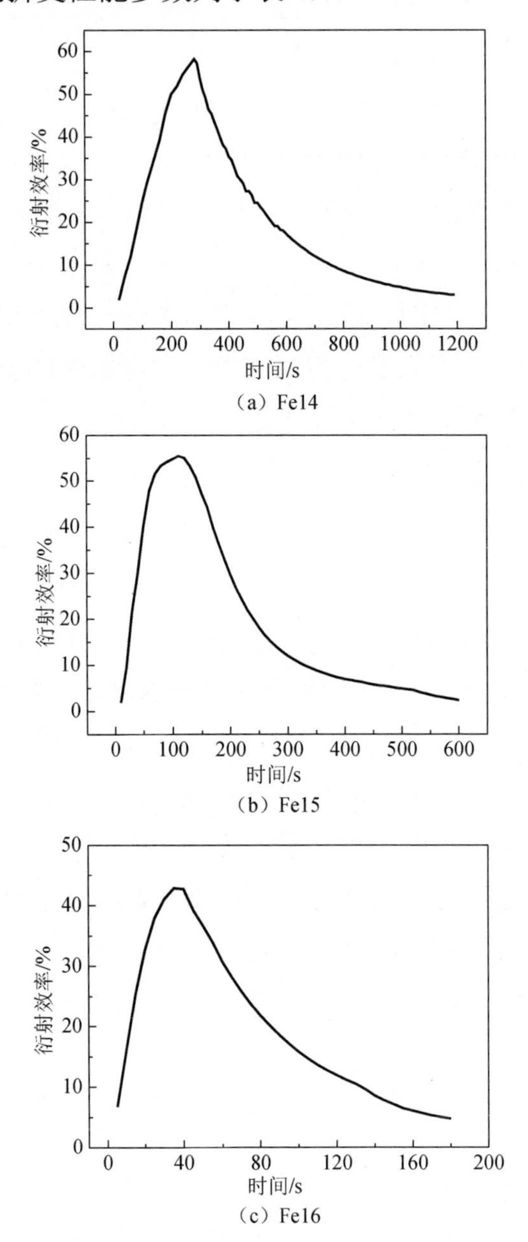

（a）Fe14

（b）Fe15

（c）Fe16

图 4.8　不同 Zr 浓度 Zr:Ru:Fe:$LiNbO_3$ 晶体衍射效率随时间变化

表 4.4　不同 Zr 掺杂浓度的 Zr:Ru:Fe:$LiNbO_3$ 晶体的蓝光光折变性能参数

晶体	τ_w/s	τ_e/s	η_s/%	S / （cm/J）	M/#	Δn_s/×10^{-5}	σ_{ph}/ [×10^{-12}cm/（Ω·W）]
Fe14	113.6	438.6	58.2	0.17	2.95	5.88	2.08
Fe15	26.9	114.4	55.4	0.69	3.17	5.45	8.21
Fe16	14.0	58.6	42.3	1.16	2.72	4.76	17.70

从表中的结果可以看出，Zr:Ru:Fe:$LiNbO_3$ 晶体在 476nm 波长具有良好的光折变性能，响应时间与 Ru:Fe:$LiNbO_3$ 相比晶体大幅缩短，并且该参数随着 Zr 浓度增加而进一步减少，当 Zr 浓度达到 2mol%以上时响应时间可缩短一个数量级，饱和衍射效率随 Zr 浓度增加而下降，光折变灵敏度在 0.17～1.16 cm/J 变化，动态范围和 Ru:Fe:$LiNbO_3$ 晶体相比减小，在 2.72～3.17 变化。

对于不同 Zr^{4+}离子掺杂浓度的 Zr:Ru:Fe:$LiNbO_3$ 晶体，晶体的饱和折射率调制度、写入时间、擦除时间都随着 Zr^{4+}离子浓度增加而减小，光电导随着 Zr^{4+}离子浓度增加而提高，其中 Zr(3mol%):Ru:Fe:$LiNbO_3$ 晶体的光电导值高达 17.70。

掺杂 $LiNbO_3$ 晶体的光折变性能主要与晶体中的光折变中心有关。在 Zr:Ru:Fe:$LiNbO_3$ 晶体光折变过程中，Ru 和 Fe 是的光折变敏感中心，起主导作用；此外晶体中存在的本征缺陷反位铌（Nb_{Li}^{4+}）也能起到光折变中心的作用。Zr^{4+}离子不存在变价因而不参与电荷运输过程，但 Zr^{4+}离子的存在会影响其他掺杂离子的占位情况，同时也会改变晶体中反位铌的浓度，从而影响材料的光电导，进而影响材料的光折变效应。Zr^{4+}掺入晶体后，首先通过取代反位铌（Nb_{Li}^{4+}）的方式进入晶格，位于 Li 位的 Nb 被排挤会正常的 Nb 位，这就会使 Nb_{Li}^{4+} 浓度的下降，因为光电导与反位铌浓度成反比，从而引起材料在 476nm 下光电导的增加。由于晶体的响应时间与光电导成反比例关系，因此光电导增加导致了快速的光折变响应[17]。

掺杂的 Fe 和 Ru 离子是以取代 Nb_{Li}^{4+} 的方式进入晶格，分别形成

$Fe_{Li}^{+/2+}$和$Ru_{Li}^{3+/4+}$。当Zr^{4+}离子掺杂浓度达到3mol%时，大量Nb_{Li}^{4+}减少，同时少量占据Li位的Fe和Ru离子也被排挤到Nb位，这些离子会失去光折变中心的作用，因此晶体饱和折射率调制度随着Zr浓度增加而下降。值得注意的是，当Zr掺杂浓度达到3mol%时，超过了其阈值浓度（约2mol%），但晶体的衍射效率仍然保持为42.3%，这一结果与以往的Mg、In等抗光损伤离子有所不同。当Fe:LiNbO$_3$晶体掺杂Mg或In等超过其阈值浓度，在Nb_{Li}^{4+}大量减少的同时，位于Li为的Fe离子也会被排挤到Nb位而失去光折变中心的作用，因此在响应速度提高要以牺牲衍射效率为代价[18,19]。而四价的Zr^{4+}的价态高于$Fe^{2+/3+}$，当Zr超过阈值浓度时仍然可以有较多的Fe占据Li位，这使得Zr（3mol%）:Ru:Fe:LiNbO$_3$晶体也获得了较高的衍射效率。同时Zr在元素周期表的位置与Nb接近，Zr_{Li}^{3+}和Nb_{Li}^{4+}具有相似的晶格环境，取代更容易发生。以上结果都表明四价的Zr离子是最为有效的改进掺杂LiNbO$_3$晶体光折变性能的元素。这些晶体在其响应时间缩短的同时，衍射效率并未比Ru:Fe:LiNbO$_3$有大的降低，因此这些三掺杂晶体对于光折变的实用研究有更大的意义。

灵敏度增加的机理较复杂，它由最大衍射效率η与记录时间两个参数决定。随加入Zr^{4+}浓度增加，最大衍射效率η降低，这将导致灵敏度下降；随加入Zr^{4+}浓度增加，记录时间变短。它与灵敏度成反比，这导致灵敏度上升。由于记录时间变短的比例要大于最大衍射效率η降低的比率，最终结果是灵敏度增加。

4.3.4 Li/Nb比对晶体光折变性能的影响

LiNbO$_3$晶体的光折变性能可以通过Li浓度来控制和调节，和同成分LiNbO$_3$晶体相比，近化学计量比LiNbO$_3$晶体中Li/Nb接近于1，因此内部本征缺陷较少。近化学计量比 $LiNbO_3$ 晶体具有更大的电光效应和非线性光学效应，在二波耦合实验中，掺杂近化学计量比 $LiNbO_3$ 晶体比同成分 $LiNbO_3$ 晶体具有更短的响应时间和更高的光折变灵敏度。室温下近化学计量比 $LiNbO_3$ 晶体矫顽场只有同成分 $LiNbO_3$ 晶体矫顽场的五分之一，这有助于加工更厚的周期极化 $LiNbO_3$ 晶体[20]。一直以来，近理想配比的 $LiNbO_3$ 晶体都是研究人员关注的热点。为了研究 Li 浓度变化对晶体光折变性能的影响，本实验选择掺 Zr 为 2mol%的 Ru:Fe:$LiNbO_3$ 晶体，原料熔融状态下 Li/Nb 比分别为 52.4/47.6 和 58.0/42.0，所有样品为生长态，未经氧化还原处理，记录光波长为476nm。

图 4.9 给出了不同 Li 浓度的 Zr:Ru:Fe:$LiNbO_3$ 晶体全息光栅建立的过程中衍射效率随时间变化的曲线。

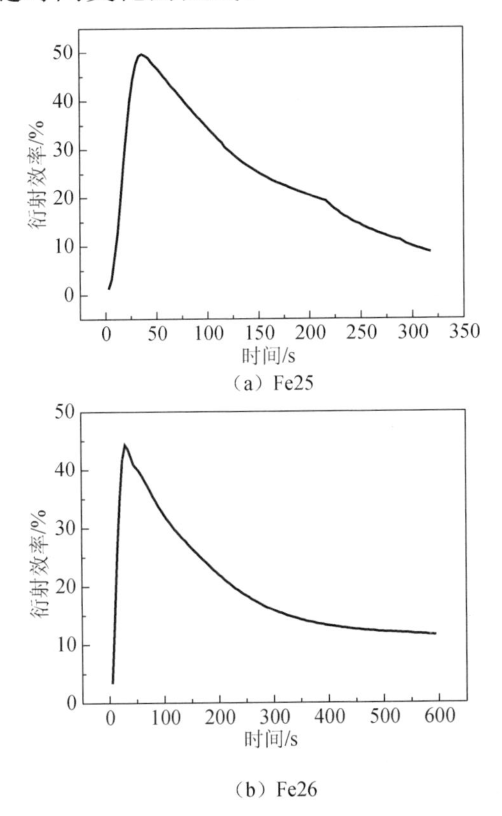

图 4.9 不同 Li/Nb 比 Zr:Ru:Fe:$LiNbO_3$ 晶体衍射效率随时间变化

利用前面提到的各个参数的计算表达式，可以得到该系列样品在476nm下的性能参数，见表4.5。

表4.5　不同Li/Nb比晶体的蓝光光折变性能参数

晶体	τ_w/s	τ_e/s	η_s/%	S/（cm/J）	M/#	$\Delta n_s/\times10^{-5}$	σ_{ph}/[$\times10^{-12}$cm/（Ω·W）]
Fe25	19.1	183.2	49.7	0.92	6.72	5.16	12.97
Fe26	9.8	153.1	44.3	1.70	10.40	4.87	20.28

由以上结果可以看到，随着Li/Nb比增加，$Zr:Ru:Fe:LiNbO_3$晶体的蓝光光折变性能有很大程度提高：响应速度增加了近3倍，光折变灵敏度提高，动态范围增大，饱和折射率调制度小幅下降。和同成分晶体（熔体中Li/Nb=48.6/51.4）的光折变性能相比，近化学计量比（熔体中Li/Nb=58.0/42.0）的晶体具有最佳的光折变性能：响应时间为9.8s，饱和衍射效率为44.3%，灵敏度达到1.70cm/J，动态范围达到10.40。这些结果表明近化学计量比$Zr:Ru:Fe:LiNbO_3$晶体是一种非常有潜力的蓝光光折变体全息存储材料。

上述实验结果归因于Li/Nb比的变化即晶体中Li浓度的增加，由光谱分析结果可知，随着Li/Nb比的增大，更多的Li离子进入晶格，导致晶体中反位铌（Nb_{Li}^{4+}）被排挤会正常的Nb位，锂空位（V_{Li}^{-}）被填补因而浓度减小，本征缺陷逐渐减少直至消失。Zr^{4+}离子先占据Nb_{Li}^{4+}中的Li位，如果Nb_{Li}^{4+}消失时，Zr^{4+}离子开始进入正常的Nb位形成Zr_{Nb}^{-}缺陷基团，与占据正常的Li位的Zr_{Li}^{3+}来实现电荷补偿；随着晶体中Li浓度的进一步提高，Nb_{Li}^{4+}和V_{Li}^{-}浓度都减小。Nb_{Li}^{4+}和V_{Li}^{-}浓度的变化与$Zr:Ru:Fe:LiNbO_3$晶体的蓝光光折变特性增强有关。与前面分析相似，Nb_{Li}^{4+}减少使晶体的光电导增大造成响应时间缩短；而占据Li位的Fe和Ru离子逐渐被排挤到Nb位，使其俘获电子的截面减小，饱和折射率调制下降。

4.3.5　氧化处理对晶体光折变性能的影响

为了研究氧化还原处理对 Ru:Fe:$LiNbO_3$ 晶体蓝光光折变性能的影响，利用二波耦合系统，测试了氧化还原处理后的晶体蓝光光折变性能。我们以 Ru(0.15*wt* %):Fe(0.15*wt* %):$LiNbO_3$ 和 Zr(2mol%):Ru:Fe:$LiNbO_3$ 晶体为研究对象来研究后处理条件对晶体光折变性能的影响。图 4.10 为晶体光栅记录和擦出过程衍射效率随时间变化曲线，光折变性能参数计算结果（饱和折射率调制、灵敏度、动态范围等）列于表 4.6。

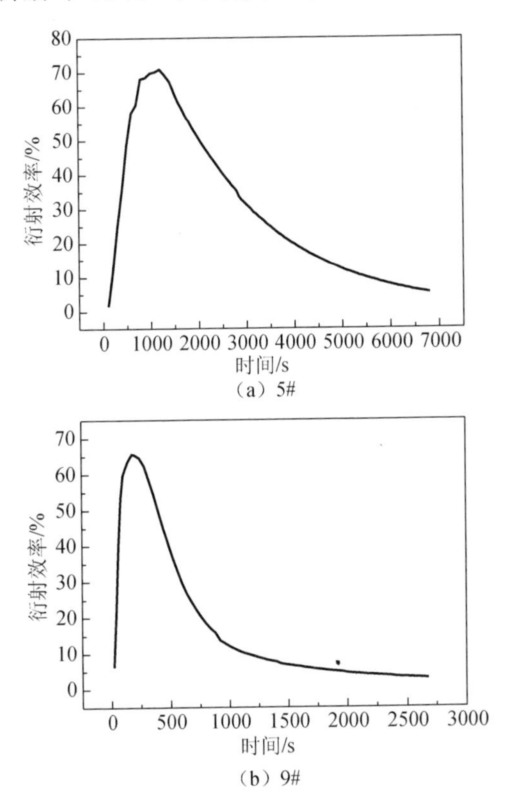

图 4.10　氧化处理的晶体衍射效率随时间变化

表 4.6　氧化 Ru:Fe:$LiNbO_3$ 和 Zr:Ru:Fe:$LiNbO_3$ 晶体的蓝光光折变性能参数

晶体	τ_w/s	τ_e/s	η_s/%	S/（cm/J）	M/#	Δn_s/$\times10^{-5}$	σ_{ph}/[$\times10^{-12}$cm/（Ω·W）]
5#	359.9	3734.9	70.8	0.058	8.73	6.16	0.69
9#	35.3	632.8	65.5	0.57	14.51	7.90	3.50

这里需要指出的是，由于经过还原处理的 Ru:Fe:$LiNbO_3$ 晶体在可见光范围内对光的吸收过大，造成透过光强过低无法精确获得衍射效率随时间变化曲线。上表的实验结果可以看到，无论是 Ru:Fe:$LiNbO_3$ 还是 Zr:Ru:Fe:$LiNbO_3$ 晶体，经氧化处理后晶体具有较慢的响应速度，但获得了更高的衍射效率。

氧化与还原处理可以改变晶体中光折变离子的价态，即改变晶体中施主与受主缺陷能级的浓度比，也就是$[Fe^{2+}]/[Fe^{3+}]$和$[Ru^{4+}]/[Ru^{5+}]$的值，从而改变晶体吸收系数的大小，同样，吸收系数也能够反映出晶体的氧化还原程度。氧化过程中，$LiNbO_3$ 晶体施主中心减少，受主中心增加，因为$\tau_w \propto N_A/(N_D - N_A)$，所以经过氧化处理的样品写入时间延长；另外，晶体中施主中心减少和受主中心的增加会使光电导下降，光电导下降也是晶体的写入时间延长的原因。晶体光电导下降使饱和折射率增加，使衍射效率提高。还原过程与此相反。如此的电离-俘获过程连续发生，有效地增强了晶体的光折变效应，加快了光生载流子的电离和复合的速度。适当的氧化还原处理有利于调节光折变灵敏度和动态范围之间的平衡，使其根据不同需要选择合适的处理条件从而获得最佳的存储效果。

4.4　Zn(Mg):Ru:Fe:$LiNbO_3$ 晶体的光折变性能

4.4.1　Zn(Mg):Ru:Fe:$LiNbO_3$ 晶体的光折变性能测试

采用了 Kr^+激光器（476nm）作为激光光源测量了 Mg:Ru:Fe:$LiNbO_3$ 和 Zn:Ru:Fe:$LiNbO_3$ 晶体的光折变全息存储性能，结果见表 4.7。可以看出，对于 Mg:Ru:Fe:$LiNbO_3$ 晶体，随着镁离子浓度的增加，晶体的衍射效率呈现递增的趋势，响应速度提高了近 6 倍，灵敏度提高了一个数量级，而动态范围增加了近 3 倍。对于 Zn:Ru:Fe:$LiNbO_3$ 晶体，随着锌离子浓度的增加，晶体的衍射效率逐渐增大，响应速度提高了近 4 倍，灵敏度同样提高了一个数量级，而相对来说动态范围增加的幅度不大。很明显，随着镁（锌）离子浓度的增加，掺杂 $LiNbO_3$ 晶体在 476nm 下的光折变全息存储性能呈现了增强的趋势。Mg（7mol%）:Ru:Fe:$LiNbO_3$ 晶体比 Zn（7mol%）:Ru:Fe:$LiNbO_3$ 晶体的衍射效率、灵敏度和动态范围高，响应速度快。

表 4.7　掺杂 $LiNbO_3$ 晶体的光折变全息存储性能测试结果

晶体编号	衍射效率 η / %	响应时间 τ_w /s	擦除时间 τ_e /s	灵敏度 S /（cm/J）	动态范围 M /#
纯 $LiNbO_3$	43.8	260	700	5.09×10^{-2}	1.78
Fe5	49.4	180	460	7.81×10^{-2}	1.80
Fe6	53.7	80	280	1.83×10^{-1}	2.13
Fe7	65.3	80	250	2.02×10^{-1}	2.52
Fe8	73.9	45	240	3.95×10^{-1}	4.58
Fe9	45.7	220	680	6.14×10^{-2}	2.08
Fe10	51.3	160	490	8.95×10^{-2}	2.19
Fe11	56.5	110	320	1.37×10^{-1}	2.19
Fe12	63.6	60	190	2.66×10^{-1}	2.53

图 4.11 和图 4.12 描述了镁（锌）离子浓度对 Mg:Ru:Fe:$LiNbO_3$ 晶体和 Zn:Ru:Fe:$LiNbO_3$ 晶体衍射效率、光折变灵敏度和动态范围的影响。

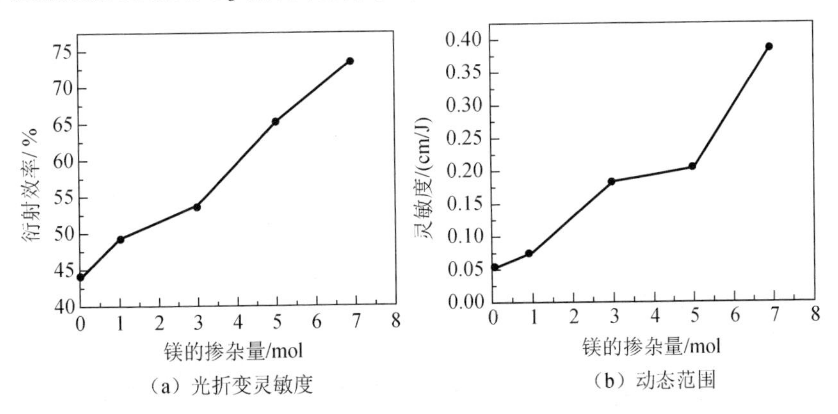

（a）光折变灵敏度　（b）动态范围

图 4.11　Mg:Ru:Fe:$LiNbO_3$ 晶体衍射效率

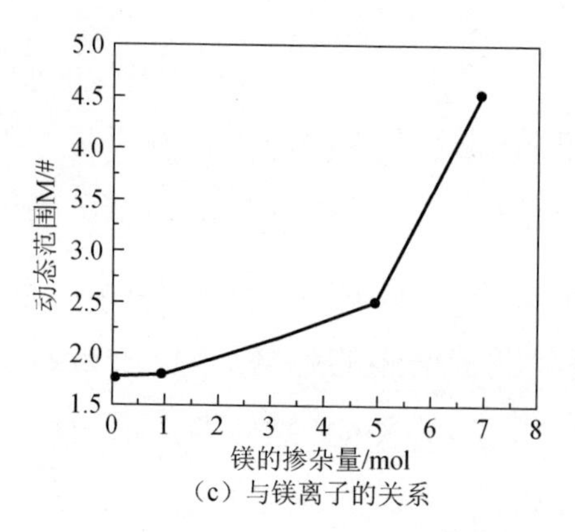

（c）与镁离子的关系

图 4.11　$Mg:Ru:Fe:LiNbO_3$ 晶体衍射效率（续）

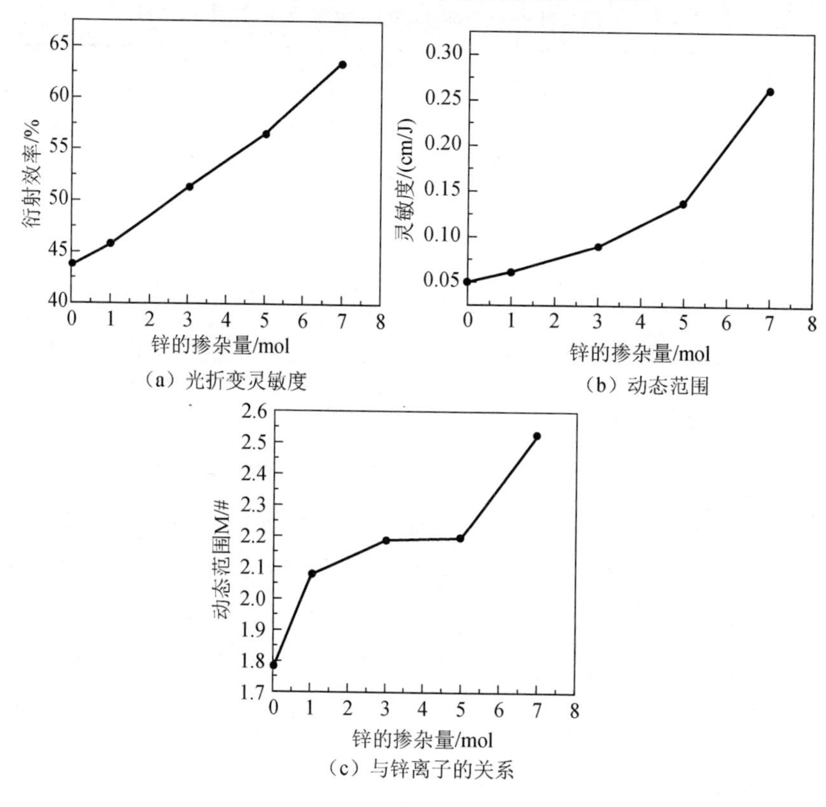

（a）光折变灵敏度

（b）动态范围

（c）与锌离子的关系

图 4.12　$Zn:Ru:Fe:LiNbO_3$ 晶体衍射效率

4.4.2　不同波长的激光对 $Zn(Mg):Ru:Fe:LiNbO_3$ 晶体的光折变性能影响

采用波长为 476nm 的光源测量晶体的光折变全息存储性能，实验结果显示随着镁离子浓度的增加，晶体的光折变全息存储性能呈现增强的趋势。为了深入了解这一情况，分别采用波长633nm、532nm作为光源测量Mg:Ru:Fe:$LiNbO_3$晶体的光折变全息存储性能，结果见表4.8。

表4.8　掺杂晶体在633nm和532nm下的光折变全息存储性能

激光波长/nm	样品	衍射效率 η_{max} / %	响应时间 τ_w /s	擦除时间 τ_e /s	灵敏度 S /（cm/J）	动态范围 M / #
633	纯 $LiNbO_3$	75.4	1760	7200	9.87×10^{-3}	3.55
	Fe5	72.1	1120	4300	1.52×10^{-2}	3.26
	Fe6	68.4	600	1500	2.77×10^{-2}	2.07
633	Fe7	50.3	450	700	3.16×10^{-2}	1.10
	Fe8	45.5	210	330	6.42×10^{-2}	1.06
532	纯 $LiNbO_3$	74.3	280	780	3.08×10^{-2}	2.40
	Fe5	68.9	140	500	5.92×10^{-2}	2.92
	Fe6	65.2	80	210	1.01×10^{-1}	2.12
	Fe7	47.2	50	80	2.74×10^{-1}	1.09
	Fe8	42.3	30	45	4.34×10^{-1}	0.97

由表4.7的结果可以看出，Mg:Ru:Fe:$LiNbO_3$晶体在激光波长633nm或者532nm照射下，随着Mg浓度的增加，Mg:Ru:Fe:$LiNbO_3$晶体的灵敏度和响应速度略有升高，而最大衍射效率和动态范围逐渐降低。而Mg:Ru:Fe:$LiNbO_3$晶体在波长476nm的激光下，随着镁浓度增加光折变全息存储性能呈现出逐渐增强的趋势。

对 Mg:Ru:Fe:$LiNbO_3$ 晶体在不同波长激光下的不同光折变全息存储性能表现，主要根据 Steable[21]的光激载流子理论进行分析。两束光强相等的激光：信号光（S光）和参考光（R光）相交于晶体内部某一点，并记录下相干光栅。然后，关闭其中一束光，只留一束光继续照射晶体，对所记录光栅进行擦除。在擦除的过程中，擦除光束会与其衍射光发生干涉并记录新的光栅，新旧两种光栅产生相互影响，并且将影响擦除速度。根据Steable的理论，若R光比S光擦除得慢，则说明能量由R光转移到S光，能量的转移方向与晶体的光轴方向相同，此时的光激载流子以空穴为主；反之，载流子以电子为主。Mg:Ru:Fe:$LiNbO_3$晶体分别在633nm、532nm和476nm下的物光（S光）和参考光（R光）

的擦除过程，如图 4.13 所示。其中，S 光表示 S 光对记录光栅擦除，R 光表示 R 光对记录光栅擦除，纵坐标为归一化后的衍射效率。

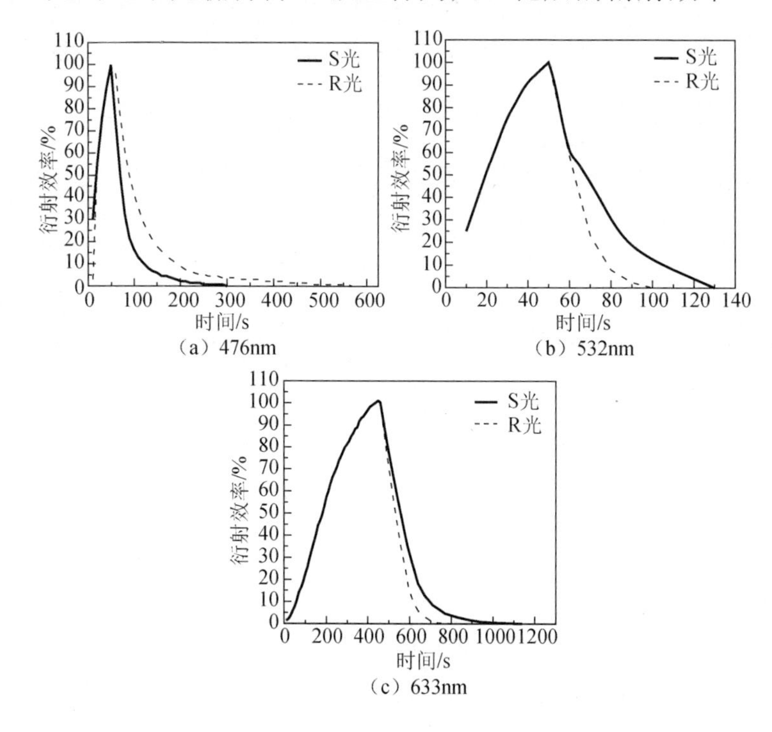

图 4.13 Mg:Ru:Fe:$LiNbO_3$ 晶体在不同激光下的擦除曲线

由图 4.13 实验结果可见，Mg:Ru:Fe:$LiNbO_3$ 晶体在 476nm 下的擦除过程中，R 光的擦除速度比 S 光要慢，这说明能量由 R 光转移到 S 光，能量的转移方向与晶体的光轴方向相同，此时的载流子以空穴为主。而晶体在 633nm 或 532nm 下的擦除过程中，S 光的擦除速度比 R 光要慢，这说明能量由 S 光转移到 R 光，能量的转移方向与晶体的光轴方向相反，此时的载流子类型以电子为主，除此之外，掺杂 $LiNbO_3$ 晶体的光折变全息存储性能主要由晶体的敏感中心决定的，在此掺杂晶体中，光折变敏感中心为 Ru 和 Fe，476nm 的蓝光拥有足够的能量来激发深浅能级中的空穴，这样，光栅能直接记录在深浅陷阱能级中，而对 633nm 和 532nm 的光源来说，没有足够的能量将光栅记录在深浅能级中。而且，掺杂 $LiNbO_3$ 晶体的光折变全息存储性能与离子在晶体中的占位有密切关系。Mg 离子进入 Mg:Ru:Fe:$LiNbO_3$ 晶体后，首先取代反

位铌 Nb_{Li}^{4+}，导致反位铌 Nb_{Li}^{4+}浓度降低，由于光电导 σ_{ph} 与反位铌 Nb_{Li}^{4+} 的浓度成反比，那么晶体在 476nm 下光电导的增加，而响应时间的表达式为

$$\tau = \frac{\varepsilon\varepsilon_0}{4\pi\sigma_{ph}} \tag{4.44}$$

式中，ε_0 为介电常数；ε 为相对介电常数；σ_{ph} 为光电导。由式（4.44）可以得出，响应速度得到提高，进而灵敏度提高。因此，Mg:Ru:Fe:$LiNbO_3$ 晶体在 476nm 下与在 632.8nm 和 532nm 下所体现出的光折变全息存储性能不同，其光折变全息存储性能随着 Mg 离子掺杂浓度的增加而呈现逐渐增强的趋势。

4.5 Zr:Fe:$LiNbO_3$ 晶体的光折变性能

4.5.1 衍射效率的测量

衍射效率是体全息存储材料的重要参数之一。衍射效率描述读出光束中有多少光能经光栅衍射后流入衍射光束中。它被定义为 $\eta=I_S(L)/I_R(L)$，其中 $I_S(L)$是出射的读出光强，$I_R(L)$是入射的透射光强。实验装置如图 4.14 所示，二波耦合写入体相位栅的衍射效率 η 的测量方法如下：在辐照刚开始（t=0）时分别测得两束写入光的透射光强 I_{S0} 和 I_{R0}，当两束写入光束的透射光强达到稳态时，快速挡住信号光，在该光束的透射方向测得的光强便是信号光在体相位栅上的衍射光强 I_d，用 I_d 除以在 t=0 时该光束的透射光强 I_{S0}，便可以求出体相位栅的衍射效率。

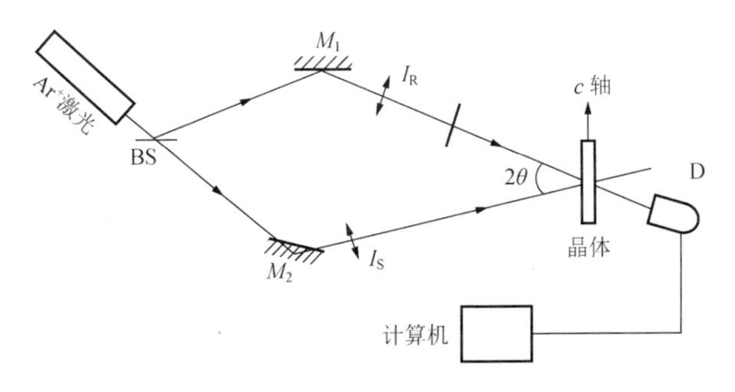

图 4.14 二波耦合实验光路图

4.5.2　衍射效率随角度的变化关系

在测量时保持入射的参考光和信号光光强相等，均为 250mW/cm^2，通过改变两光束间的夹角 2θ，变化范围为 $10° < 2\theta < 50°$，我们测出了晶体在不同夹角下的衍射效率。图 4.15 给出了衍射效率饱和值 η_{max} 随夹角 2θ 的变化关系，图中实线是实验数据的拟合曲线。从图 4.15 可以看出，随着两束入射光夹角的改变，衍射效率会发生一定的改变。在夹角 $2\theta \approx 23.6°$ 时，衍射效率饱和值最大，其值 η_{max}=33.5%。此时对应的折射率光栅间距为 0.61m。

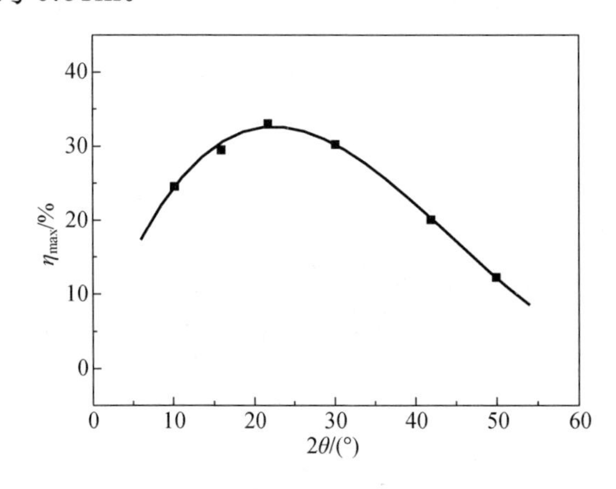

图 4.15　衍射效率随角度的变化关系

4.5.3　光激载流子类型的判断

当等光强的参考光（R）和信号光（S）在晶体中写入光栅后，将其中任何一束光关掉，写入的光栅都会被擦除，在擦除过程中，擦除光会与衍射光在晶体内写入新的光栅，新旧光栅之间的相互作用会影响到擦除速率。判断光激载流子类型的基本思路是：在图 4.16 的光路配置下，如果 R 光比 S 光擦除得快，则光激载流子以空穴为主；如果 S 光比 R 光擦除得快，光激载流子以电子为主。

图 4.17～图 4.19 是不同[Li]/[Nb]比的 Zr:Fe:$LiNbO_3$ 晶体的擦除曲

线，从图中可以看到，对于生长态 Zr:Fe:$LiNbO_3$ 晶体的擦除曲线，均为 S 光擦除速率大于 R 光，也就是说光激发载流子主要以电子为主。

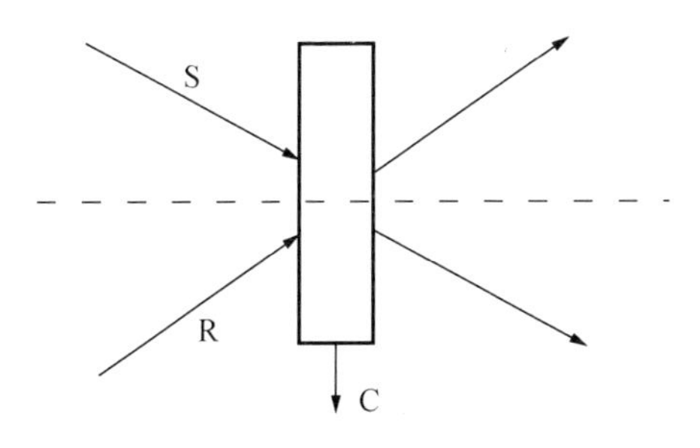

图 4.16　判断光激载流子类型的实验装置图

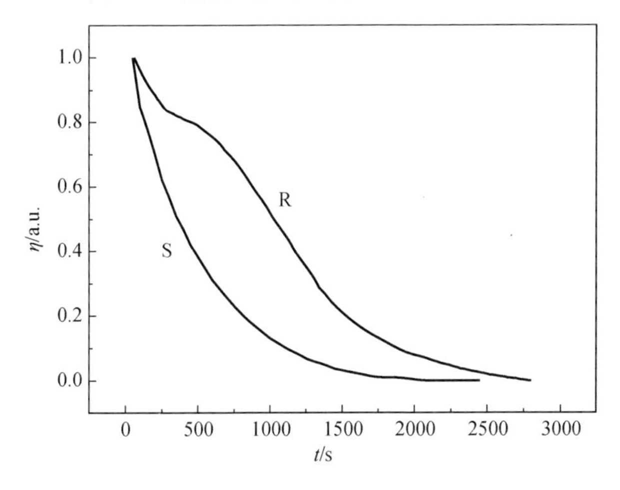

图 4.17　Fe21 晶体的擦除曲线

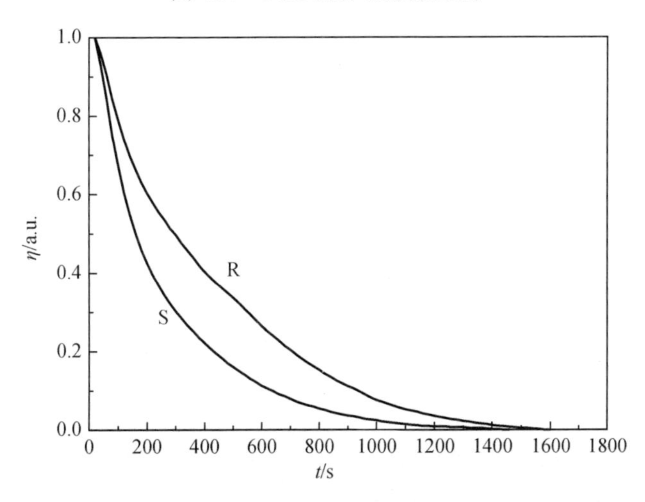

图 4.18　Fe22 晶体的擦除曲线

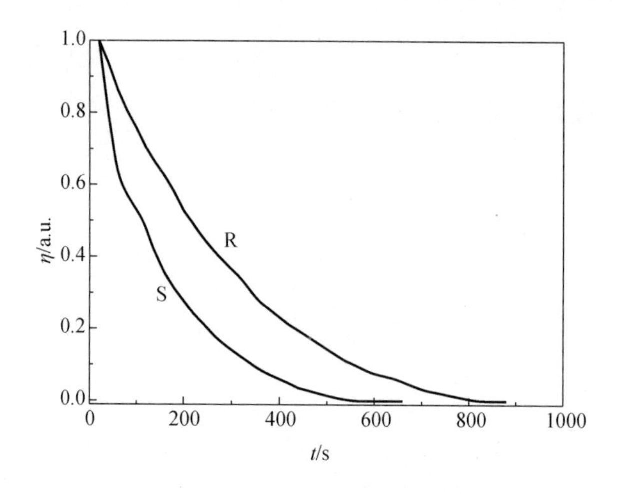

图 4.19　Fe23 晶体的擦除曲线

在推导动力学方程解时，我们曾提出以电子为主要光激发载流子的假设，即假设电子对实验中使用的波长敏感，而空穴对实验中的波长不敏感，从实验结果可知，我们的假设与所得的结论相符。

4.5.4　锂铌比变化对光折变性能的影响

$LiNbO_3$ 晶体的缺陷结构与晶体中的[Li]/[Nb]比密切相关，当[Li]/[Nb]比发生改变时，晶体中的本征缺陷、光折变敏感杂质在晶体中的占位及浓度都会发生一定的改变，从而影响晶体的光折变性能。因此研究[Li]/[Nb]比变化对晶体光折变性能的影响有着重要的意义。

采用二波耦合实验，测量了各样品衍射效率随时间的变化关系，测量方法如上一节所述，两束光夹角选为 23°，单束光光强为 $250mW/cm^2$。响应时间和擦出时间可通过方程 $\eta^{1/2}=\eta_{sat}^{1/2}[1-\exp(-t/\tau_r)]$ 和 $\eta^{1/2}=\eta_{sat}^{1/2}\exp(-t/\tau_r)$ 拟合而得到[22]，各样品的实验和拟合曲线如图 4.20（a）～（c）所示。灵敏度定义为单位入射光能引起的折射率变化，可用公式 $S=(\mathrm{d}\sqrt{\eta}/\mathrm{d}t)_{t=0}/IL=\sqrt{\eta_{sat}}/(IL\tau_r)$ 表示[23, 24]，其中 I 是总记录光强，L 是晶体厚度，并且 $S\sim\sigma_{ph}E_{sc}$ [25]，即灵敏度正比于光电导和空间电荷场。动态范围 $M/\#$ 可用公式 $M/\#=(\mathrm{d}\sqrt{\eta}/\mathrm{d}t)_{t=0}\cdot\tau_e=\sqrt{\eta_{sat}}\cdot\tau_e/\tau_r$ 来表示，其中 τ_e 是擦除时间常数，即动态范围与响应时间成反比，与擦出时间成正

比[26]。因此通过测量衍射效率随时间的变化关系，便可得到响应时间、擦出时间、动态范围、灵敏度和光电导等光折变性能参数。

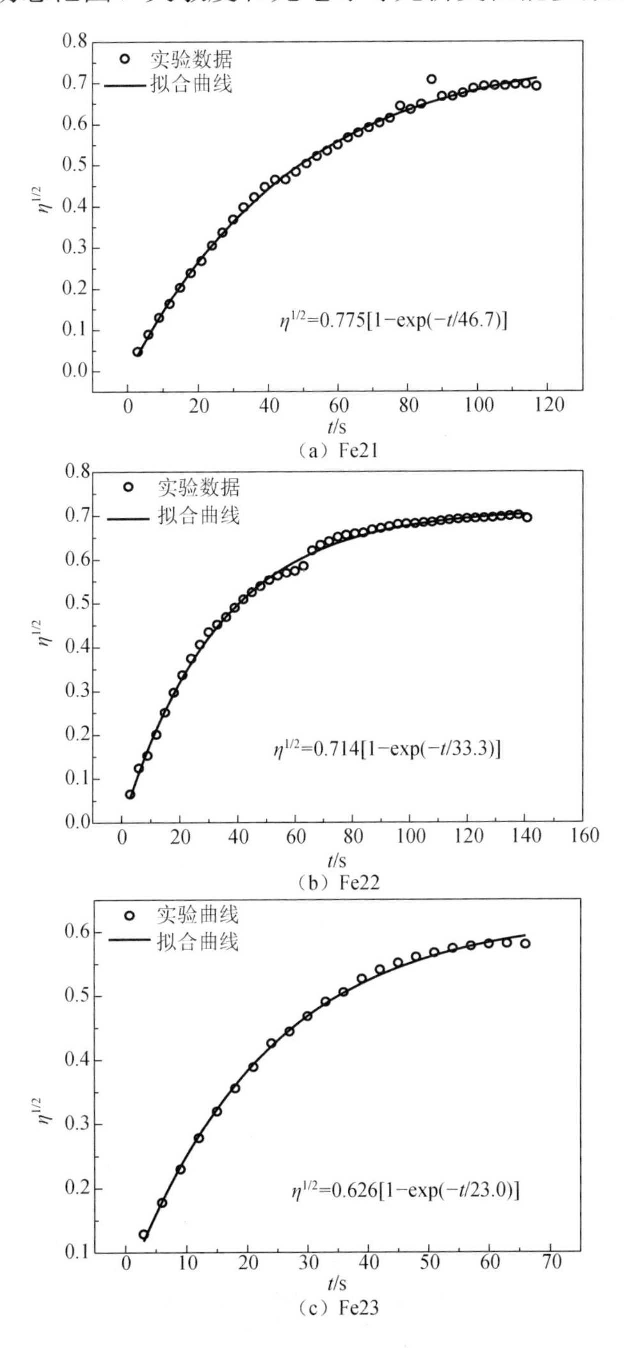

（a）Fe21

（b）Fe22

（c）Fe23

图 4.20　$\eta^{1/2}$ 随时间的变化关系

各样品的光折变性能参数见表 4.9。从表 4.9 可以看出，随着晶体中[Li]/[Nb]比的增加，晶体的衍射效率降低，响应时间变短，灵敏度提高，光电导增加，Fe22 样品的动态范围最大。

表 4.9　光折变性能随[Li]/[Nb]比的变化

样品	Fe21	Fe22	Fe23
η_{max} /%	48.4	45.9	33.5
τ_r /s	46.7	33.3	23
τ_e /s	1540	1279	917
M/#	25.8	27.5	26.8
S/（cm/J）	0.16	0.22	0.29
σ_d /（$\times 10^{-12}$）	0.16	0.19	0.27
σ_{ph} /（$\times 10^{12}/\Omega\cdot m$）	5.3	7.2	10.5

由 ICP-AES 测试结果可以知道，随着[Li]/[Nb]比的增加，晶体中 Fe 离子分布系数逐渐减小。而由紫外-可见吸收光谱测试结果可知，随着晶体中[Li]/[Nb]比的增加，在波长 500nm 附近下的吸收系数明显增大，而这正是对应着 Fe^{2+}离子的吸收，是关于 Fe^{2+}—Nb^{5+}的跃迁吸收[27]，也就是说，随着[Li]/[Nb]比的增加，反位铌 Nb_{Li}^{4+}和 Fe 离子浓度降低，而晶体中 Fe^{2+}离子（施主）浓度 N_D 增加，这就使得晶体中的 Fe^{3+}离子浓度减小，即受主浓度减小，因此晶体内自由电子数目增多了，从而光电导增大。光电导σ_{ph}和暗电导σ_d的表达式分别为$\sigma_{ph}=\varepsilon_r\varepsilon_0/\tau_r-\sigma_d$和$\sigma_d=\varepsilon_r\varepsilon_0/\tau_e$，这里$\varepsilon_r$=28 是相对介电常数[28, 29]，由于$\sigma_d \ll \sigma_{ph}$，所以$\sigma_{ph}\approx\varepsilon_r\varepsilon_0/\tau_r$，即响应时间与光电导成反比，所以随着光电导的增加，响应时间变短。光致折射率变化与受主浓度成正比，即$\Delta n_{sat}\propto N_A$[30]，所以光致折射率变化逐渐减小，而衍射效率与光致折射率变化之间的关系为$\sqrt{\eta}\propto\Delta n_{sat}$[31]，所以随着[Li]/[Nb]比增加衍射效率降低。由于灵敏度正比于光电导，所以灵敏度随着光电导增加而增加。同时随着晶体中[Li]/[Nb]比的增加，晶体的暗电导也增大，各样品的光电导值和暗电导值也列在表 4.9 中。

4.5.5　光强变化对晶体光折变性能的影响

我们也研究了光强变化对光折变性能的影响，表 4.10 给出了 Fe22 晶体的光折变性能随入射总光强的变化规律，从表 4.10 可以看出，随着入射总光强的增加，同一材料的响应时间变短，动态范围和光电导增加。因为晶体内自由电子数密度可表示$n \propto I_0$[32]，即自由电子数密度与入射总光强成正比，所以当光强增加时，晶体内自由电子数密度增大，从而使光电导（$\sigma_{\rm ph} = en\mu_v$）变大。而响应时间与光电导成反比，所以光电导增加，响应时间变短。而在我们所选择的光强变化范围内，光致折射率变化的改变不是很大，所以衍射效率的变化不是很明显。

表 4.10　Fe22 样品光折变性能随入射总光强 I_0 的化规律

Fe22	254mW/cm^2	382mW/cm^2	510mW/cm^2	636mW/cm^2
$\eta_{\max}$ /%	44	43.9	45.9	46.2
$\tau_{\rm r}$ /s	44	36	33	27
$\tau_{\rm e}$ /s	1696	1290	1279	1087
M/#	17.1	23.3	27.5	28.9
S/（cm/J）	0.20	0.24	0.22	0.21
$\sigma_{\rm ph}$ /[×10^{12}/（Ω·m）]	3.9	6.8	7.2	8.9

4.5.6　指数增益系数的研究

1．指数增益系数的测量

当两束光耦合写入的体相位栅对于光强分布存在Φ相位移时，两束光之间会发生能量转移。二波耦合增益系数Γ用来表征能量传递的程度。测量二波耦合增益系数Γ时应分别测得出射时信号光与泵浦光光强之比$I_{\rm s}(L)/I_{\rm p}(L)$相对于入射时两者之比$I_{\rm s}(0)/I_{\rm p}(0)$，忽略吸收时，可用下面公式求出[33]

$$\Gamma = \frac{1}{L}\ln\left[\frac{I_{\rm s}(L)}{I_{\rm p}(L)}\cdot\frac{I_{\rm p}(0)}{I_{\rm s}(0)}\right] \tag{4.45}$$

式中，L 为晶体厚度。在泵浦光非耗尽近似下，即 $I_{\mathrm{p}}(L) \approx I_{\mathrm{p}}(0)$，可以直接通过测量放大前后信号光的透射光强，从而得到增益系数

$$\Gamma = \frac{1}{L}\ln\left[\frac{I_{\mathrm{s}}(L)}{I_{\mathrm{s}}(0)}\right] \tag{4.46}$$

二波耦合增益系数用来表征能量传递的程度。透射折射率相位体光栅的增益系数可表示为

$$\Gamma = \left[\frac{A\sin\theta}{1+B^{-2}\sin^2\theta}\right]\cdot\left[\frac{\cos(2\theta_i)}{\cos(\theta_i)}\right] \tag{4.47}$$

这里θ为两入射光在晶体外部夹角的半值，θ_i为两入射光在晶体内部夹角的半值[34]。A、B 是与晶体内部结构有关的两个参数，其中参数 A 与晶体的有效电光系数γ_{eff}成正比，并且满足

$$A = \gamma_{\mathrm{eff}}\,\xi(K)\frac{8\pi^2 n^3 k_{\mathrm{B}} T}{q\lambda^2} = \left.\frac{\partial\Gamma}{\partial\theta}\right|_{\theta=0} \tag{4.48}$$

也就是说，A 是在θ=0 处Γ 对θ的斜率。B 是与有效陷阱密度 N_{eff}有关的参数，可表示为

$$B = \frac{\lambda K_0}{4\pi} = \frac{q\lambda}{4\pi}\sqrt{\frac{N_{\mathrm{eff}}}{\varepsilon_{\mathrm{r}}\varepsilon_0 k_{\mathrm{B}} T}} \approx \sin\theta_{\mathrm{peak}} \tag{4.49}$$

其数值等于Γ - 2θ 曲线峰值处所对应的夹角半值的正弦值，其中θ_{peak}为Γ 值最大时所对应的两光束在晶体外部夹角的半值[35]。从而由式（4.49）可以得到有效载流子浓度为

$$N_{\mathrm{eff}} = \left(\frac{4\pi}{q\lambda}\right)^2 \cdot \varepsilon_{\mathrm{r}}\varepsilon_0 k_{\mathrm{B}} T \sin^2\theta_{\mathrm{peak}} \tag{4.50}$$

式中，k_{B}为玻尔兹曼常数；$\varepsilon_{\mathrm{r}}\varepsilon_0$为介电常数；$T$ 为绝对温度；q 为电子电量；λ 为实验中所用波长。

2. 指数增益系数随角度的变化规律

利用增益系数表达式（4.45）可以测量晶体的增益系数Γ，通过调节可调衰减器，使参考光和信号光的光强比为 200∶1。测量了 Fe23 号晶体在不同角度下的指数增益系数。式（4.47）给出了指数增益系数与

晶体外入射光夹角 2θ 的函数关系。在测量过程中，外部夹角范围为 $10° < 2\theta < 50°$。图 4.21 给出了 Fe23 晶体的二波耦合指数增益系数随晶体外入射光夹角 2θ 变化的实验测量结果，图中实线为实验数据的拟合曲线。从图中可以看出，Fe23 晶体的最大增益系数为 $14.98cm^{-1}$。通过拟合得到指数增益系数峰值处的夹角半值为 $\theta_{peak}=10.6°$。而 $LiNbO_3$ 单晶沿着 c 轴方向的相对介电常数 ε_r 为 28。从而根据式（4.50）可以计算出有效陷阱密度 N_{eff} 的数值为 $7.5\times10^{20}cm^{-3}$。

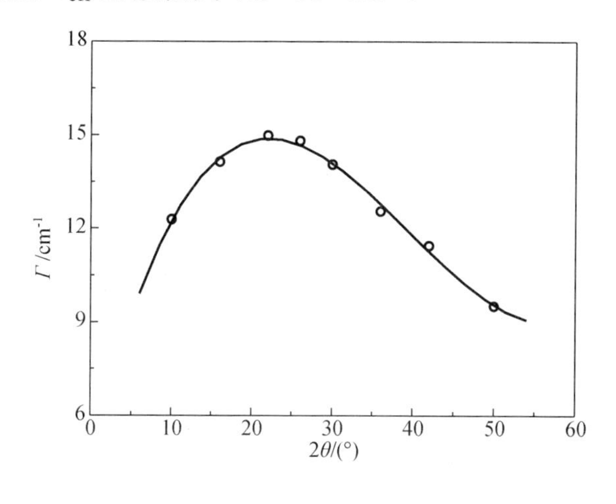

图 4.21　的变化规律

本书也研究了[Li]/[Nb]比变化对晶体指数增益系数的影响。在实验中，选取入射的泵浦光和信号光光强比为200：1（光强分别为$250mW/cm^2$和 $1.25mW/cm^2$），两束光的夹角 2θ 选为 21°。

图 4.22 给出了饱和指数增益系数随熔体中[Li]/[Nb]比的变化规律。从图中可以看出，随着[Li]/[Nb]比增加，指数增益系数逐渐减小。这主要是因为，随着[Li]/[Nb]比的增加，晶体内的 Nb_{Li}^{4+} 数目减少，同时由前面的讨论知道，随着[Li]/[Nb]比的增加，Fe^{3+}离子浓度减小，即受主浓度 N_A 减小，而有效载流子浓度可表示为 $N_{eff}=N_A(N_D-N_A)/N_D$ [36]，所以随着[Li]/[Nb]比的增加，有效载流子浓度降低，从而导致增益系数减小。

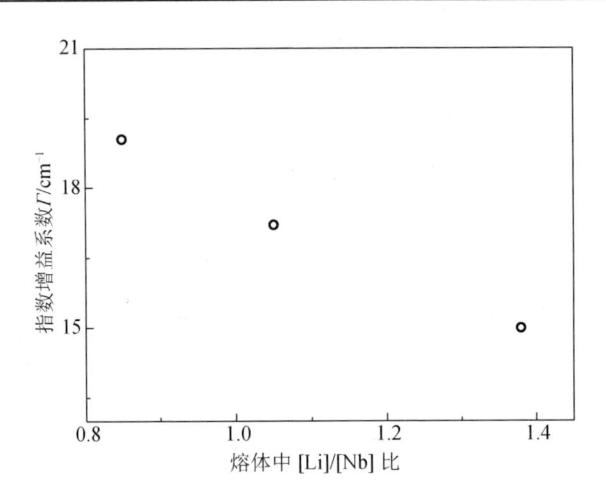

图 4.22　指数增益系数随熔体中[Li]/[Nb]比的变化关系

4.6　Mg:Ce:Fe:LiNbO$_3$ 晶体的光折变性能

4.6.1　光折变性能的测试

以 Ar^+激光器作光源（λ=514.5nm），偏振方向在入射平面内（e 光）。晶片厚度为 1mm，y 面通光。分束镜 BS 和反射镜 M 把激光束分成泵浦光束和信号光束，泵浦光束直径 D=3mm，信号光束直径 δ =1 mm，以 2θ 角交于 Mg:Ce:Fe:LN 晶体上。泵浦光强 I_{10}=信号光强 I_{20}=550mW/cm^2 测试晶体的全息存储性能。采用图 4.23 的二波耦合光路图测试 Mg:Ce:Fe:LN 晶体衍射效率η，写入时间$\tau_{\rm w}$，擦除时间$\tau_{\rm e}$，光折变灵敏度 S，动态范围 $M/\#$。

（1）衍射效率

衍射效率η是全息存储材料的重要参数之一，高衍射效率可以使记录图像读出时更清晰完整。衍射效率为

$$\eta = I_2' / I_2 \times 100\% \tag{4.51}$$

式中，I_2为光栅建立之前 I_{20} 的透射光强；I_2'为光栅建立后 I_{20} 在 I_2 方向的衍射光强。

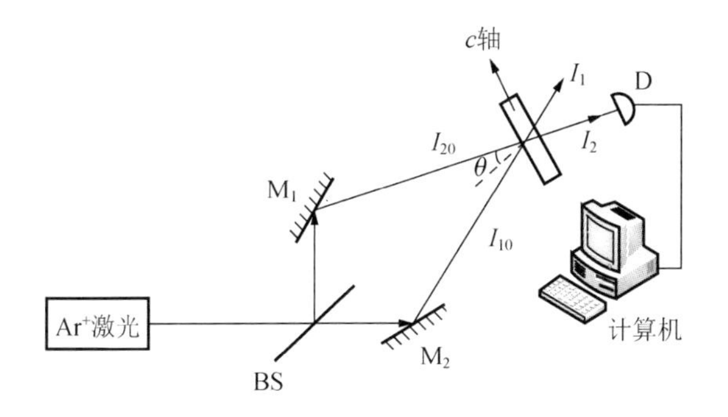

图 4.23　二波耦合实验光路图

M_1、M_2. 反射镜；BS. 分束器；D. 探测器；Ar^+. Ar^+激光器；I_{10}. 泵浦光；I_{20}. 信号光

（2）写入时间

因为光折变效应是一个电光过程，通过电光效应产生折射变化得 τ_w 定义为从开始记录光栅到衍射效率达到最大值所需要的时间，它是反映晶体材料全息存储性能的重要指标之一。可以由二波耦合光路测出。测试方法如下：记录简单光栅到饱和，在光栅形成过程中，瞬间关断信号光而保留参考光照明晶体作为读出光，采样衍射效率。

（3）擦除时间

在非相干均匀光照射情况下，晶体中的折射率光栅将逐渐减弱直至被全部擦除。通过求解时间依赖的 Kukhtarev 方程组可得到这时空间电荷场随时间变化关系为

$$E_{sc}(t) = E_{sc}(0)e^{-t/\tau_{sc}}$$

式中，τ_{sc} 为空间电荷场的擦除时间。

擦除时间 τ_e 的测试方法如下：当记录光栅的衍射效率达到最大值后，关掉信号光，而保留参考光照明晶体作为读出光，探测衍射光的衰减过程，同时采集衍射光强度随时间的变化数据，然后用计算机进行指数衰减拟合，得到了擦除时间。

由以上测试结果可知：当 Mg^{2+}浓度增加，衍射效率下降，写入速度增加，灵敏度增加，动态范围高于 Ce:Fe:LN 晶体。

表 4.11　Mg:Ce:Fe:LN 晶体全息存储性能

样品	η/%	τ_w /s	τ_e /s	S/（mm/J）	M/#
Fe1	67.5	1150	1420	0.06	1.014
Fe2	53.8	535	1143	0.124	1.56
Fe3	51.4	210	669	0.311	2.28
Fe4	42.6	180	324	0.330	1.17

注：η. 衍射效率；τ_w. 写入时间；τ_e. 擦除时间；S. 光折变灵敏度；M/#. 动态范围

4.6.2　指数增益系数的测试

1. 指数增益系数

指数增益系数反映泵浦光能量转移到信号光能力的体现，指数增益系数 Γ 是衡量光折变晶体性能的重要参数。实验上测量二波耦合指数增益系数 Γ 的表达式为[75]

$$\Gamma = \left(\frac{1}{L}\right)\ln\frac{I_2^{!}I_1}{I_2 I_1^{!}} \approx \frac{1}{L}\ln\frac{I_2^{!}}{I_2} \tag{4.52}$$

式中，$I_2^{!}$ 为有耦合时信号光的透射光强；$I_1^{!}$ 为有耦合时泵浦光的透射光强；I_2 为没有耦合时信号光的透射光强；I_1 为没有耦合时泵浦光的透射光强。

近似式对应非完全耗尽的情况（$I_1' \approx I_1$）。对应大的入射光束光强比 $(\beta = I_{10}/I_{20} > 10^3)$，此式一般是成立的。$L$ 是晶体内两光束间的相互作用长度，在对称入射且充分耦合的情况下，L 是通光方向的尺寸。

2. 指数增益系数Γ的测试

测试指数增益系数Γ的二波耦合光路如图 4.24 所示。

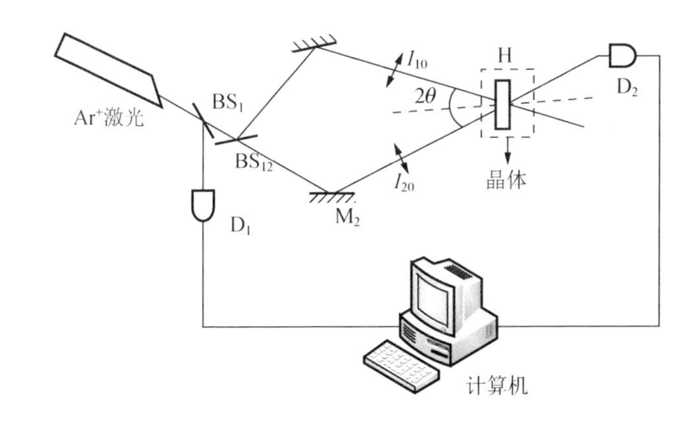

图 4.24　二波耦合光路图

M_1、M_2. 反射镜；BS_1、BS_2. 分束镜；D_1、D_2. 探测器；I_{10}. 泵浦光；I_{20}. 信号光

以 Ar^+激光器作光源 λ=514.5nm，两相干光束均为非常线偏振光，对称入射以使两相干光纪录的光栅矢量平行于 c 轴，为使信号光与泵浦光之间能充分耦合，将泵浦光 I_{10} 适当扩束，I_{10} 光束直径 D=3mm，信号光直径 L=1mm，I_{10} 和 I_{20} 以 2θ 角交于晶体上，y 面通光，泵浦光强 I_{10}=1.12w/cm²，$B=\frac{I_{10}}{I_{20}}$=1010。晶片厚度 L_1=2mm，L_2=0.8mm，L_3=0.4mm，测试 MF3 晶体的指数增益系数结果见表 4.12。由表中看到 MF3 晶体厚度变薄时，指数增益系数增加。

表 4.12　MF3 晶体薄晶片指数增益系数测试结果

样品	λ/nm	L_1/mm	L_2/mm	L_3/mm	2θ	I_{10}/（w/cm²）	β
Fe3	514.2	2	0.8	0.4	25.8°	1.13	1023
Γ	—	15	24.2	38.4	—	—	—

3. 薄晶片效应机理探讨

在 Mg:Ce:Fe:LN 薄晶片上观察到沿晶体光轴 $\pm c$ 轴方向，出现爬行的大角光散射，称之为“光爬行效应”，它可以将入射光的能量带到非光照区。光爬行效应产生的机制是由于在薄晶片中，存在着大于全反射角的散射光[75]。这些大角度散射光在辐照区内多次反射穿行，沿着光轴曲折前进。在厚度为 0.8mm 的 Mg:Ce:Fe:LN 晶体上，当泵浦光直径

D=3mm 时，在晶体侧面观察到了很强的近 90° 大角散射光，如图 4.25 所示。

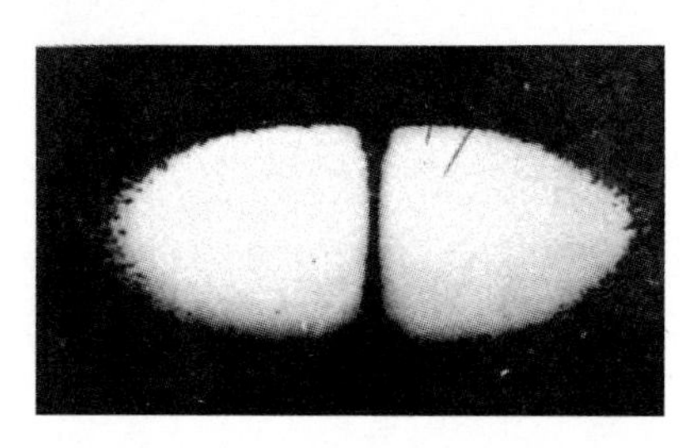

图 4.25　大角度散射光

大角度散射光产生原因是，当较强的泵浦光入射，且光束直径 D 大于晶片厚度 δ 时，满足全内反射条件的大角度散射光，可在晶体内表面多次反射，沿着晶体 $\pm c$ 轴方向曲折前进，如图 4.26 所示。此即光爬行效应。这种大角度散射光在折回前进时，与大截面的泵浦光发生能量耦合，不断得到放大，同时将泵浦光的能量从一个区域转移到另一个区域。由于光爬行效应，小截面的信号光不仅与直接相遇的泵浦光发生耦合，获取能量，同时可与不直接相关的其他区域的泵浦光发生耦合。此时信号光是与多个泵浦光束作用，从而使指数增益系数增加。另外由于爬行光是源于晶体内普遍存在着的散射光，所以无论光束入射角 2θ 如何变化，只要泵浦光束截面足够大，均能产生爬行耦合。

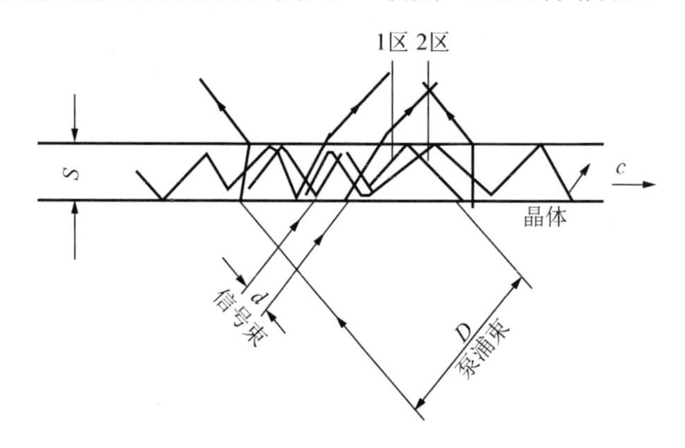

图 4.26　光爬行和双光束耦合示意图

1 区. 两束光相交的区域；2 区. 泵浦光区域

4.7　$Zr:Mn:Fe:LiNbO_3$晶体的光折变性能

本实验中，我们利用二波耦合光路测试$Zr:Mn:Fe:LiNbO_3$晶体的全息存储性能。实验装置如图4.27所示。

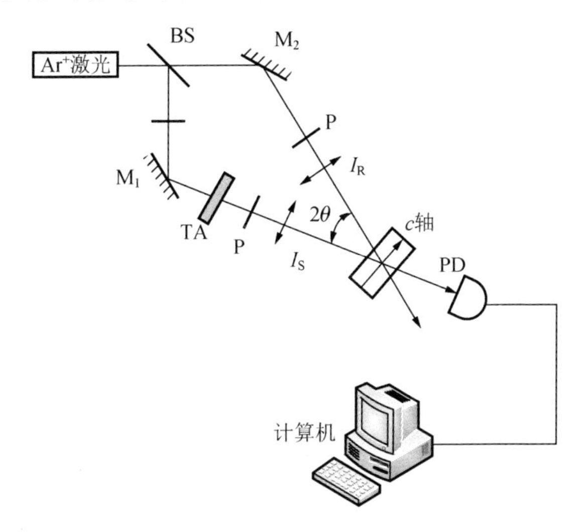

图4.27　二波耦合实验装置图

M_1、M_2. 反射镜；BS. 分束器；P. 偏振片；TA. 可调衰减器；
PD. 光电探测器；I_R和I_S. 参考光（泵浦光）和信号光

实验中用的光源采用波长为488nm的Ar^+激光器，光束从激光器发出后被分束器BS分为两束，分别为信号光I_S和参考光I_R，两束光分别被反射镜M_1和M_2反射照射到晶体上，偏振方向与入射光法线与晶轴形成的平面相平行，即非寻常光（e光）入射，两束光线的夹角为2θ，衍射光信号利用探测器PD进行记录。实验中的测试条件为：光强$I_R=I_S=200mW/cm^2$，夹角为24°，偏振方向为水平偏振。$Zr:Mn:Fe:LiNbO_3$晶体的全息存储性能测试结果见表4.13。

由以上测试结果可知：随着晶体中[Li]/[Nb]比增加，衍射效率下降，写入速度增加，灵敏度增加，动态范围提高。

表 4.13　全息存储性能测试结果

样品	衍射效率 η/%	写入时间 τ_w/s	擦除时间 τ_e/s	灵敏度 S/(cm/J)	动态范围 M/#
Fe17	66	239	423	0.56	1.43
Fe18	64	139	315	0.76	1.81
Fe19	49	82	243	1.42	2.07
Fe20	35	32	137	3.08	2.31

参 考 文 献

[1] Valley G C. Competition between forward and backward-simulated photo-refractive scattering in $BaTiO_3$[J]. The Journal of the Optical Society of America B, 1987, 4(1): 14-19.

[2] Joseph J, Pillai P, Singh K. High-gain, low-noise signal beam amplification in photorefractive $BaTiO_3$[J]. Applied Optics, 1991, 30(23): 3315-3318.

[3] Zhang Z, Ding X, Zhu Y, et al. Noise reduction in image amplification in photorefractive $BaTiO_3$[J]. Optics Communications, 1993, 97(93): 105-108.

[4] Yue X, Shao Z, Chen J, et al. Contradirectional two-wave mixing in a strontium barium niobate self-pumped phase-conjugate mirror[J]. Optics Letters, 1992, 17(2): 142-144.

[5] Adibi A, Psaltis D. Multiplexing holograms in $LiNbO_3$:Fe:Mn crystals[J]. Optics Letters, 1999, 24(10): 652-654.

[6] Nouel Y, Zhang G, Liu S, et al. Study of the self-defocusing in $LiNbO_3$:Fe:Mg crystals[J]. Optics Communications, 2000, 184(5): 475-483.

[7] Xu J, Zhang G, Li F, et al. Enhancement of ultraviolet photorefraction in highly magnesium-doped lithium niobate crystals[J]. Optics Letters, 2000, 25(2): 129-131.

[8] 刘思敏, 郭儒, 凌振芳. 光折变非线性光学[M]. 北京: 标准出版社, 1992: 5-10.

[9] Kogelnik H. Coupled wave theory for thick holograms gratings[J]. Bell System Technical Journal, 1969, 5(48): 2909-2949.

[10] Bashaw M, Ma, Barker P. Comparison of single-and two-species models of electron-hole transport in photorefractive media[J]. Journal of the Optical Society of America, 1992, 9(9): 1666-1672.

[11] Buse K. Light-induced charge transport processes in photorefractive crystals II: Materials [J]. Applied Physics B, 1997, 64: 391-407.

[12] Kukhtarev N V, Markov V B, Odulov S G, et al. Holographic storage in electrooptic crystals[J]. Ferroelectrics, 1979, 22(4): 949-960.

[13] Valley G C, Klein M B. Optimal properties of photorefractive materials for optical data processing[J]. Optical Engineering, 1983, 22(6): 704-711.

[14] 陶世荃, 王大勇, 江竹青, 等. 光全息存储[M]. 北京: 北京工业大学出版社, 1998.

[15] Kang B. Measurement of space-charge field in doped $linbo_3$ single crystals[J]. Journal of Electroceramics, 2013, 30(1-2): 2-5.

[16] 王义杰, 莫阳, 刘威. 激光波长对镁钌铁铌酸锂的全息存储性能影响[J]. 压电与声光, 2011, 33(5): 784-787.

[17] Sun L, Wang J, Lv Q, et al. Defect structure and optical damage resistance of In:Mg:Fe:$LinbO_3$ crystals with

various Li/Nb ratios[J]. Journal of Crystal Growth, 2006, 297(1): 199-203.

[18] Zheng W, Gui Q, Xu Y. Defect structure and optical fixing holographic storage of Mg:Mn:Fe:$LiNbO_3$ crystals[J]. Crystal Research and Technology, 2008, 43(5): 526-530.

[19] Dai L, Su Yan Q, Wu S P, et al. In doping effect on optical properties in Zn:In:Fe:$LiNbO_3$ crystals[J]. Crystal Research and Technology, 2009, 44(7): 754-758.

[20] Nakamura M, Takekawa S, Liu Y, et al. Crystal growth of sc-doped near-stoichiometric $LiNbO_3$ and its Characteristics[J]. Journal of Crystal Growth, 2005, 281(2-4): 549-555.

[21] Steable D, Amodei J. Coupled-wave analysis of holographic storage in $LiNbO_3$ [J]. Journal of Applied Physics, 1972, 43(3): 1042-1049.

[22] He Q H, Guo Y B, Liao Y, et al. Holographic properties of doubly doped lithium niobate crystals with indium[C]. Proceedings of SPIE, 2005, 5653: 312-320.

[23] Li S Q, Liu S G, Kong Y F, et al. Enhanced photorefractive properties of $LiNbO_3$:Fe crystals by HfO_2 codoping[J]. Applied Physics Letters, 2006, 89(10) : 101126-101126-3.

[24] Kong Y F, Wu S Q, Liu S G, et al. Fast photorefractive response and high sensitivity of Zr and Fe codoped $LiNbO_3$ crystal[J]. Applied Physics Letters, 2008, 92(25): 251107-251107-3.

[25] Qiao H J, Xu J J, Wu Q, et al. The enhancement of photorefractive sensitivity in in-doped lithium niobate crystal[J]. Photonics Asia, 2002, 4930: 110-113.

[26] Xu Z P, Xu S W, Zhang J, et al. Growth and photorefractive properties of In:Fe:$LiNbO_3$ crystals with various [Li]/[Nb] ratios[J]. Journal of Crystal Growth, 2005, 280(1-2): 227-233.

[27] Kurz H, Krätzig E, Keune W, et al. Photorefractive centers in $LiNbO_3$ studied by optical-, mössbauer- and EPR-methods[J]. Applied Physics, 1997, 12(4):355-368.

[28] Kokanyan E P, Razzari L, Critiani L, et al. Reduced photorefraction in hafnium-doped single-domain and periodically poled lithium niobate crystal[J]. Applied Physics Letters, 2004, 84(84): 1880-1882.

[29] Degiorgio V, Kokanyan E P, Razzari L, et al. High photorefractive resistance of hafnium-doped single-domain and periodically-poled lithium niobate crystals[J]. Photonics Europe, 2004, 5451: 59-66.

[30] 刘思敏, 徐儒, 许京军. 光折变非线性光学及其应用[M]. 北京: 科学出版社, 2003.

[31] Chen S L, Liu H D, Kong Y F, et al. The resistance against optical damage of near-stoichiometric $LiNbO_3$:Mg crystals prepared by vapor transport equilibration[J]. Optical Materials, 2007, 29(7): 885-888.

[32] 李铭华, 杨春辉, 徐玉恒. 光折变晶体材料科学导论[M]. 北京: 科学出版社, 2003: 62.

[33] Zhen X H, Li Q, Zhao L C, et al. Effect of Li/Nb ratio on structure and photorefractive properties of Zn:Fe:$LiNbO_3$ crystal[J]. Journal of Materials Science, 2007, 42(10): 3670-3674.

[34] Mu X D, Xu X G, Chen J, et al. Energy transfer characteristics of photorefractive contradirectional two-wave mixing[J]. Optics Communications, 1997, 141(3-4): 189-193.

[35] 赫崇君. 四方相弛豫铁电单晶 PMN-PT 的光学与压电性能研究[D]. 哈尔滨: 哈尔滨工业大学, 2007.

[36] Vazquez R A, Neurgaonkar R R, Enbank M D. Photorefractive properties of SBN:60 systematically doped with rhodium[J]. Journal of the Optical Society of America B, 1992, 9(9): 1416-1427.

第五章　多种新型掺杂铌酸锂晶体的抗光散射性能

研究人员在 $LiNbO_3$ 晶体中发现了优良的光折变性能，根据这一特性而把 $LiNbO_3$ 晶体作为体全息存储器的记录材料。但是光折变 $LiNbO_3$ 晶体在全息存储过程中都会存在多种噪声，影响了读出图像的质量[1,2]。其中晶体散射噪声是噪声的主要来源之一，即光致光散射（light-induced scattering）。在采用激光辐照 $LiNbO_3$ 晶体时，由于晶体中存在的光折变效应，这种现象导致晶体中出现散射光放大的情况。人们研究发现，$LiNbO_3$ 晶体光散射是一种非线性的效应，同时在 $LiNbO_3$ 晶体特别是掺杂 $LiNbO_3$ 晶体中存在由于晶体不均匀而引起的散射现象，这两种散射现象的机理是不同的。当入射光照射到晶体上时，$LiNbO_3$ 晶体材料中的缺陷基团会是入射光发生散射，散射光与入射光发生干涉现象，这是 $LiNbO_3$ 晶体光致光散射的起因。光致光散射效用会导致出现的结果是在晶体中记入噪声相位光栅。噪声光栅会产生的结果是和入射光发生衍射，衍射效应的结果是入射光的能量转移到了散射光，这样入射光的能量降低而散射光被放大[3~5]。研究人员发现当晶体中存在散射噪声的情况下，会对晶体中存储的图像质量产生影响，具体表现空间分辨率和图像质量降低，同时由于空间分辨率降低了，$LiNbO_3$ 晶体的存储密度也会随之减小。以上的分析表明在体全息存储器实用化研究过程中，如果使用光折变晶体作为存储介质材料，那么晶体中存在的散射噪声现象会成为影响晶体实用效果的主要障碍之一。因此，对于如何评价光折变晶体中的光致光散射效应并采用有效的方法抑制的光散射具有十分重要的意义和价值。

Zhang 等人[6]报道了在 $Fe:LiNbO_3$ 晶体中在掺 Fe 量固定的情况下，当 Mg^{2+}、Zn^{2+}等抗光散射离子的掺杂浓度小于或等于它们的阈值浓度（Mg^{2+}为 4mol%以上，Zn^{2+}为 6mol%以上），照射到 $LiNbO_3$ 晶体上的入射激光光强与晶体内产生的散射噪声存在一种阈值效应的关系，即当使用不高于某一特定强度的入射光时，散射噪声通常无法观察到。当入射光强等于或者高于这个特定强度的数值时光散射现象才会在晶体中出现。此时如果提高辐照在晶体上的入射光强度，晶体中出现的散射光强会随着入射光强增加而提高，并且辐照时间延长散射光强趋于饱和。$LiNbO_3$ 晶体中的这种现象被称为光致散射光强阈值效应，出现噪声时的入射光光强称为 $LiNbO_3$ 晶体的入射光阈值光强。在 $LiNbO_3$ 晶体中，人们发现晶体对入射光的散射是光强对照射时间累积的结果，也就是说即使相当弱的泵浦光照射到晶体上，只要保证有足够长的时间照射，晶体中仍然能能够有光散射效应的出现。所以采用适当的方法评价光折变晶体的光散射性能对材料在体全息存储器中的实用化具有重要的意义和价值。

本章中，利用透射光斑畸变和曝光能量流变化两种方法来评价多种新型掺杂 $LiNbO_3$ 晶体的抗光致散射情况。同时考虑抗光散离子掺杂浓度及 Li/Nb 大小变化对晶体材料光散射的影响。

5.1　抗光散射能力测试原理

5.1.1　透射光斑畸变测试晶体的光致光散射

透射光束光斑畸变法是一种半定量的测试方法，这种方法是通过人眼观察接收屏幕上光斑的变形情况[7~9]。其原理是当激光垂直晶体 y 面照射到晶体上时会产生电光效应，使光照区域内产生折射率变化，并且是激光透过晶体是产生弥散现象，通过透射的光斑变化推断 $LiNbO_3$ 晶体的抗光致散射能力。当一束聚焦的激光照射到 $LiNbO_3$ 晶体上时，如果入射激光强于低于某一强度则散射现象不出现，激光光束透过晶体后在屏幕上呈现出一个圆形的光斑；通过可调谐衰减器调节激光输出功率，使光强渐渐增大到超过一个特定的光强，晶体内出现光致光散射的情况，出现光散射时透过晶体在屏幕上的光斑会沿着 $LiNbO_3$ 晶体的 c 轴逐渐拉伸，并且随着照射时间的延长光斑拉伸长度逐渐增大。在以上实验条件下晶体的散射阈值光强定义为光斑出现沿着 c 轴拉伸现象时激光器输出的激光功率密度。

实验中通过调节衰减器来控制照射到晶体上的激光光强，当激光光强不足以是晶体产生散射现象时透过晶体的激光在屏幕上仍为圆形的光斑。当逐渐加大激光器的输出光强，并延长辐照时间时，晶体内部会出现散射现象，此时屏幕上的光斑开始沿 $LiNbO_3$ 晶体 c 轴方向拉伸，也就是透射光束光斑畸变。此时的激光功率密度用来衡量晶体的抗光散射能力。图 5.1 为测试装置光路图。激光光源波长为 476nm 的 Kr 离子激光器，光阑尺寸为 2.0mm，透镜焦距 10cm，所有晶体均为 y 面通光，e 光入射。

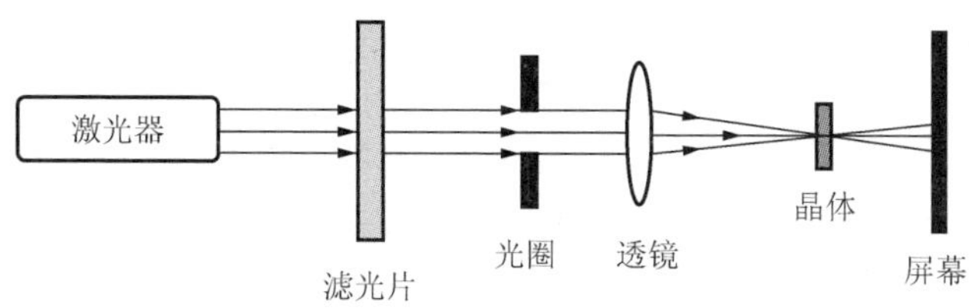

图 5.1　透射光斑畸变实验装置图

实验过程中为增大照射到晶体上的激光功率密度，采用透镜聚焦，通过透镜后晶体上的光斑直径为

$$D = 4f\lambda/(\pi d) \tag{5.1}$$

式中，λ 为入射光在真空中的波长；f 表示透镜焦距；d 为激光入射到透镜前光束的直径。

实验中采用连续激光照射晶体观察光斑散射情况，此时照射到晶体上的激光功率密度 K 与晶体光斑直径的关系为

$$K = W / S = 4W / (\pi D^2) = \pi W d^2 / (4 f^2 \lambda^2) \tag{5.2}$$

式中，W 为光斑产生畸变时激光功率；S 为照射到晶体上光斑的面积。

如图 5.2（a）所示的是在不放晶体的时激光发出的激光经过透镜聚焦后照射到屏幕上的光斑情形，可以看出屏幕上接收到的光斑为圆形。调节衰减器逐渐增大输出的激光强度，并观察屏幕上光斑的变化。如肉眼观察不到明显的光斑形变时，屏幕上光斑仍为圆形，表明此时辐照的激光未使晶体产生光散射现象；当光强增大到某一数值时，晶体内会出现光散射现象，屏幕上的光斑开始沿着 $LiNbO_3$ 晶体光轴方向拉伸，表明该光强下照射晶体一定时间会发生光散射，如图 5.2（b）所示。激光继续辐照 $LiNbO_3$ 晶体，由于晶体中出现散射效应，光斑中心亮度随着散射程度的增强变得越来越弱。散射程度会随着散射时间延长或激光强度增大而加强，光斑的形变程度和亮度会出现明显变化，可以用肉眼观察到散射弥散光，弥散光的形状呈现扇形，方向沿着晶体光轴，如果光散射越强那么观察到的弥散程度越大，光斑中心亮度变得非常弱，如图 5.2（c）所示。

（a）未经晶体

（b）弱的光散射

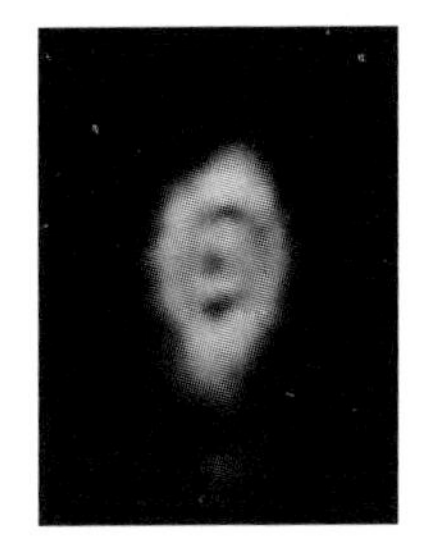

（c）严重的光散射

图 5.2　光斑畸变法测试晶体光散射图样

观察透射光束光斑形变表征晶体抗光致散射通常有两种方法。一种方法是用弱光照射晶体，通过可调谐衰减器逐渐增大入射光强，当光斑形状开始拉长是记录下激光的强度，该数值越大表明晶体抗光致散射性能越好；另一种方法是用相同的光强照射晶体相同时间，观察屏幕上光斑的变形程度，变形程度越小表明晶体抗光致散射能力越强。由于光散射是入射光对时间的累积效应，照射的总时间对晶体光散射效应产生影响。

5.1.2　曝光能量流测试晶体的光致光散射

由于光生伏特场的存在，$LiNbO_3$ 晶体的光折变性质具有局域响应的特性，根据光折变效应的理论，$LiNbO_3$ 晶体能够把微弱的信号放大，形成扇形散射噪声[10]。Zhang 等人[11]研究发现，即使很弱的入射光照射光折变晶体，只要保证有足够长的照射时间也会出现光散射现象，他们根据这个现象提出了光致光散射是入射光对时间的累积，也就是入射到晶体上的曝光能量流（exposure energy flux）不小于某一特定数值时就能在晶体中观察到散射情况出现。他们把以 $LiNbO_3$ 晶体为研究对象得到的这一结论称为光致光散射曝光能量流阈值效应。

当入射光照射到晶体表面时，会发生反射和吸收现象，反射损失利用 Mclean 公式来修正[13]

$$\alpha = -\frac{1}{x}\ln\left(-b+\sqrt{b^2+\frac{1}{R^2}}\right),\quad b=\frac{(1-R)^2}{2TR^2} \tag{5.3}$$

式中，x 为晶体在光传播方向上的厚度；α 为晶体吸收系数；T 和 R 分别为晶体的透射率和反射率；n 为晶体折射率；T 和 R 存在

$$T = I/I_0,\quad R=(n-1)^2/(n+1)^2 \tag{5.4}$$

利用塞尔迈耶尔方程[14]考虑波长和晶体组分对折射率的影响，可得

$$n_i^2 = \frac{A_{0,i}+A_{1,i}(50-c_{Li})}{\lambda_{0,i}^{-2}-\lambda^{-2}} + A_{\mathrm{UV}} - A_{\mathrm{IR},i}\lambda^2 \tag{5.5}$$

式中，c_{Li}（mol%）为 $LiNbO_3$ 晶体中 Li 物质的量的

浓度；λ为实验中使用的激光在真空中的波长；A 为强度因子，它的物理意义是影响可见和近红外区的光学跃迁对折射率的程度；A_0 和 A_1 分别表示占据 Nb 位的 Nb 和占据 Li 位的 Nb；第二个参数 A_{UV} 的物理意义是在导带中跃迁到高能级的振荡，A_{IR} 的物理意义代表声子。表 5.1

为以上提到的实验中用到的各个参数[15]。能影响到实验结果的因素包括对反射率的修正、激光偏振方向和晶体组分对折射率的影响，这些因素都是在允许的误差范围，也就是塞尔迈耶尔方程在晶体中 Li 浓度为 47mol%到 50mol%和激光波长在 400nm 到 3000nm 的范围内有效。本实验中，使用的激光波长为 476nm，i 为 e 光偏振，通过得的紫外可见吸收谱能得到晶体的吸收系数α，最终计算得到 R 值为 0.1454。

表 5.1　塞尔迈耶尔方程在室温的值

样品	$n_0(i=o)$	$n_e(i=e)$
$A_{0,i}$	4.5312×10^{-5}	3.9466×10^{-6}
$A_{1,i}$	-4.8213×10^{-8}	7.9090×10^{-7}
$\lambda_{0,i}$	223.219	218.203
$A_{\mathrm{IR},i}$	3.6340×10^{-8}	3.0998×10^{-8}
$A_{\mathrm{UV},i}$	2.6613	2.6613

本实验中采用曝光能量流来定量测试晶体的抗光散射性能，由于散射光角度分布较大不易测量，通过测试激光的透射光强随时间变化曲线来说明散射光的强弱。测试装置如图 5.3 所示。实验中使用的激光也为 Kr 离子激光器，波长 476nm，晶体前后光阑直径均为 2.0mm，晶体 y 面通光，e 光入射。晶体后的光阑保证探测器接收透射过去的激光而接收不到散射的激光。

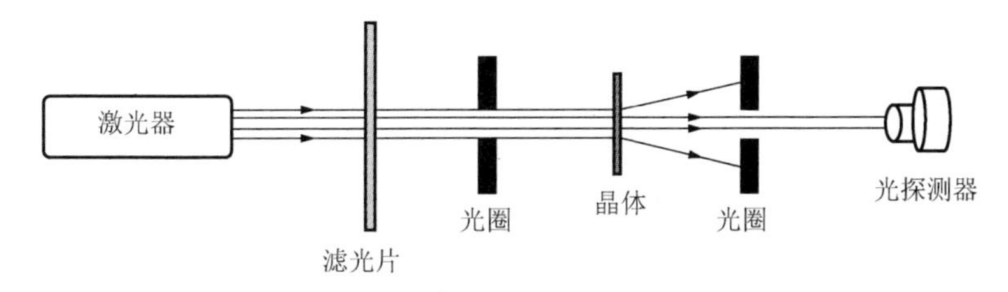

图 5.3　曝光能量流实验装置图

I_S代表散射光强，I_T代表透射光强，它们的关系为

$$I_S = I_{T0} - I_{Tt} \tag{5.6}$$

$$R_S = I_S / I_{T0} \tag{5.7}$$

式中，I_{T0}代表 0 时刻的透射光光强；I_{Tt}为 t 时刻的透射光光强，为了更好的表示散射光的强弱，引入散射比的概念，用 R_S 表示，它的定义为散射光光强与入射到晶体上的激光光强之比。如图 5.4 所示为采用纯 $LiNbO_3$ 晶体为研究对象，采用这种方法得出的散射比和时间对应关系曲线。

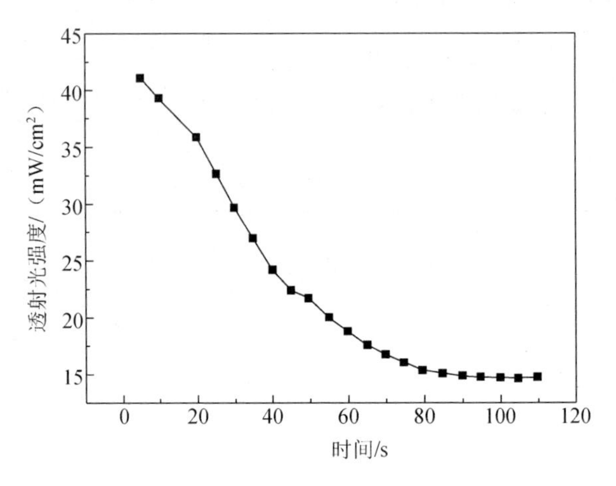

图 5.4　纯 $LiNbO_3$ 晶体透射光和时间的关系

散射比随时间的变化（图 5.5）曲线可以用 $\sqrt{R_S} = \sqrt{R_{S,sat}}\,[1-\exp(-t/\tau)]$ 进行拟合，其中把 $R_{s,sat}$ 称为饱和散射比，τ为散射时间常数，散射时间常数的物理意义是当散射比的二次平方根 $\sqrt{R_S}$ 达到饱和值 $\sqrt{R_{S,sat}}$ 的（1-1/e）时所需要的时间。

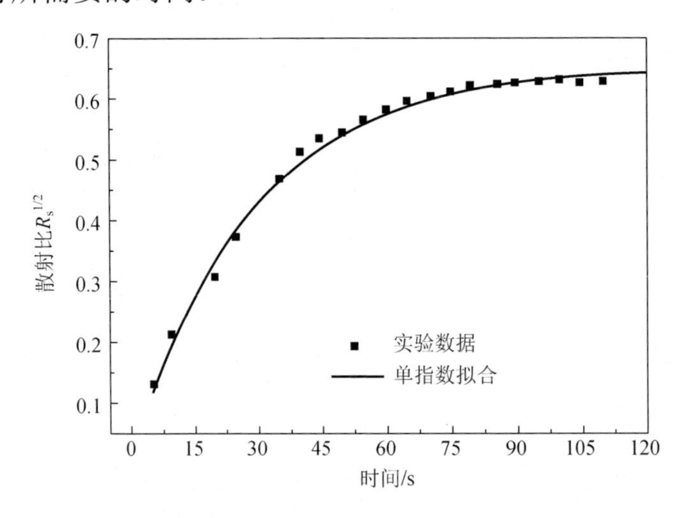

图 5.5　纯 $LiNbO_3$ 晶体散射比随时间的变化

晶体的光散射由辐照在晶体上的光强和照射时间共同决定，考虑到材料的反射，入射到晶体上的有效光强为

$$I_{\mathrm{I,eff}} = I_{\mathrm{I}} - I_{\mathrm{R}} = I_{\mathrm{I}}(1-R) \tag{5.8}$$

根据曝光能量的定义，入射到材料上的有效曝光能量为

$$E_{\mathrm{eff}} = I_{\mathrm{I,eff}}t \tag{5.9}$$

上式的物理意义是，在某一特定光强下，当曝光时间小于该光强对应的散射时间，也就是入射光能量小于晶体对应的曝光能量，则晶体不会产生明显的光散射，利用曝光能量可以定量地描述晶体的抗光致散射性能。曝光能量越大，表明需要更高的入射光能量才能是晶体产生光散射，即晶体的抗光致散射能力越强。

5.2　透射光斑畸变法研究掺杂铌酸锂晶体的抗光散射能力

本节实验中使用的激光为Kr离子激光器，波长476nm。

5.2.1　Mg:Ce:Fe:$LiNbO_3$晶体的抗光散射性能

图 5.6 为以功率密度为 $10^3W/cm^2$ 的激光照射晶体样品，在相同的照射时间下晶体样品的透射光斑照片。透射光斑的变形程度反映了晶体光损伤阈值的大小。

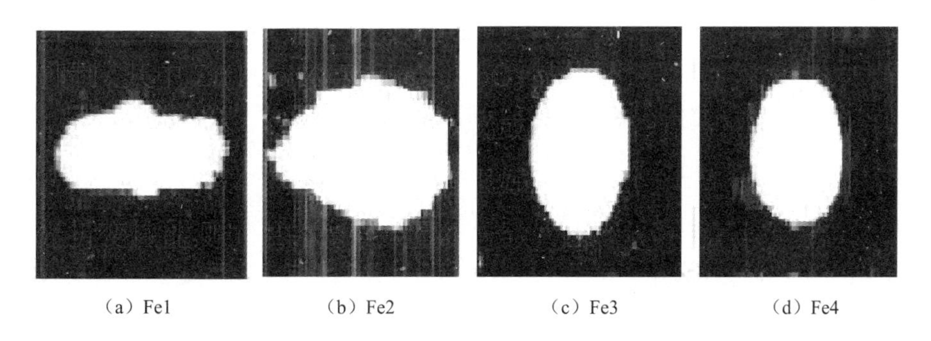

（a）Fe1　　（b）Fe2　　（c）Fe3　　（d）Fe4

图 5.6　相同照射条件下 Mg:Ce:Fe:LN 晶体样品透射光斑变形情况

由图 5.6 可以看出：样品 Fe1 的透射光斑变形最大，样品的变形程度为：样品 Fe1＞样品 Fe2＞样品 Fe3＞样品 Fe4。由此可见：在相同照射条件下，样品 Fe1 的透射光斑变形最为严重，其光损伤阈值最小。样品 Fe4 透射光斑变形最小，其光损伤阈值最大。

由表 5.2 可见：随着掺 Mg 量的增加，Mg:Ce:Fe:LN 晶体样品的光损伤阈值逐渐增大，这是由于 Ce:Fe:LN 晶体中存在 Ce^{3+}/Ce^{4+}、Fe^{2+}/Fe^{3+} 和 Nb^{4+}/Nb^{5+}3 个光折变中心，他们的浓度决定晶体光折变性能的强弱，当在 Ce:Fe:LN 中掺入 Mg^{2+}，Mg^{2+}取代反位铌 Nb_{Li}^{4+}，使 Nb^{4+}/Nb^{5+}光折变中心浓度降低，光损伤阈值增加。当 Mg^{2+}达到阈值浓度时，Mg^{2+}完全取代反位铌 Nb_{Li}^{4+}，并将 Ce^{4+}和 Fe^{3+}排挤到 Nb^{5+}位，以 Ce_{Nb}^{-} 和 Fe_{Nb}^{2-} 形式存在。Ce_{Nb}^{-} 和 Fe_{Nb}^{2-} 俘获电子能力下降。光折变中心浓度更为下降，所以光损伤阈值增加的更多，Fe4 晶体的光折变阈值比 Fe1 晶体提高两个数量级以上。

表 5.2　Mg:Ce:Fe:LN 晶体光损伤阈值 *R*

样品	Fe1	Fe2	Fe3	Fe4
R/（W/cm^2）	1.2×10^2	9.6×10^2	3.2×10^3	7.8×10^4

从表 5.2 我们可以看出：样品 Fe3 的光损伤阈值比样品 Fe1 高 1 个数量级，样品 Fe4 的光损伤阈值比样品 Fe1 高 2 个数量级以上。

5.2.2　Mg(Zn):Ru:Fe:$LiNbO_3$ 晶体的抗光散射性能

钌铁系列铌酸锂抗光损伤能力测量透射光斑变形情况如图 5.7 和图 5.8 所示，抗光损伤阈值结果见表 5.3。

从表 5.3 实验结果可以看出，可以看出当镁（锌）离子掺杂浓度比较低时，掺杂 $LiNbO_3$ 晶体的抗光损伤能力变化不大。然而，与 Ru:Fe:$LiNbO_3$ 晶体相比，Mg（7mol%）:Ru:Fe:$LiNbO_3$ 晶体的抗光损伤能力提高了两个数量级；Zn（7mol%）:Ru:Fe:$LiNbO_3$ 晶体的抗光损伤能力提高一个数量级。并且，Mg（7mol%）:Ru:Fe:$LiNbO_3$ 晶体的抗光损伤能力比 Zn（7mol%）:Ru:Fe:$LiNbO_3$ 晶体高一个数量级。

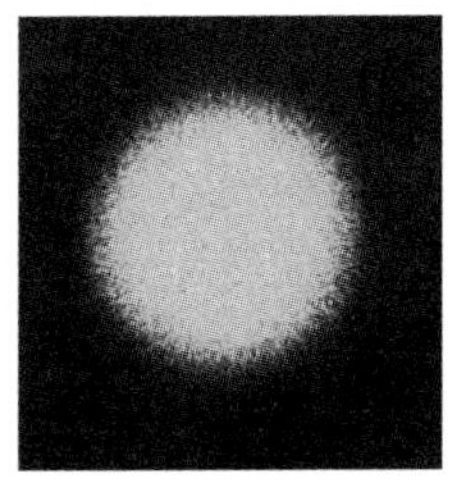
（a）刚刚发生畸变

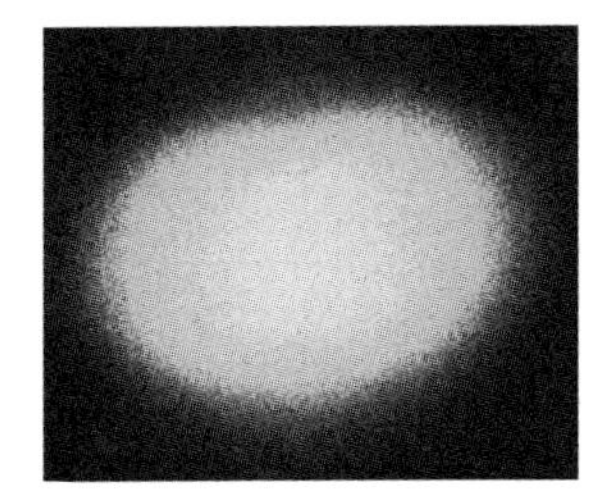
（b）发生弥散

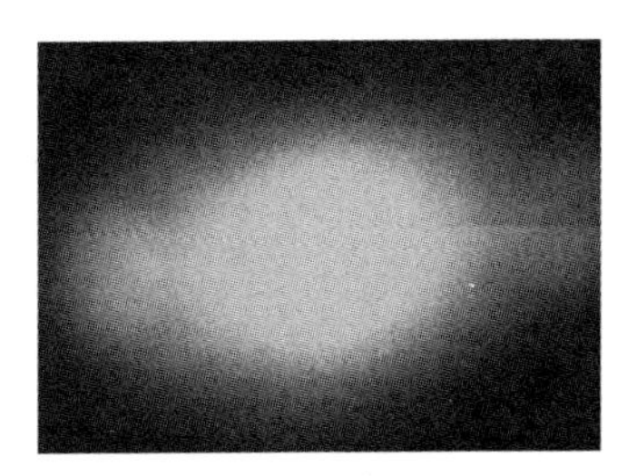
（c）光损伤图

图 5.7　Mg（1mol%）:Ru:Fe:$LiNbO_3$ 晶体中的未加载晶体

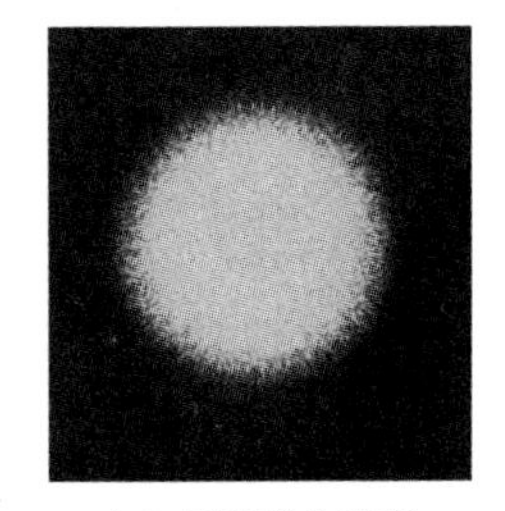
（a）刚刚发生畸变

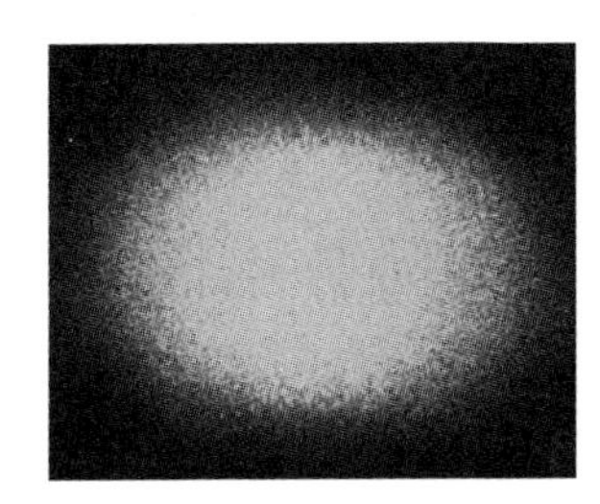
（b）发生弥散

（c）光损伤图

图 5.8　Zn（1mol%）:Ru:Fe:$LiNbO_3$ 晶体中的未加载晶体

表 5.3　晶体的抗光损伤阈值

晶体	抗光损伤光强阈值/（W/cm^2）
纯 LN	2.2×10^2
Fe5	3.6×10^2
Fe6	7.9×10^2
Fe7	1.6×10^4
Fe8	3.7×10^4
Fe9	2.7×10^2
Fe10	5.5×10^2
Fe11	1.2×10^3
Fe12	6.3×10^3

5.2.3　Zr:Ru:Fe:$LiNbO_3$ 晶体的抗光散射性能

首先测试的样品为生长态和氧化态的 Ru:Fe:$LiNbO_3$ 晶体、不同 Zr

掺杂浓度的 Zr:Ru:Fe:$LiNbO_3$ 晶体，激光照射到晶体上的光强是 8.2×10^2W/cm^2，时间 3min，实验结果如图 5.9 所示。

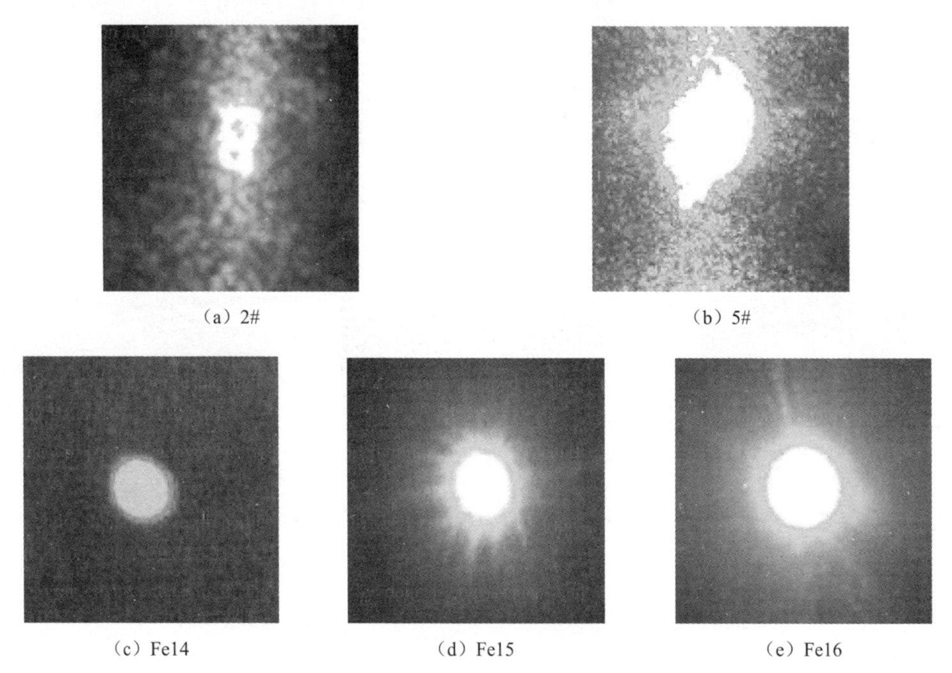

（a）2#　（b）5#

（c）Fe14　（d）Fe15　（e）Fe16

图 5.9　透射光束光斑畸变情况

上述实验结果显示，在相同光强辐照的条件下生长态和氧化态的 Ru:Fe:$LiNbO_3$ 晶体都有明显的光散射现象出现。而在此条件下掺 Zr 的晶体没有明显的散射现象发生。以上结果表明未掺 Zr 的 Ru:Fe:$LiNbO_3$ 晶体抗光致散射性能较差，低光强下就会出现严重的散射。在晶体中掺入 Zr^{4+}离子后光散射现象受到抑制。其中 Zr(1mol%):Ru:Fe:$LiNbO_3$ 晶体的透射光斑有微小的变化，当 Zr^{4+}离子的掺杂浓度达到 2mol%或更高时，透射光斑形状几乎不变，也就是晶体对这一强度的激光有很好的抗光致散射能力。由于该光强与光折变性能测试中的光强数量级一致，因此 Zr 掺杂浓度达到 2mol%可满足存储性能测试的需要。提高激光强度达到 3.4×10^4W/cm^2，照射时间为 5min，以不同 Li/Nb 比的 Zr:Ru:Fe:$LiNbO_3$ 晶体为实验对象研究晶体的抗光致散射性能，光斑变化情况如图 5.10 所示。

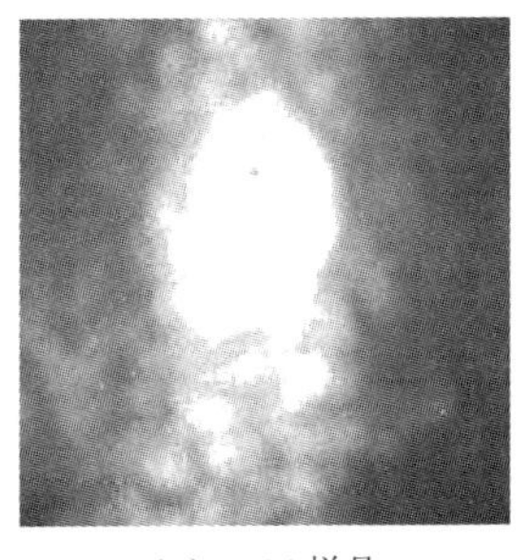
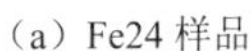
（a）Fe24 样品

（b）Fe25 样品

（c）Fe26 样品

图 5.10　不同 Li/Nb 比 $Zr:Ru:Fe:LiNbO_3$ 晶体透射光束光斑畸变情况

从上述结果可以看到，晶体中的 Li/Nb 接近化学计量比是透射光束的光斑几乎观察不到畸变，而在此条件下激光光束透过同成分晶体在光屏上呈现的光斑形状有明显的变化。众所周知，$LiNbO_3$ 晶体中存在光生伏特场，这是晶体在激光照射时出现散射的主因之一。熔体中 Li/Nb 比 48.6/51.4 时生长的 $Ru:Fe:LiNbO_3$ 晶体中存在光折变敏感中心 Fe、Ru 离子，同时存在的还有晶体中固有的本征缺陷基团 Nb_{Li}^{4+}，这三种离子在激光照射时能给出或得到电子，因此能作为晶体的光折变中心。在一定数量的 Zr^{4+}离子掺入 $Ru:Fe:LiNbO_3$ 晶体中后，Zr^{4+}将优先以取代 Nb_{Li}^{4+} 的形式进入晶格形成 Zr_{Li}^{3+}，在 Zr^{4+}的掺杂浓度为 2mol%时，Nb_{Li}^{4+} 数量大幅下降，当晶体中 Li 浓度增加 Nb_{Li}^{4+} 进一步减少。与此同时，占据 Li 位的部分 Fe 和 Ru 离子被排挤到 Nb 位，这将使 Fe 和 Ru 失去光折变中心的作用。这两个原因都使晶体的光折变中心离子或基团数量减少，减弱了多入射激光的散射效应。晶体的光电导和激发载流子迁移率与电子陷阱数量有关，当 Fe 或 Ru 离子位于 Nb 位时就不能充当电子陷阱，电子陷阱数量减少会同时使光电导和载流子迁移率增大，从而抑制晶体中的光致光散射效应。

5.2.4　$Zr:Mn:Fe:LiNbO_3$ 晶体的抗光散射性能

光束束腰出的光斑直径可以计算为

$$D = \frac{2f\lambda}{\pi d} \tag{5.10}$$

式中，f为透镜焦距（cm）；λ为激光波长（cm）；d为聚焦前光束直径。

本实验采用的透镜焦距为 10cm，聚焦前的光束直径通过光阑调节使其在一定的范围内变化（图 5.11），使用的晶体样品均为 y 面通光，照射时间 5min，照射到晶体上的光斑面积为

$$S=\pi\left(\frac{D}{2}\right)^2=\frac{(f\lambda)^2}{\pi d^2} \tag{5.11}$$

晶体的抗光损伤能力 R 的计算公式为

$$R=\frac{I}{S} \tag{5.12}$$

式中，I为照射到晶体上的激光功率（W）。

（a）光损伤前光斑形状

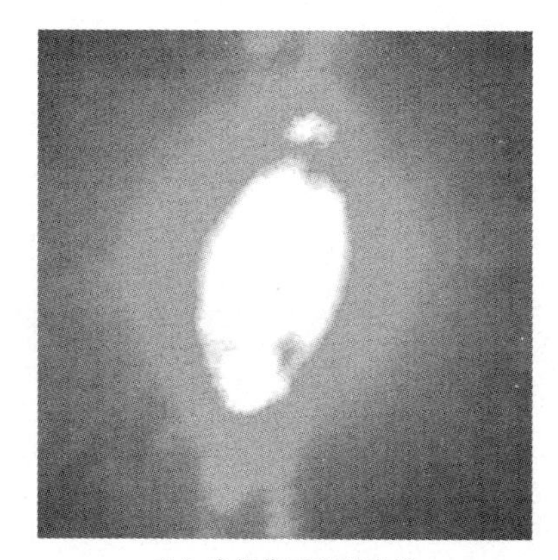

（b）光损伤后光斑形状

图 5.11　晶体透射光斑的变形情况

测试结果表明（表 5.4），随着晶体中[Li]/[Nb]比的增加，晶体的抗光损伤能力提高。晶体的光损伤与 Nb_{Li}^{4+}浓度有关，Nb_{Li}^{4+}浓度越小抗光损伤能力越强。随着锂铌比升高，晶体中的[Li]增大，将 Nb_{Li}^{4+}排挤回正常的 Nb 位，造成 Nb_{Li}^{4+}浓度的下降，因此随着锂铌比的增加，晶体的抗光损伤能力增强。根据紫外可见光谱和红外光谱的测试结果，当锂铌比达到 1.20 以上时，Zr 达到其阈值浓度，晶体中的本征缺陷几乎消失，所以样品 Fe19 和样品 Fe20 晶体的抗光损伤能力比样品 Fe17 和样品 Fe18 增加一个数量级。

表 5.4　$Zr:Mn:Fe:LiNbO_3$ 的抗光损伤能力

样品	Fe17	Fe18	Fe19	Fe20
R/（W/cm^2）	4.1×10^2	8.2×10^2	3.6×10^3	4.1×10^3

5.2.5　$Zr:Fe:LiNbO_3$ 晶体的抗光散射性能

图 5.12 给出了相同光照条件下 $Zr:Fe:LiNbO_3$ 各样品的透射光斑变形情况。

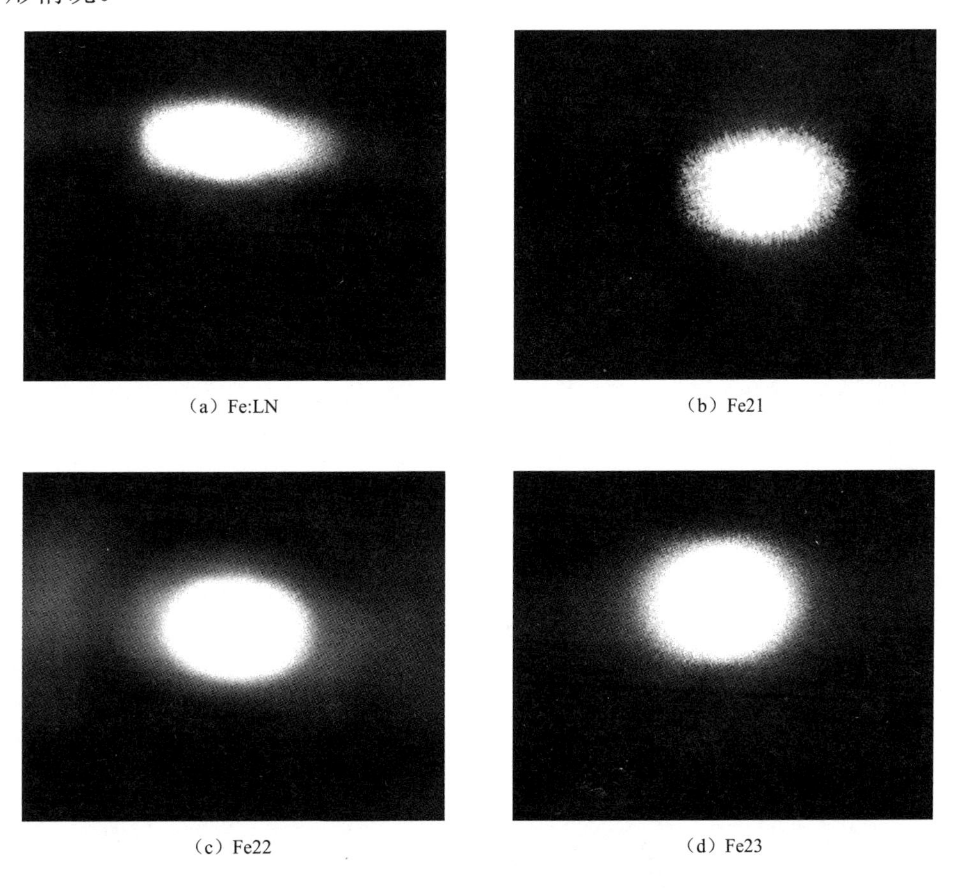

（a）Fe:LN　（b）Fe21　（c）Fe22　（d）Fe23

图 5.12　在相同光照情况下各样品透射光斑变形情况

表 5.5 给出了使得各样品透射光斑发生畸变时的激光功率密度和各样品的抗光散射能力计算值。

表 5.5　晶体的抗光散射能力

样品	Fe	Fe21	Fe22	Fe23
光功率/mW	0.1	3.5	9.2	65
R/（W/cm^2）	4.8×10	1.6×10^3	4.1×10^3	2.9×10^4

从表 5.5 的数据可以看出，与同成分 Fe:$LiNbO_3$ 晶体相比，Zr 的掺入确实使得 Fe:$LiNbO_3$ 晶体的抗光散射能力得到了增强。并且随着晶体中[Li]/[Nb]比的增加，Zr:Fe:$LiNbO_3$ 晶体的抗光散射能力也逐渐增强，Fe21 和 Fe22 晶体的抗光散射能力比 Fe:$LiNbO_3$ 晶体高 2 个数量级，Fe23 晶体的抗光散射能力比 Fe:$LiNbO_3$ 晶体提高 3 个数量级。

5.2.6　Mg:Yb:Ho:$LiNbO_3$ 晶体的抗光散射性能

在相同照射条件下，Mg:Yb:Ho:$LiNbO_3$ 晶体的透射光斑变化情况如图 5.13 所示。

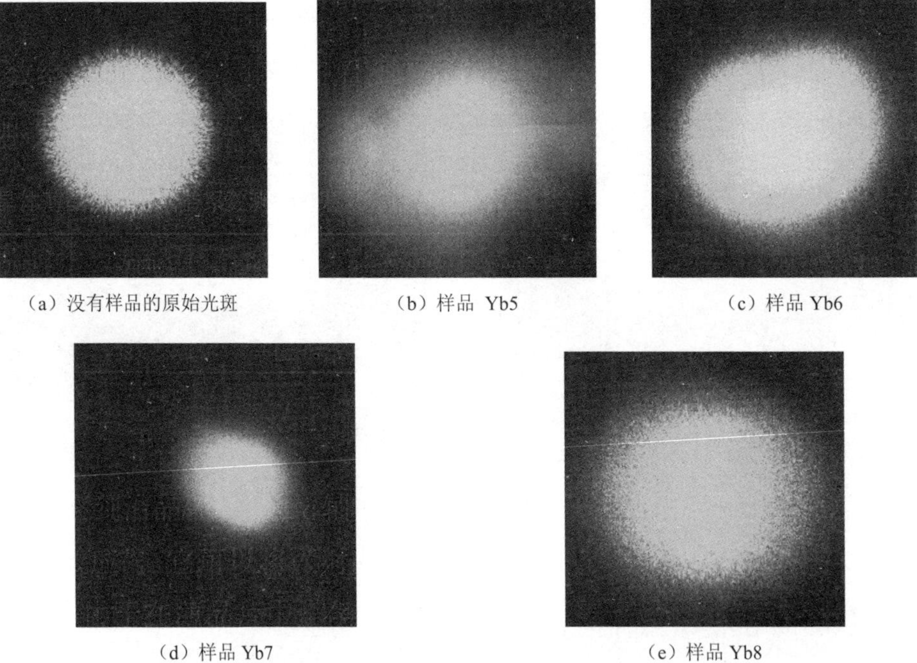

（a）没有样品的原始光斑　（b）样品 Yb5　（c）样品 Yb6　（d）样品 Yb7　（e）样品 Yb8

图 5.13　在相同照射条件下三掺 Mg:Yb:Ho:LN 晶体透射光斑变化情况

从图 5.13 可以看出，没有样品的原始光斑像一个圆形如图 5.13 中（a）所示。当 Mg^{2+}离子的掺杂浓度比较低的时候，样品很难保持住圆形就像图 5.13 中（b）和（c）所示的那样，像这样的晶体想要在实际当中应用是远远不够的。当晶体中高浓度掺杂 Mg^{2+}离子的时候，样品的光斑形状基本上保持住了一个圆形，如图 5.13 中（d）所示，此时意味着 Mg^{2+}离子的掺杂浓度已经达到了它的阈值浓度，其抗光损伤性能已经得到了很大提高。随着 Mg^{2+}离子掺杂浓度的不断增加，光斑的圆形更加明显，正如图 5.13 中（e）所示。通过这几个光斑图形可以得出一个结论：Mg^{2+}离子的掺杂浓度越高，其光斑形状越接近圆形，也代表它的抗光损伤能力越强。

利用透射光斑畸变法测得的不同掺杂 Mg^{2+}（1mol%，3mol%，5mol%和 7mol%）离子浓度 Mg:Yb:Ho:$LiNbO_3$ 晶体的抗光损伤能力（R）的值见表 5.6，这进一步证实了上面的结论。

表 5.6　不同 Mg 掺杂浓度的 Mg:Yb:Ho:$LiNbO_3$ 晶体的 R 值

晶体	Yb5	Yb6	Yb7	Yb8
R/（$\times 10^3 W/cm^2$）	4.9	17	520	740

从表 5.6 可以看出，Mg:Yb:Ho:$LiNbO_3$ 晶体的抗光损伤能力随着 Mg^{2+}掺杂浓度的增加而增强。样品 Yb5 和样品 Yb6 的抗光损伤能力非常差。然而，当掺杂的 Mg^{2+}浓度超过它在铌酸锂晶体中阈值时，样品 Yb7 的抗光损伤能力就会大大地提高，比样品 Yb6 增强了 30 多倍。可以得到的结论是，样品 Yb8 抗光损伤能力是最强的，是样品 Yb6 的 44 倍左右，更是样品 Yb5 的 151 倍以上。

5.2.7　Hf:Er:$LiNbO_3$ 晶体的抗光散射性能

表 5.7 列出了 Hf:Er:$LiNbO_3$ 晶体样品的抗光损伤能力。

表 5.7　晶体的抗光损伤能力

晶体	Er1	Er2	Er3	Er4	Er5
R/（W/cm^2）	2.7×10^2	5.2×10^2	5.6×10^3	5.8×10^3	6.1×10^3

从表 5.7 可以看出，单掺 $Er:LiNbO_3$ 晶体（Er1）的抗光损伤能力明显低于其他掺 Hf 晶体（Er2、Er3、Er4 和 Er5），说明 HfO_2 的掺入有助于增强 $Er:LiNbO_3$ 晶体的抗光损伤能力。当 HfO_2 的掺入量达到 4mol%时，晶体（Er3）的抗光损伤能力较单掺 $Er:LiNbO_3$ 晶体（Er1）明显增强，增强幅度达到一个数量级以上。当掺入量达到 4mol%以上时，晶体（Er4 和 Er5）的抗光损伤能力较晶体（Er3）无显著增强。

图 5.14～图 5.19 为 $Hf:Er:LiNbO_3$ 晶体样品的透射光斑变形情况。

图 5.14　无晶体时原始光斑

图 5.15　晶体 Er1 的透射光斑

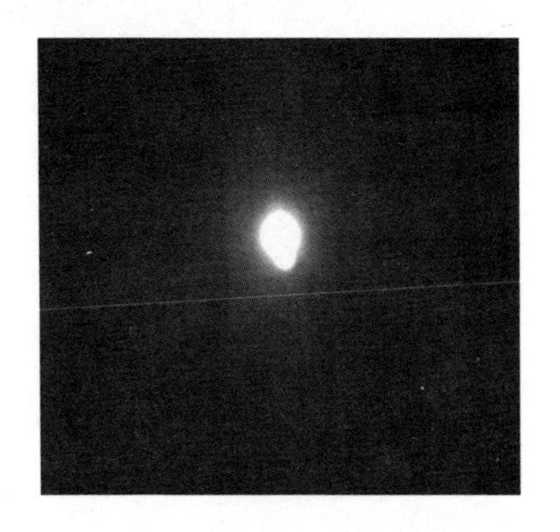

图 5.16　晶体 Er2 的透射光斑

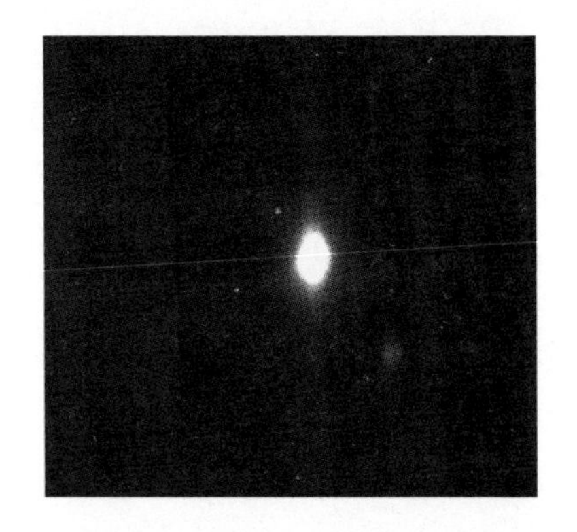

图 5.17　晶体 Er3 的透射光斑

图 5.18　晶体 Er4 的透射光斑

图 5.19　晶体 Er5 的透射光斑

从抗光损伤的实验结果中可以看出，在 $Hf:Er:LiNbO_3$ 晶体中，当 HfO_2 的掺入浓度达到阈值浓度时，晶体的抗光损伤能力显著增强。之后再增加 HfO_2 的掺入浓度，其抗光损伤能力只有小幅增强。结合缺陷结构分析结果，对抗光损伤能力增强的变化规律解释如下：

同成分铌酸锂晶体中因锂的缺少导致锂空位，为了电荷平衡，一部分铌也进入锂位，形成反位铌。对于 $Hf:Er:LiNbO_3$ 晶体，作者认为，在 HfO_2 的掺入浓度低于其阈值浓度时，Hf^{4+}取代占据锂位的反位铌，晶体中反位铌与锂空位不断减少；当 HfO_2 的掺入浓度高于其阈值浓度时，晶体中反位铌被完全取代，Hf^{4+} 同时占据锂位与铌位。同时，在 $Hf:Er:LiNbO_3$ 晶体中会不可避免地混入微量的铁，这样在双掺 $Hf:Er:LiNbO_3$ 晶体中主要存在两种电子受主，分别为$(Fe_{Li})^{2+}$和$(Nb_{Li})^{4+}$，其中前者占主导地位，它们共同对光电导产生影响。

在 $Hf:Er:LiNbO_3$ 晶体中 Hf^{4+}并没有直接参与光栅的形成过程，因此，光激载流子运输过程主要由光折变敏感中心$(Fe_{Li})^{+}/(Fe_{Li})^{2+}$来完成。在 HfO_2 的掺入量达到阈值浓度以前，Hf^{4+}主要以取代反位铌$(Nb_{Li})^{4+}$的形式进入晶体中，$(Nb_{Li})^{4+}$的减少使晶体中的光电导有所增大，折射率变化也有相应地降低，但是由于对光电导变化起主导作用的是$(Fe_{Li})^{2+}$，因此，在没有达到阈值浓度以前，晶体的折射率变化没有太大的变化。当 HfO_2 的掺入量达到阈值浓度后，反位铌被完全取代，Hf^{4+}会迫使大部分占据 Li 位的铁离子离开 Li 位而去占据 Nb 位，这样的结果是使光折变敏感中心$(Fe_{Nb})^{2-}/(Fe_{Nb})^{3-}$出现，而$(Fe_{Nb})^{2-}$俘获电子的能力较$(Fe_{Li})^{2+}$有一定程度的降低，从而使光电导急剧上升，导致 Hf:Er:$LiNbO_3$ 晶体的抗光损伤能力在阈值浓度附近发生明显地提高。

5.2.8 Mg:Er:$LiNbO_3$晶体的抗光散射性能

测试条件：光源为长春光机所生产的半导体激光器，波长 532.0nm。激光的光束经过光阑、透镜后，聚焦于晶体上，聚焦前光束直径调节在 0.1～0.2cm 范围内，透镜焦距 10cm。实验过程中不断地加大激光的功率，根据观察屏上的透射光斑形状的变化来定性判断晶体的抗光损伤性能。激光光束经过用于调节光束直径的光阑和透镜后，聚焦于晶体上。在没有晶体的情况下，光束直接照在光屏上，为一圆斑[图 5.20（a）]。当光束通过晶体时，若激光功率较低，在光屏仍为一圆斑。不断地加大激光的功率，并观察光屏上圆斑的变化，当激光功率密度增加到某一值时，透射光斑沿晶体 c 轴方向拉长[图 5.20（b）]，用照相机记录光斑形状，并用功率计记录使晶体产生光损伤时的激光功率密度。根据观察屏上的透射光斑形状的变化来定性判断晶体的抗光损伤性能：如果晶体有良好的抗光折变能力，透射光斑与无晶体时的光斑形状一致；晶体发生光折变时，透射光斑沿晶体 c 轴方向拉长，光斑中心亮度减弱，随着光折变程度的增加，沿 c 轴方向形成扇形散射弥散光，光折变严重时，扇形散射光弥散程度增大，光斑中心亮度减得很弱。

（a）光损伤前的光斑图形

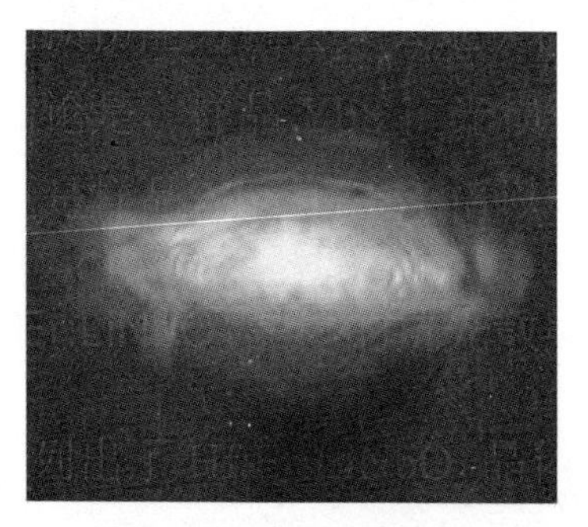

（b）光损伤后的光斑图形

图 5.20　晶体透射光斑的变形情况

我们把透射光斑开始变形时的激光功率密度定义为晶体的抗光损伤阈值（*R*）。用照相机通过透射光斑畸变法测试了 $Mg:Er:LiNbO_3$ 晶体样品的抗光损伤能力，表 5.8 列出了 $Mg:Er:LiNbO_3$ 晶体样品的抗光损伤能力。

表 5.8　晶体的抗光损伤能力

晶体	Er6	Er7	Er8	Er9	Er10
R/（W/cm^2）	1.4×10	6.4×10^2	9.4×10^2	3.3×10^3	3.6×10^3

从表 5.8 的实验结果中可以看出，纯的铌酸锂晶体样品 Er6 抗光损伤能力明显低于其他掺 Mg 晶体（Er7、Er8、Er9 和 Er10）。当掺 MgO 量达到 6.0mol%时，$Mg:Er:LiNbO_3$ 晶体（Er9 和 Er10）的抗光损伤能力比 $Er:LiNbO_3$ 晶体（Er6）明显增强，增强幅度达到两个数量级以上。但是在掺 MgO 量达到 6.0mol%后，再增大晶体中的 MgO 掺量，铌酸锂晶体的抗光损伤能力还会继续增大，但是增大的幅度较小。也就是说，当铌酸锂晶体中的 MgO 掺量到达某一特定值时，其抗光损伤能力将发生突变，该掺杂浓度被称为阈值浓度，由此可见，双掺 $Mg:Er:LiNbO_3$ 晶体中的掺杂浓度大致在 6.0mol%。

图 5.21（a）中的照片表示在没有晶体的情况下的透射光斑，图 5.21（b）～（f）的照片分别表示在相同功率密度（$3.5\times10^3W/cm^2$）、相同照射时间的条件下样品（Er6、Er7、Er8、Er9 和 Er10）的透射光斑的变化情况。

按照当前占主导地位并被人们广为接受的铌酸锂晶体的锂空位缺陷结构模型：同成分铌酸锂晶体中因锂的缺少导致锂空位，为了电荷平衡，一部分铌也进入锂位，形成反位铌。对于高掺镁 $LiNbO_3$ 晶体，我们认为，Mg^{2+}首先取代占据锂的反位铌，当所有的反位铌均被取代后，Mg^{2+}将取代正常晶格中的 Nb^{5+}。

同时，在 $Mg:Er:LiNbO_3$ 晶体中会不可避免地混入微量的铁。这样在双掺 $Mg:Er:LiNbO_3$ 晶体中主要存在两种电子受主，分别为$(Fe_{Li})^{2+}$和$(Nb_{Li})^{4+}$，其中前者占主导地位。它们共同对光电导产生影响。

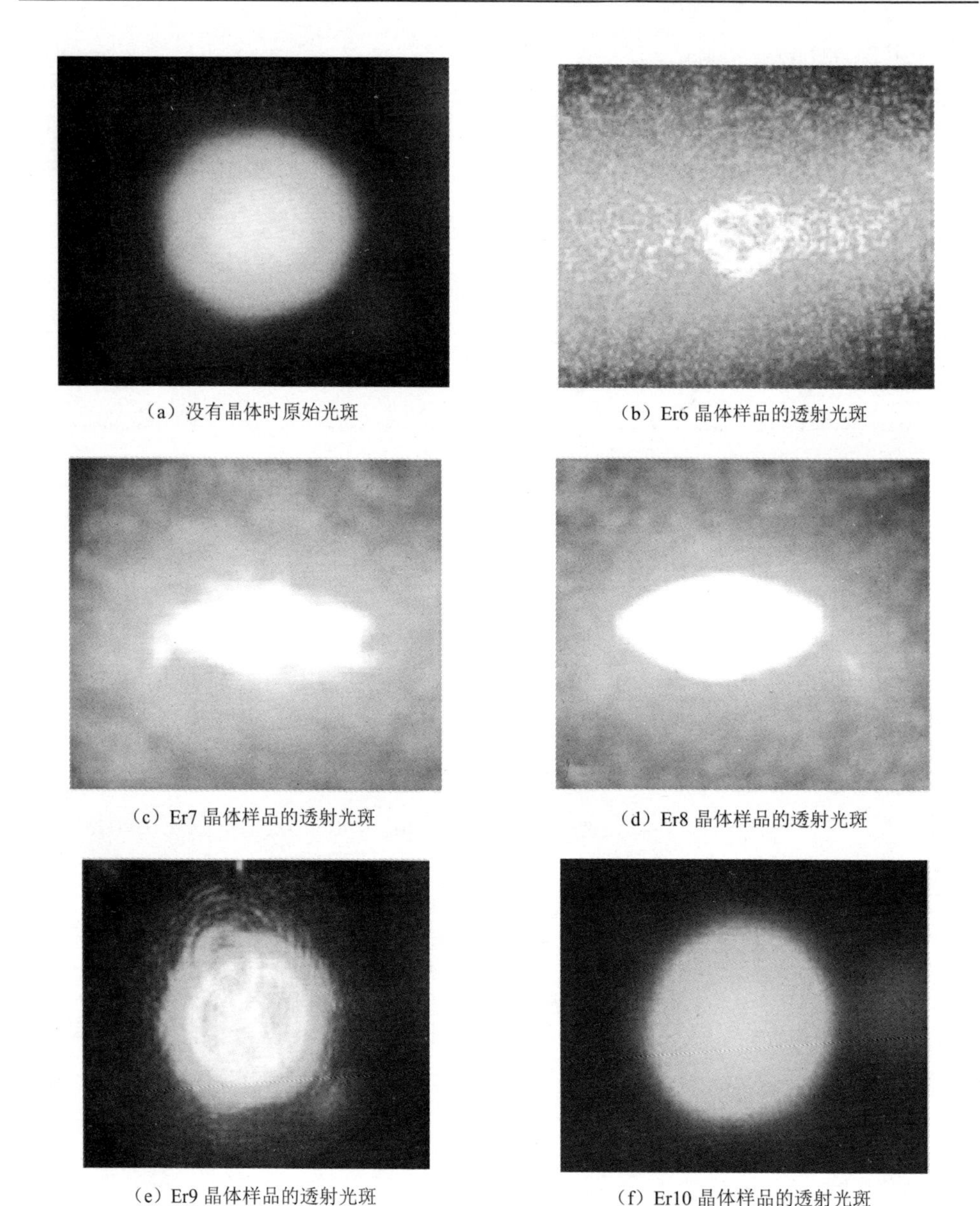

（a）没有晶体时原始光斑　（b）Er6 晶体样品的透射光斑

（c）Er7 晶体样品的透射光斑　（d）Er8 晶体样品的透射光斑

（e）Er9 晶体样品的透射光斑　（f）Er10 晶体样品的透射光斑

图 5.21　透射光斑

在 Mg:Er:$LiNbO_3$ 晶体中 Mg 离子并没有直接参与光栅的形成过程，因此，光激载流子运输过程主要由光折变敏感中心$(Fe_{Li})^{+}$/$(Fe_{Li})^{2+}$来完成。在 Mg 的掺入量达到阈值浓度以前，Mg^{2+}主要以取代反位铌$(Nb_{Li})^{4+}$的形式进入晶体中，$(Nb_{Li})^{4+}$的减少使晶体中的光电导有所增大，折射率变化也有相应地降低，但是由于对光电导变化起主导作用的是$(Fe_{Li})^{2+}$，因此，在掺镁量没有达到阈值浓度以前，晶体的折射率变化没有太大的变化。当镁的掺入量达到阈值浓度后，在几乎完全取代反位铌之后，它也会迫使大部分占据 Li 位的铁离子离开 Li 位而去占据 Nb 位，这样的结果是使光折变敏感中心$(Fe_{Nb})^{2-}/(Fe_{Nb})^{3-}$出现，而$(Fe_{Nb})^{2-}$俘获电子的能力较 $Fe_{Li}{}^{2+}$有一定程度的降低，从而使光电导急剧上升，并导致 $Mg:Er:LiNbO_3$ 晶体的抗光损伤能力在阈值浓度附近发生明显地提高。

5.3　曝光能量流法研究掺杂铌酸锂晶体的抗光散射能力

5.3.1　$Mg(Zn):Ru:Fe:LiNbO_3$ 的抗光散射性能

理论上说，有效曝光能量流越大，晶体的抗光损伤能力越强（图 5.22）。利用以上的方法和公式，掺杂 $LiNbO_3$ 晶体的光散射阈值能量流测试结果见表 5.9。

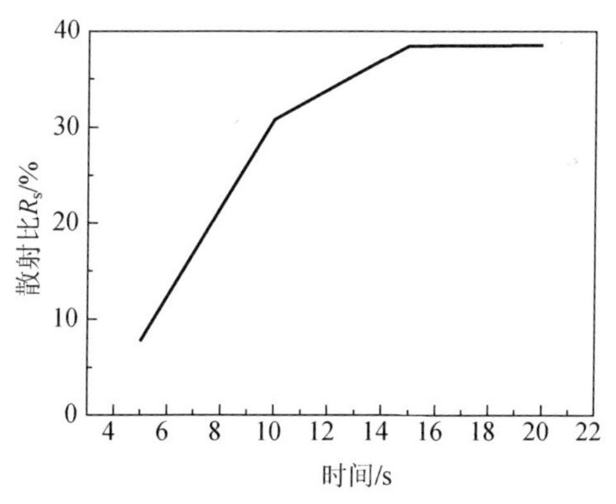

图 5.22　Fe13 的散射比与时间的关系

从结果中可以明显得出，$Mg:Ru:Fe:LiNbO_3$ 晶体和 $Zn:Ru:Fe:LiNbO_3$ 晶体的光散射曝光能量流随着镁（锌）离子浓度的增加而增大，也就是说，掺杂离子的浓度越高，晶体的抗光损伤能力越强，这一点和方法 1 得出的结果相同（图 5.23 和图 5.24）。

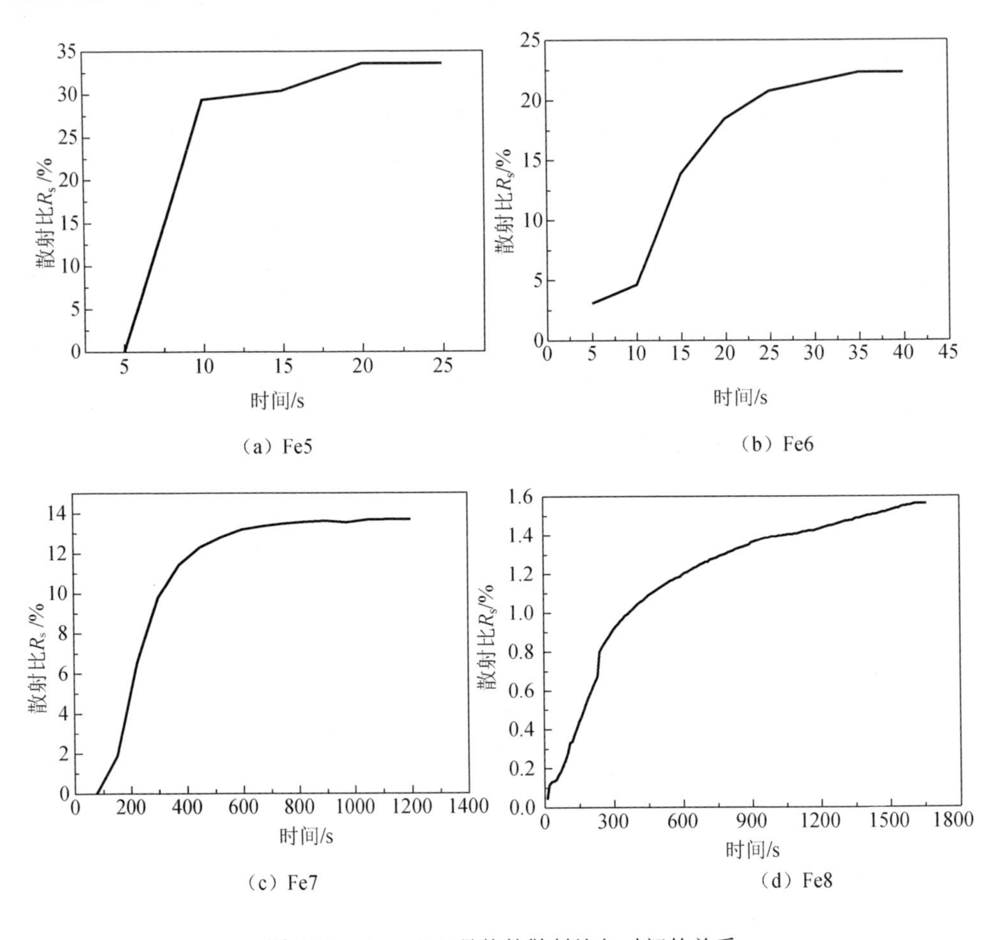

（a）Fe5　（b）Fe6

（c）Fe7　（d）Fe8

图 5.23　Fe5～Fe8 晶体的散射比与时间的关系

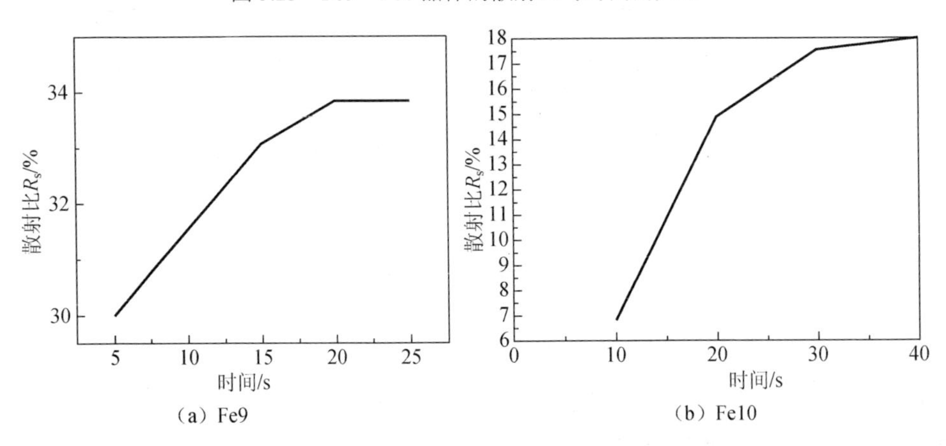

（a）Fe9　（b）Fe10

图 5.24　Fe9～Fe12 晶体的散射比与时间的关系图

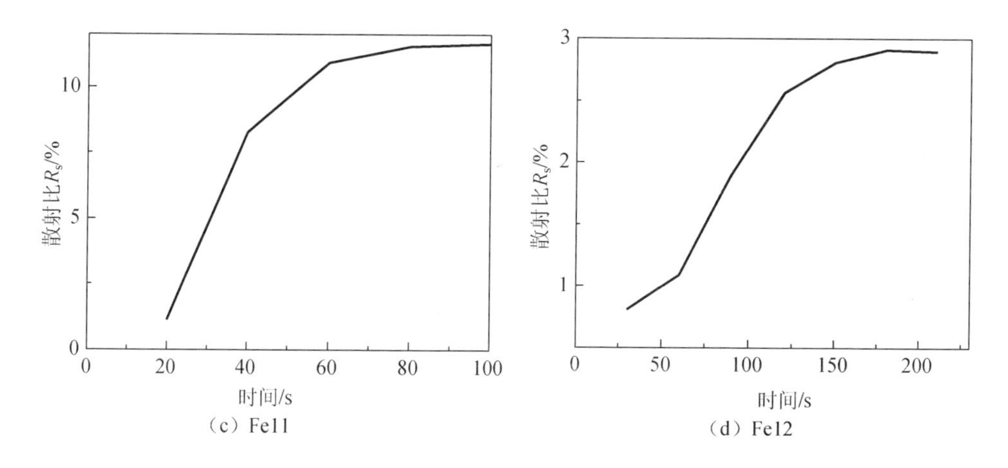

图 5.24　Fe9～Fe12 晶体的散射比与时间的关系图（续）

表 5.9　掺杂 $LiNbO_3$ 晶体的光散射曝光能量流

晶体	曝光能量流阈值/（J/cm^2）
纯 $LiNbO_3$	0.17
Fe5	0.22
Fe6	0.39
Fe7	15.1
Fe8	17.7
Fe9	0.22
Fe10	0.44
Fe11	0.77
Fe12	1.99

掺杂 $LiNbO_3$ 晶体的抗光损伤能力增强的机理分析如下：同成分 $LiNbO_3$ 晶体中具有本征缺陷反位铌 Nb_{Li}^{+4}，在晶体中掺入铁、钌、镁或者锌离子后，优先取代反位铌 Nb_{Li}^{+4}。当反位铌 Nb_{Li}^{+4} 被完全取代后，镁或者锌离子将铁和钌排挤到铌位形成 Fe_{Nb}^{2-} 和 Ru_{Nb}^{-}。由于 Fe_{Nb}^{2-} 和 Ru_{Nb}^{-} 显负电性，不容易得到电子，造成光折变敏感中心减少甚至消失，因此晶体抗光损伤能力得到提高。

5.3.2　Zr:Ru:Fe:$LiNbO_3$ 晶体的抗光散射性能

利用上面的方法研究了钌铁系列铌酸锂晶体的抗光致散射性能。实验结果如图 5.25～图 5.28 所示，表 5.10 列出的是经过测试和计算得到的时间常数和曝光能量结果。曝光能量测试结果显示氧化 Ru:Fe:$LiNbO_3$ 晶体的曝光能量数值大于生长态 Ru:Fe:$LiNbO_3$ 晶体，这个结果意味着

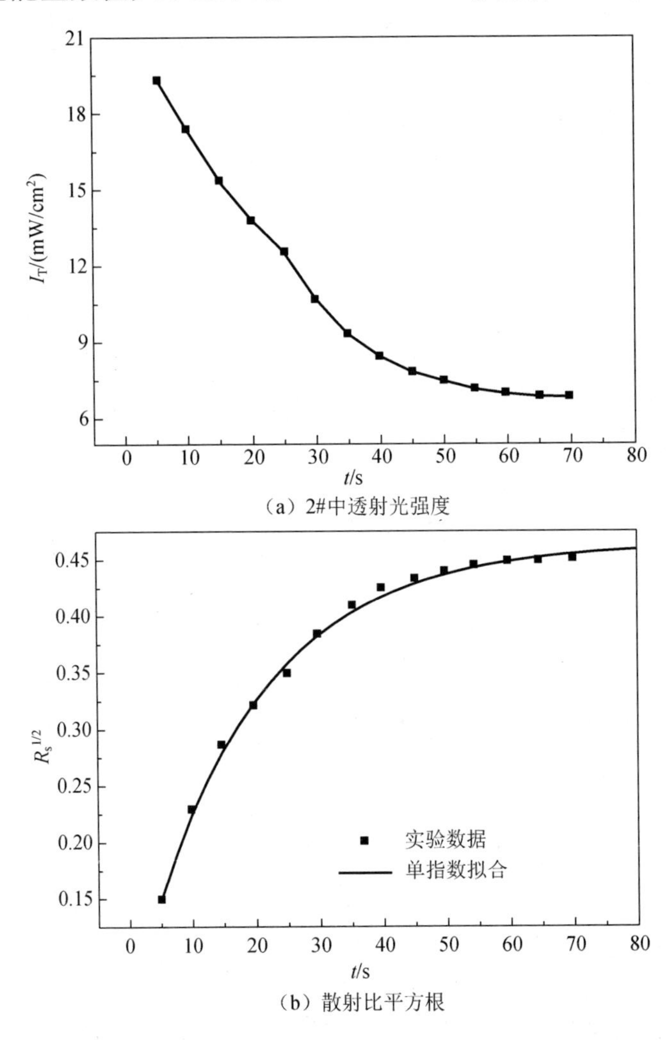

图 5.25　Ru:Fe:$LiNbO_3$ 晶体（2#）中透射光强和散射比随时间的关系

氧化处理后的晶体需要更高的激光功率才会出现散射现象，也就是氧化处理增强了晶体的抗光散射能力。对于全部为生长态的 Ru:Fe:$LiNbO_3$ 晶体，曝光能量随着 Zr^{4+}的掺入而增大，当 Zr^{4+}数量逐渐增多时，曝光能量进一步提高，Zr(3mol%):Ru:Fe:$LiNbO_3$ 晶体的曝光能量能达到 28.38J/cm^2。随着晶体中 Li 浓度增大，晶体抗光致散射能力增强，当熔体中 Li/Nb 比达到 52.4/47.6 时，晶体的曝光能量值为 22.21J/cm^2，当晶体中 Li/Nb 比接近化学计量比，晶体的曝光能量值为 31.95J/cm^2。以上结论与观察光斑畸变法所得到的结论相同。

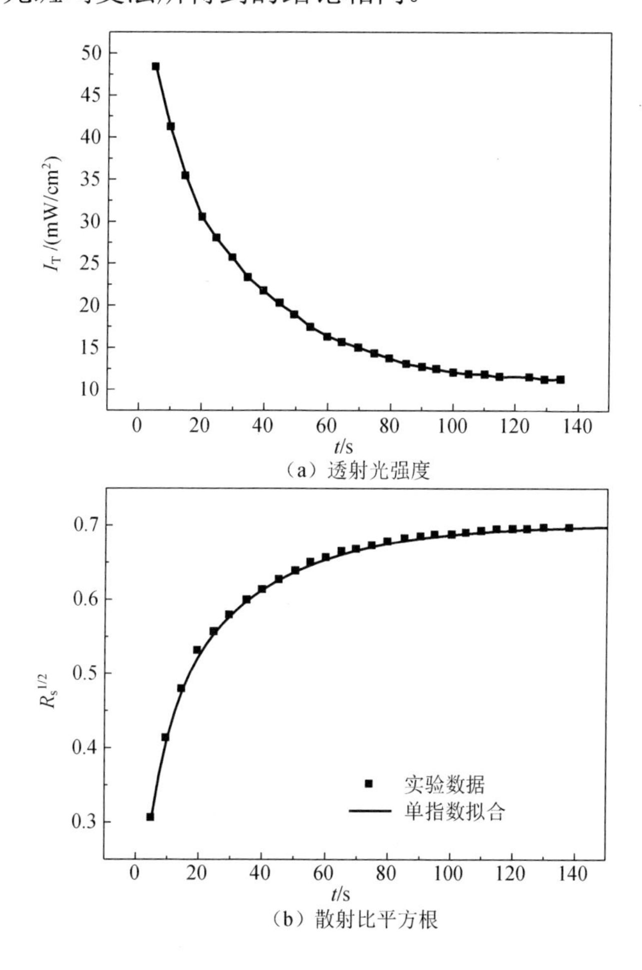

图 5.26　氧化的 Ru:Fe:$LiNbO_3$ 晶体（5#）中透射光强和散射比随时间的变化

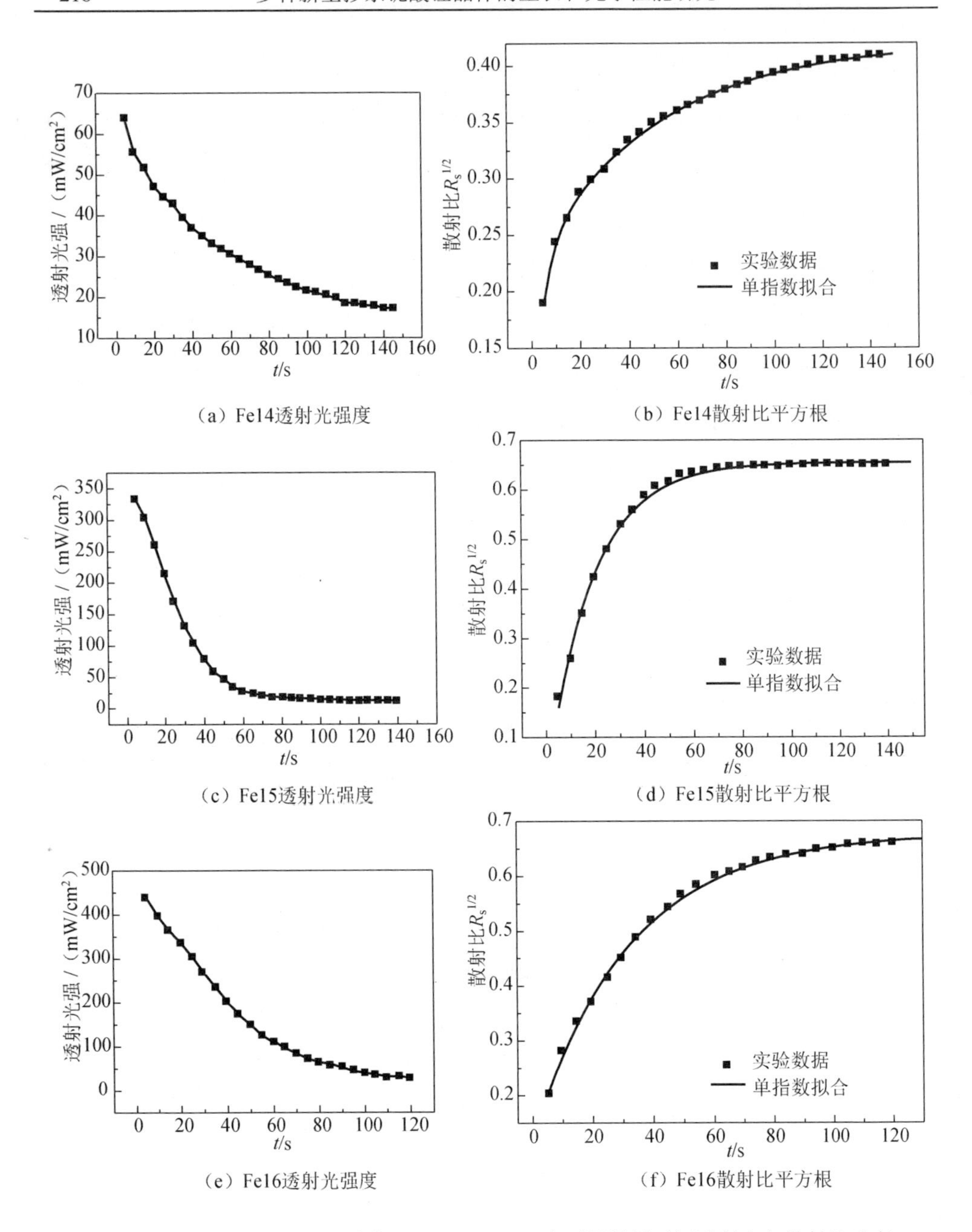

（a）Fe14透射光强度　（b）Fe14散射比平方根

（c）Fe15透射光强度　（d）Fe15散射比平方根

（e）Fe16透射光强度　（f）Fe16散射比平方根

图 5.27　Zr:Ru:Fe:$LiNbO_3$ 晶体（Fe14～Fe16）中不同照射时间透射光与散射比改变

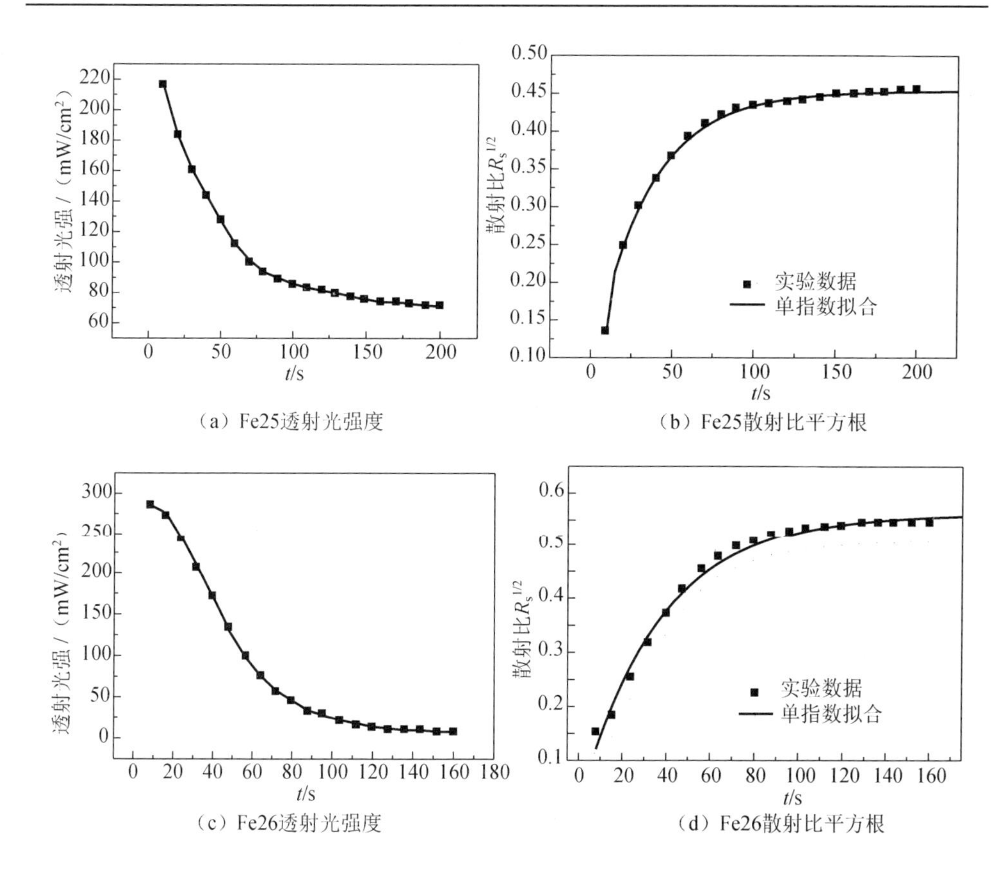

（a）Fe25透射光强度

（b）Fe25散射比平方根

（c）Fe26透射光强度

（d）Fe26散射比平方根

图 5.28　不同锂铌比 Zr:Ru:Fe:$LiNbO_3$ 晶体（Fe25、Fe26）中不同照射时间透射光和散射比改变

表 5.10　晶体的曝光能量测试结果

样品	τ /s	I_{eff} /（mW/cm^2）	E/（J/cm^2）
纯 $LiNbO_3$	28.51	57.33	1.63
2#	18.31	60.03	1.10
5#	22.92	81.65	1.87
Fe14	29.37	303.33	8.91
Fe15	21.78	700.61	15.26
Fe16	32.08	884.53	28.38
Fe25	33.84	656.25	22.21
Fe26	36.69	870.93	31.95

$LiNbO_3$晶体中存在光生伏特场，光生伏特场造成了光散射的出现。研究发现当光生伏特场不提高光散射效应变得更加明显。对于 $LiNbO_3$ 晶体中的光生伏特场可表示为

$$E_{\mathrm{phv}} = j_{\mathrm{phv}} / (\sigma_{\mathrm{ph}} + \sigma_{\mathrm{d}}) \tag{5.13}$$

式中，j_{phv} 为光伏电流密度；σ_{ph} 为晶体光电导；σ_{d} 为暗电导。对于 $Fe:LiNbO_3$ 晶体，$j_{\mathrm{phv}} \propto [Fe^{2+}] \times I_0$，$\sigma_{\mathrm{ph}} \propto [Fe^{2+}]/[Fe^{3+}] \times I_0$，$[Fe^{2+}]$和$[Fe^{3+}]$分别为晶体中 Fe^{2+}和 Fe^{3+}的浓度，σ_{d}与光强无关。Ru 离子的情况与 Fe 离子类似。Li 等人认为σ_{d}的大小取决于 $LiNbO_3$ 晶体中 Li 空位的浓度[16]。在光照条件下，σ_{d}的数值通常很小，可以忽略不计。

在未掺杂的同成分 $LiNbO_3$ 晶体中由于 Li/Nb 小于 1，Li 的缺少导致了锂空位缺陷（V_{Li}^{-}）的形成。同时为了保持晶体电中性，部分位于正常 Nb 位的 Nb 离子进入 Li 位形成反位铌（Nb_{Li}^{4+}）缺陷基团实现电荷补偿。$Ru:Fe:LiNbO_3$ 晶体中存在 Ru 和 Fe 两种掺入的光折变敏感离子，它们与本征缺陷 Nb_{Li}^{4+} 共同充当晶体中的光折变中心，$Ru:Fe:LiNbO_3$ 晶体中的光散射就是这些离子或基团的电荷移动的结果。在 Nb_2O_5 中处理的 $Ru:Fe:LiNbO_3$ 晶体中 Fe^{3+}的浓度升高，同时 Fe^{2+}的浓度降低，$[Fe^{2+}]/[Fe^{3+}]$的比值减小，因而光生伏特场的数值减小，导致晶体的光散射效应减弱，光致光散射曝光能量提高，因此氧化处理能小幅度提高晶体抗光致散射能力。

对于掺杂不同数量 Zr^{4+}离子的一系列 $Zr:Ru:Fe:LiNbO_3$ 晶体，前面透射光斑畸变测试中没有观察到明显光斑变化。这里利用曝光能量流深入研究了这一组晶体的光致光散射情况。该实验中，使用均生长态 $Zr:Ru:Fe:LiNbO_3$ 晶体，不做对晶体在 O_2 或 CO_2 气氛中的处理。图 5.19 中给出了生长态 Zr(1mol%):$Ru:Fe:LiNbO_3$ 晶体、Zr(2mol%):$Ru:Fe:LiNbO_3$ 晶体以及 Zr(3mol%):$Ru:Fe:LiNbO_3$ 晶体的透射光强和散射比平方根随时间变化曲线。

从这一组实验结果发现，在 $Ru:Fe:LiNbO_3$ 晶体中掺杂 Zr^{4+}离子可以导致曝光能量提高，并且随着掺杂浓度的从 1mol%增加到 3mol%曝

光能量逐渐增大。对于同样未经氧化还原处理的晶体，Zr^{4+}离子的掺杂浓度为 3mol%时 $Zr:Ru:Fe:LiNbO_3$ 晶体的曝光能量最高即该晶体具有最强的抗光致散射能力。曝光能量的数值提高意味着抗光致散射能力增大。与光斑畸变法所获得的结论相同的是，氧化处理和 Zr^{4+}数量增加都能抑制晶体的光致光散射效应。研究发现 $LiNbO_3$ 晶体中光散射是由于存在光生伏特场。Zr^{4+}掺入到同成分 $Ru:Fe:LiNbO_3$ 晶体后，它会取代 Nb_{Li}^{4+} 进入晶格形成 Zr_{Li}^{3+}。我们知道 Nb_{Li}^{4+} 能起到晶体光折变中心的作用，这类光折变中心基团受到 Zr^{4+}掺入的影响数量减少，加强了 $Ru:Fe:LiNbO_3$ 晶体的抗光致散射性能。从光谱分析中得到结论即离子阈值浓度在 2mol%～3mol%，因此在 Zr(3mol%):$Ru:Fe:LiNbO_3$ 晶体中的反位铌 Nb_{Li}^{4+} 将全部消失[17,18]。反位铌的浓度决定了电子陷阱数量，因此 Zr(3mol%):$Ru:Fe:LiNbO_3$ 晶体中大幅减少。电子陷阱数量减少会同时使光电导和载流子迁移率增大，从而抑制晶体中的光致光散射效应，因此晶体的抗光致散射性能增强。

5.3.3　$Zr:Fe:LiNbO_3$ 晶体的抗光散射性能

典型的透射光强随时间的变化关系曲线如图 5.29 所示，透射光强随时间的增加而逐渐减小，最后趋于饱和。根据透射光强随时间的变化关系，就可以求出散射光强 $I_S=I_{t0}-I_{t1}$，其中 I_{t0} 为记录初始时刻的透射光强，I_{t1} 为饱和时的透射光强，定义平均散射光强 $R=I_S/I_{t0}$ 为光致散射强度。图 5.30 给出了入射光强为 $255mW/cm^2$ 时各样品透射光强随时间的变化关系曲线。

图 5.31 给出了不同样品光致散射强度随入射光强的变化关系，从图 5.31 可以明显看出，所有样品都存在阈值光强，光强低于此值时，几乎不存在光致散射，当光强高于此值时出现散射，并且随光强增加而增强，最后达到饱和。与 $Fe:LiNbO_3$ 晶体相比，$Zr:Fe:LiNbO_3$ 晶体具有更大的阈值光强，能够更好地抑制光致散射。并且 Fe23 样品阈值光强最大，可达到 $191mW/cm^2$，此时光致散射强度接近为零（5%）。Fe21

和 Fe22 样品的阈值光强较低，分别为 63.4mW/cm^2 和 100mW/cm^2，此时对应的平均散射强度分别为 1.9%和 4.8%，但阈值光强仍比 Fe:LiNbO$_3$ 晶体的要高（12mW/cm^2）。而当泵浦光强大于 400mW/cm^2 时，随着[Li]/[Nb]比的增加，样品的平均散射强度减小，也就是说随着[Li]/[Nb]比的增加，样品的抗光散射能力逐渐增强。

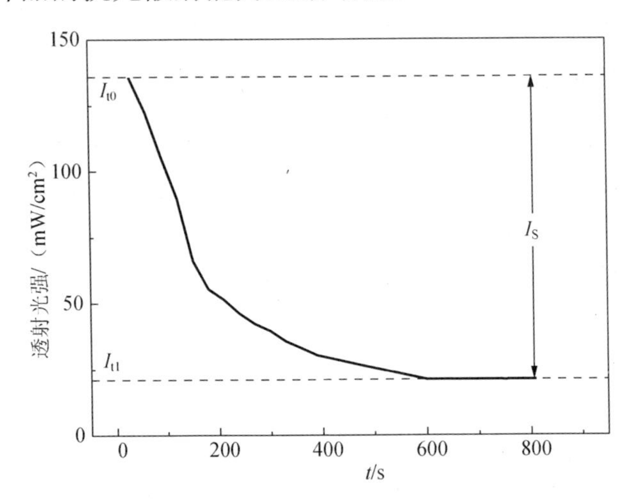

图 5.29　典型的透射光强随时间的变化关系曲线

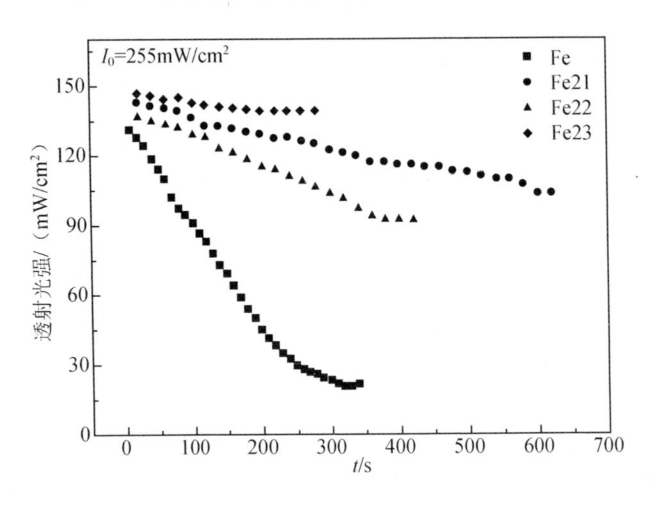

图 5.30　当光强为 255 mW/cm^2 时透射光强随时间的变化关系

从上一章的理论分析可知，晶体中的光生伏特场是引起晶体光致散射的主要原因，较小的空间电荷场能够更好地抑制光致散射。在固液同成分 Fe:$LiNbO_3$ 中存在微量光折变敏感杂质 Fe 和本征缺陷 Nb_{Li}^{4+}，它们起到光折变中心的作用。在 $LiNbO_3$ 中掺入适量的 Zr^{4+}时，晶体的暗电导增加，这是 Zr 掺入使得晶体抗光散射能力增强的原因之一。另外，随着[Li]/[Nb]比的增加，$LiNbO_3$ 中 Fe^{3+}离子的浓度和 Nb_{Li} 陷阱浓度减小，导致晶体中空间电荷场减小，光致散射受到抑制，也就是晶体的抗光散射性能得到增强。所以与同成分 Fe:$LiNbO_3$ 晶体相比，Zr:Fe:$LiNbO_3$ 晶体具有更大的阈值光强，能够更好地抑制光致散射。并且随着[Li]/[Nb]比的增加，抗光散射性能逐渐增强。

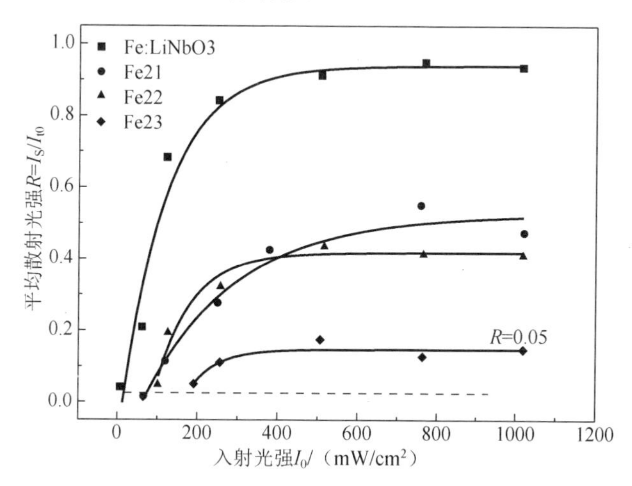

图 5.31　平均散射光强与入射光强的关系

5.3.4　Mg:Yb:Ho:$LiNbO_3$ 晶体的抗光散射性能

从图 5.32 可以看出 Mg:Yb:Ho:$LiNbO_3$ 晶体透射光与曝光时间成反比，随着曝光时间的增加，样品的透射光减弱，符合我们得到的结论。散射比的平方根 $\sqrt{R_S}$ 和 Mg:Yb:Ho:$LiNbO_3$ 晶体的曝光时间之间的关系如图 5.33 所示。

可以看到散射比的平方根随着曝光时间的增加而增大，因为散射比代表的是散射光的强弱，透射光减弱就会使得散射比增加，所以结果刚与理论相符合。为了便于分析，最后将所有测得并计算得到关于的

$Mg:Yb:Ho:LiNbO_3$ 晶体的光致散射曝光能量流的数据见表 5.11，可以定量分析样品的抗光损伤能力了。

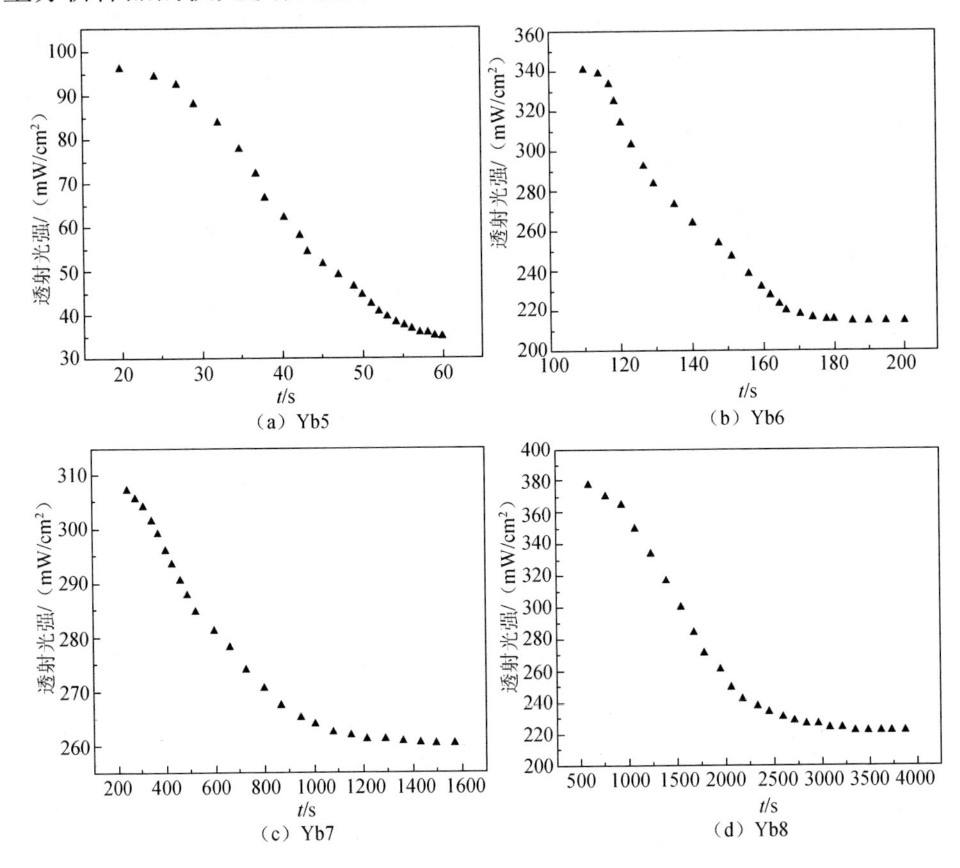

图 5.32　$Mg:Yb:Ho:LiNbO_3$ 晶体透射光与曝光时间的关系

表 5.11　$Mg:Yb:Ho:LiNbO_3$ 晶体的光致散射参数、照射光强（I）、有效入射光强（I_{eff}）、曝光时间（τ）和曝光能量（E_r）

晶体	τ/s	I/（mW/cm^2）	I_{eff} /（mW/cm^2）	E_r /（J/cm^2）
Yb5	13.71	142.66	121.93	1.67
Yb6	26.73	401.87	343.48	9.18
Yb7	570.80	445.63	380.88	217.41
Yb8	1611.38	514.92	440.10	709.17

结合实验数据可以得出，样品的曝光能量随着 Mg^{2+}离子掺杂浓度的增加而显著提高。样品 Yb6 的曝光能量为 9.18 J/cm^2，是样品 Yb5 的

5 倍多。当 Mg^{2+}离子的掺杂浓度从 3mol%提高到 5mol%（样品 Yb7）的时候，样品 Yb7 的曝光能量流达到了 217.41 J/cm²，大约是样品 Yb5 的 130 多倍。当熔体中的 Mg^{2+}增加到 7 mol%，样品 Yb8 是所有样品中抗光致散射能力最强的，它的曝光能量流比样品 Yb5 要大出 425 倍左右，甚至比样品 Yb7 的三倍还要多，达到了 709.17 J/cm²。综上所述，可以得出样品 Yb8 是最能抑制 Mg:Yb:Ho:$LiNbO_3$ 晶体中光致散射现象的。

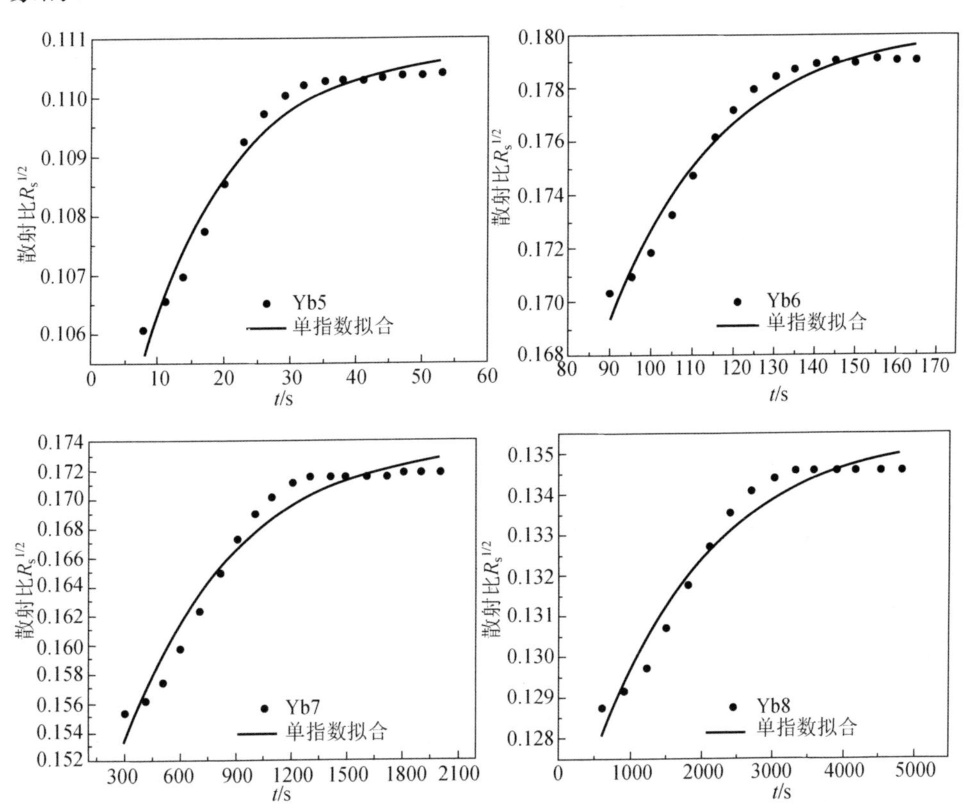

图 5.33　Mg:Yb:Ho:$LiNbO_3$ 晶体散射比的平方根与曝光时间的关系

5.3.5　Hf (Zr):Yb:Ho:$LiNbO_3$ 晶体的抗光散射性能

图 5.26 显示了 Hf:Yb:Ho:$LiNbO_3$ 晶体透射强度和曝光时间之间的关系。光诱导散射强度（I_s）等于 I_{T0}−I_{Tt}、I_{T0} 和 I_{Tt} 分别是开始时入射光强度和 t 的强度。R_s 来描述共掺 $LiNbO_3$ 晶体光诱导散射的强度，是散射光强

度（I_s）和入射光强度（I_I）的比值。R_s 平方根 $\sqrt{R_S}$ 与曝光时间的关系如图 5.34 所示。试验曲线适合单指数函数 $\sqrt{R_S}=\sqrt{R_{S,sat}}\left[1-\exp\left(\frac{-t}{\tau}\right)\right]$。$R_{s,sat}$ 表示饱和散射比，τ 散射时间常数。在上述方程中，τ 表示散射比的平方根 $\sqrt{R_S}$ 增加到饱和散射比平方根 $\sqrt{R_{S,sat}}$ $1-1/e$ 的时间，可以根据实验曲线获得散射时间常数。通过透镜的激光强度（I_0）主要分两部分，一部分辐射到晶体上，即入射到晶体上的有效光强，另一部分被反射（I_{eff}），他们之间的关系是 $I_{eff}+I_R=I_0$。根据曝光能量流的定义来看，晶体上有效的曝光能量流是 $E_{eff}=I_{eff}\tau=(1-R)I_0t$。$R$ 是共掺 $LiNbO_3$ 反射率，接近常数 0.1453。值得一提的是曝光能量流 E_r 可以用来数量上描述辐射时间和抗光散射能力。

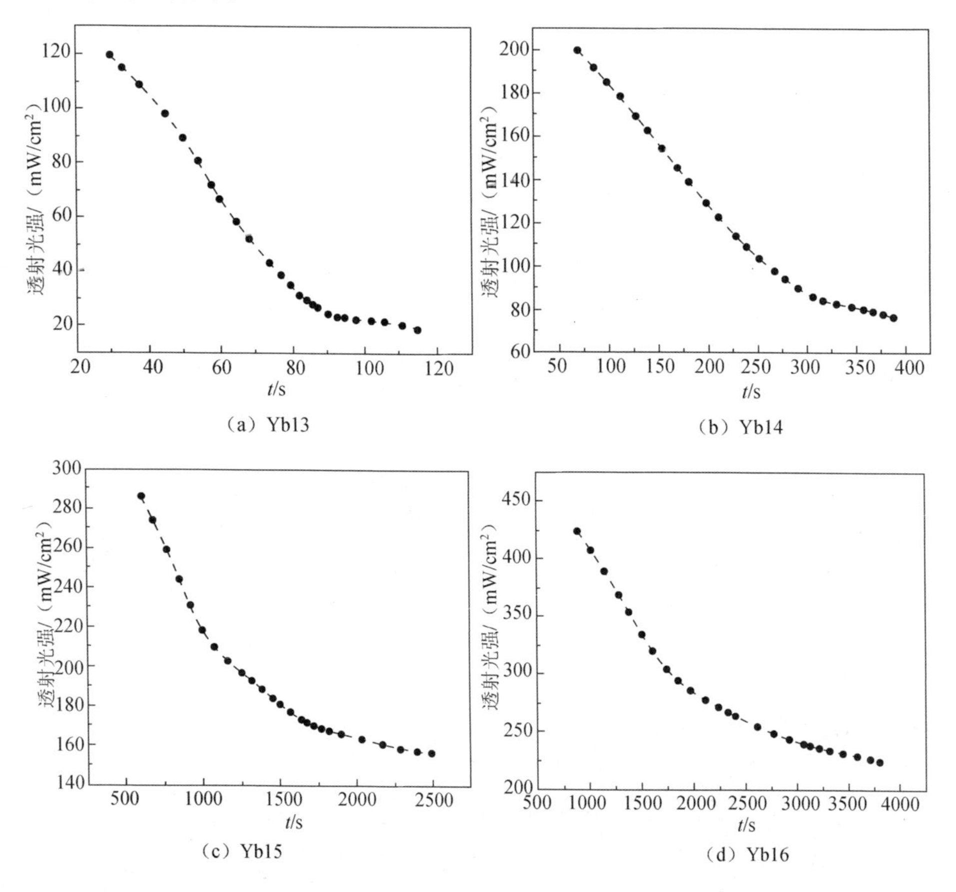

图 5.34　Mg（Zr、Hf）:Yb:Ho:$LiNbO_3$ 晶体曝光时间和透射强度的关系

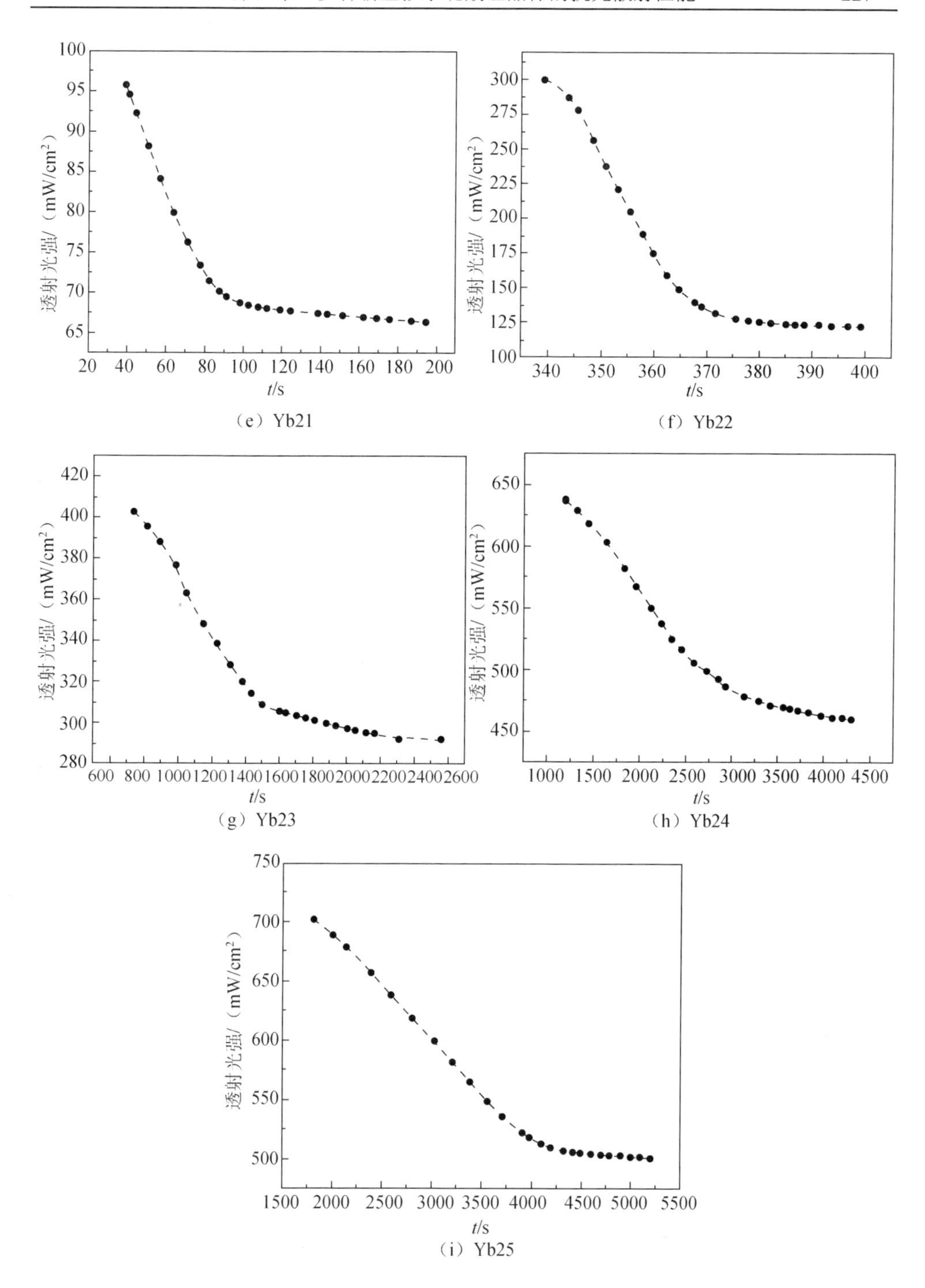

（e）Yb21　（f）Yb22

（g）Yb23　（h）Yb24

（i）Yb25

图 5.34　Mg（Zr、Hf）:Yb:Ho:$LiNbO_3$ 晶体曝光时间和透射强度的关系（续）

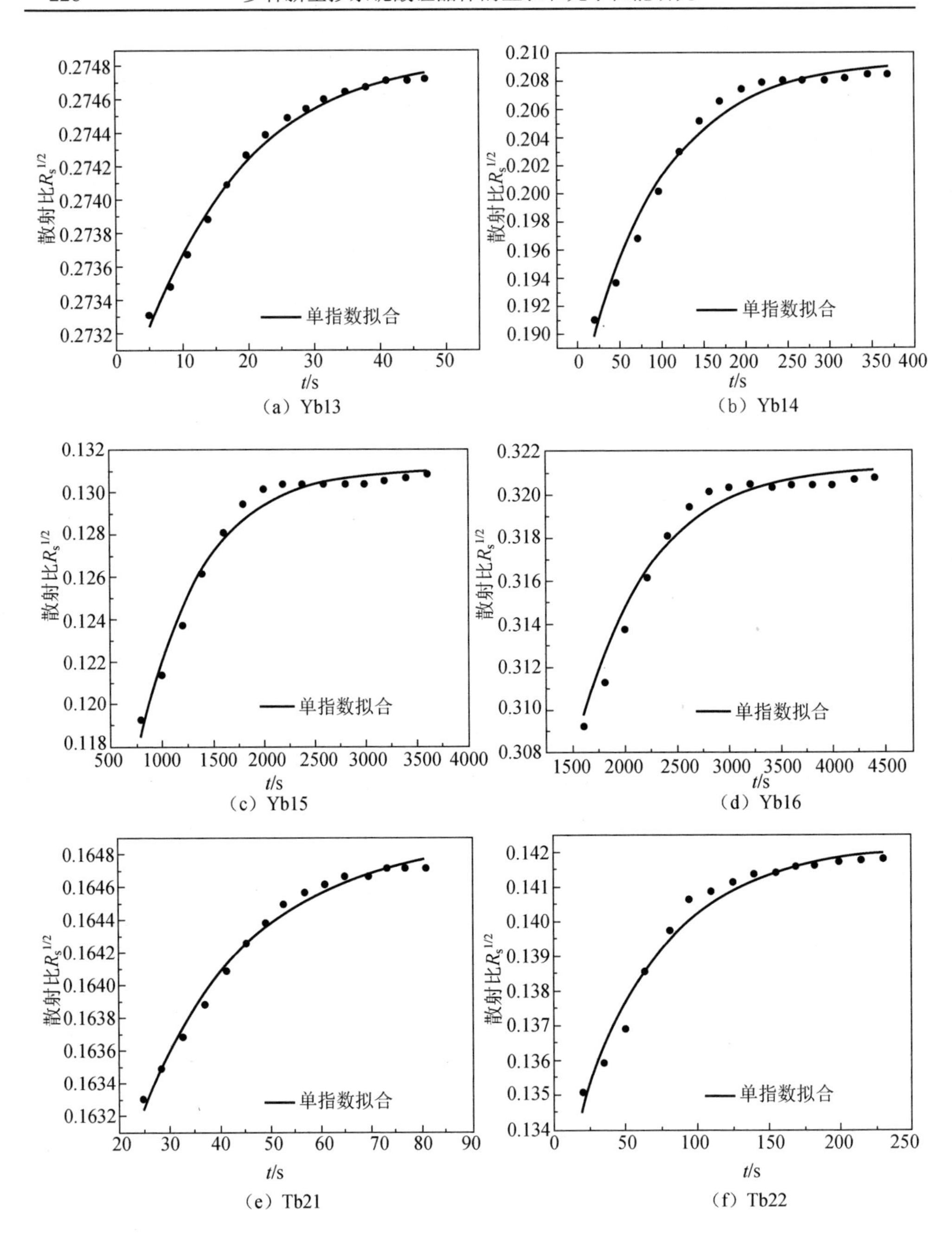

图 5.35　Mg（Zr、Hf）:Yb:Ho:$LiNbO_3$ 晶体曝光时间与散射率平方根的关系

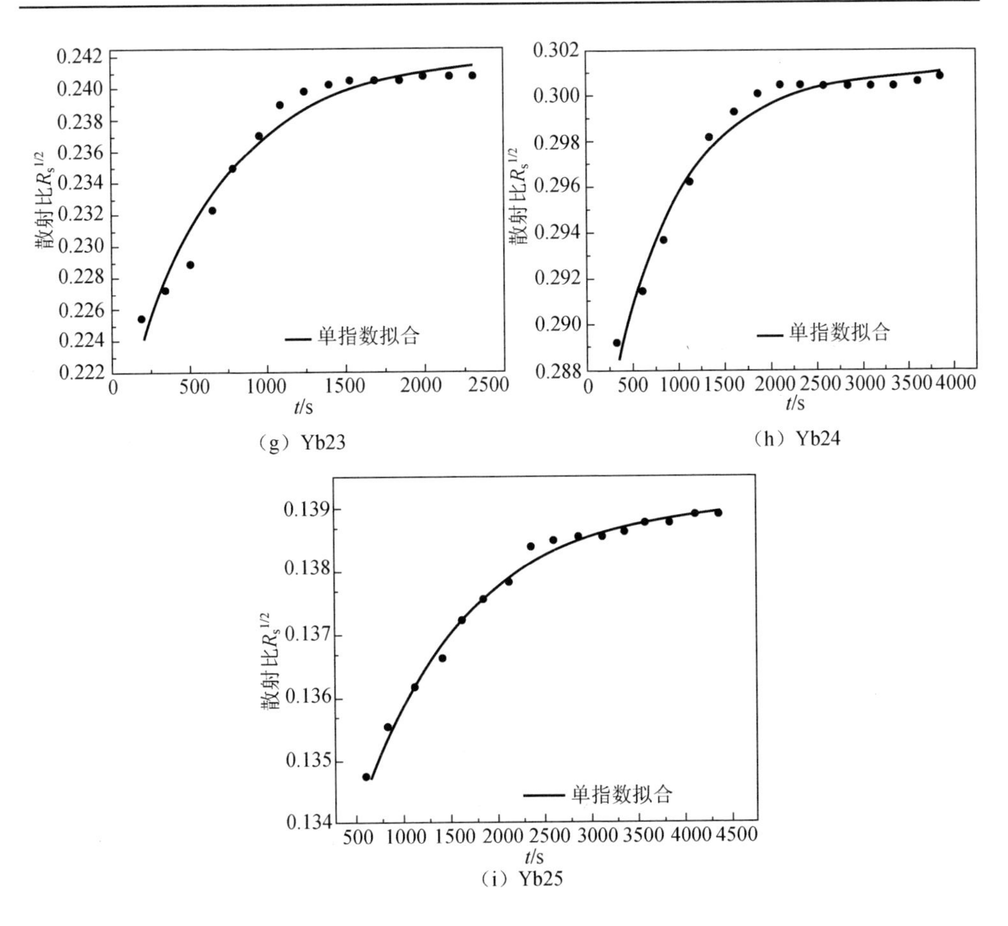

图 5.35　Mg（Zr、Hf）:Yb:Ho:$LiNbO_3$晶体曝光时间与散射率平方根的关系（续）

表 5.12 给出了抗光散射测量的参数，包括 Hf:Yb:Ho:$LiNbO_3$晶体光照强度（I），曝光时间（τ），和总的曝光能量流（E_r）。我们广泛的研究 Hf:Yb:Ho:$LiNbO_3$晶体中[Li]/[Nb]比（0.85、0.94、1.05、1.20 和 1.38）的影响。我们注意到[Li]/[Nb]比会引起曝光能量的变化，特别是，随着[Li]/[Nb]比增加曝光能量也增加。清晰地显示在表中，样品 Yb22 的曝光能量是 17.40J/cm^2，是样品 Yb21 的 7 倍。当[Li]/[Nb]比增加的范围从 0.946～1.05，曝光能量达到 251.16J/cm^2，大约是样品 Yb21 的 100 倍。然而，当在熔液中[Li]/[Nb]是 1.2 时，通过[Li]/[Nb]比的增加曝光能量连续增加。在这种情况下，可以判断样品 Yb25 的曝光能量在五个样品中是最强的，大约是样品 Yb21 的 326 倍。最后我们认为样品 Yb25 是抑制光

诱导散射最好的选择。从表 5.12 结果看，随着 Zr:Yb:Ho:$LiNbO_3$ 晶体中 Zr^{4+}浓度的增加样品的曝光能量显著增加。样品 Yb14 的曝光能量是 7.87J/cm^2，是样品 Yb13 的 20 倍。当 Zr^{4+}浓度由 1 增加到 2mol%（样品 Yb15），曝光能量增加到 45.09J/cm^2，大约高于样品 Yb13 两个数量级。当 Zr^{4+}浓度增加到 5mol%，是四个样品中抗光散射能力最强的。样品 Zr5 要轻微高于样品 Yb15，为 49.33J/cm^2。根据结果对比，样品 Yb16 是抑制光至散射最佳的选择。

表 5.12　Mg（Zr、Hf）:Yb:Ho:$LiNbO_3$ 晶体的光照强度（I）、有效的入射强度（I_{eff}）、曝光时间（τ）和总能量（E_r）

样品	τ/s	I/（mW/cm^2）	I_{eff}/（mW/cm^2）	E_r/（J/cm^2）
Yb13	15.97	204.82	29.76	0.4752
Yb14	91.20	593.67	86.26	7.87
Yb15	603.79	514.04	74.69	45.09
Yb16	681.77	497.94	72.35	49.33
Yb21	21.29	128.39	109.73	2.34
Yb22	57.70	352.85	301.58	17.40
Yb23	630.95	465.74	398.07	251.16
Yb24	755.68	710.99	607.68	459.21

对于 $LiNbO_3$ 晶体，在掺杂后，光电导率与 Nb_{Li}^{4+} 浓度成反比。对于 Zr:Yb:Ho:$LiNbO_3$ 晶体，如果 Zr^{4+}浓度低于阈值浓度，Zr^{4+}、Ho^{3+}和 Yb^{3+} 离子优先替代 Nb_{Li}^{4+}。随着 Zr^{4+}离子浓度的增加，Nb_{Li}^{4+} 的数量急剧下降。当 Zr^{4+}浓度高于阈值浓度（样品 Yb15 和 Yb16），所有的 Nb_{Li}^{4+} 消失。这些都有助于光电导率的增加。因此，高掺 Zr^{4+}的 Zr:Yb:Ho:$LiNbO_3$ 晶体（Yb16）要比其他样品更强的抗光散射能力。

参 考 文 献

[1] Yan W, Chen H, Shi L, et al. Investigation of the light-induced scattering varied with HfO_2 codoping in $LiNbO_3$:Fe crystals[J]. Applied Physics Letters, 2007, 90: 211108-1-211108-3.

[2] Pálfalvi L, Almási G, Hebling J, et al. Measurement of laser-induced refractive index change of Mg-doped congruent and stoichiometric $LiNbO_3$[J]. Applied Physics Letters, 2002, 80(13): 2245-2247.

[3] Dai L, Li D Y, Zhang Y, et al. Influence of In^{3+} ions concentration on spectroscopic properties of $Ho:LiNbO_3$ crystals[J]. Journal of Rare Earths, 2012, 30: 780-784.

[4] Magnusson R, Grylord T. Laser scattering induced holohraphic in lithium niobate[J]. Applied Optics, 1974, 13(7):1545-1548.

[5] Dai L, Li D Y, Qian Z, et al. Investigations on defect structure and light-induced scattering of $Mg:Ho:LiNbO_3$ with various Mg^{2+} concentration[J]. Modern Physics Letters B, 2012, 26: 1250127.

[6] Zhang G, Xu J, Liu S, et al. Study of resistance against photorefractive light-induced scattering in $LiNbO_3$:Fe,Mg crystal[J]. Proceedings of SPIE, 2005, 5636: 505-511.

[7] Dai L, Zhou Z Q, Xu C,et al. The effect of In^{3+} doping on the optical characteristics of $Ho:LiNbO_3$ crystals[J]. Journal of Molecular Structure. 2013, 1047(9): 262-266.

[8] Wang M, Wang R, Li C Y, et al. Optical properties of Ce:Mn：$LiNbO_3$ crystal with various Li/Nb ratios[J]. Journal of Crystal Growth, 2008,310(18):3820-3824.

[9] Dai L, Jiao S S, Xu C, et al. The effect of Zn^{2+} ion on the UV-VIS-NIR and upconversion emission spectroscopy of Er^{3+} in $Yb:Er:LiNbO_3$ crystal[J]. Journal of Molecular Structure, 2014, 1061(1): 1-4.

[10] Dai L,Xu C, Zhang Y, et al. Influences of Mg^{2+} ion on dopant occupancy and upconversion luminescence of Ho^{3+} ion in $LiNbO_3$ crystal[J]. Chinese Physics B, 2013, 22:094201.

[11] 袁泉, 陶世荃, 江竹青, 等. 体光栅的垂直角度选择角和光栅简并[J]. 中国激光, 1997, 24(4):337-341.

[12] Zhang G, Zhang G, Liu S, et al. The threshold effect of incident light intensity for the photorefractive light-induced scattering in $LiNbO_3$:Fe:M (M=Mg^{2+}, Zn^{2+}, In^{3+})crystals[J]. Journal Applied Physics, 1998, 83(8): 4392-4396.

[13] Kovács L, Ruschhaupt G, Polgár K, et al. Composition dependence of the ultraviolet absorption edge in lithium niobate[J]. Applied Physics Letters, 1997, 70(21): 2801-2803.

[14] Kamber N Y, Xu J, Mikha S M, et al. Threshold effect of incident light intensity for the resistance against the photorefractive light-induced scattering in doped lithium niobate crystals[J]. Optics Communications, 2000, 176(1): 91-96.

[15] Schlarb U, Betzler K. Refractive index of lithium niobate as a function of temperature, wavelength, and composition：a generalized fit[J]. Physical Review B, 1993, 48(21): 15613-15620.

[16] Li S, Liu S, Kong Y, et al. Enhanced photorefractive properties of $LiNbO_3$:Fe crystals by HfO_2 codoping[J]. Applied Physics Letters, 2006, 89(10):101126-1-101126-3.

[17] Luo S, Wang J, Shi H, et al. Photorefractive and optical scattering properties of $Zr:Fe:LiNbO_3$ crystals[J]. Optics and Laser Technology, 2012, 44(7): 2245-2248.

[18] Luo S, Wu F, Wang J, et al. Effect of [Li]/[Nb] ratios on the photorefraction and scattering properties in $In:Fe:Cu:LiNbO_3$ crystals at 488 nm wavelength[J]. Optics Communications, 2011, 284(19): 4452-4457.

第六章　多种新型掺杂铌酸锂晶体的存储性能

光折变效应的主要作用之一是能够将入射光强的空间分布实时转换为介质中折射率变化的空间分布，而且这种变化能够被长期保存，这就为利用光折变效应制作各种非线性光学元器件奠定了基础。因此，它已经成为实时光学信息处理的基本手段，在三维光学存储器、全光学图像处理、相位共轭器、集成光学及光通信等领域得到了广泛应用。

高密度的信息存储和高速的数据处理是信息化技术追求的主要目标之一。光学体全息存储是相对于一维线存储和二维面存储而言的，它是采用激光为记录光，利用激光与介质的相互作用实现记录与读出信息。当激光照射到三维存储介质上时，会引起介质中的分子、原子或电子状态改变，从而改变介质的某些光学性质。由于材料固有的弛豫性质，所以这些光学性质的改变将在一定时间内被保存下来，这样激光所载有的信息就被记录到三维存储介质中，实现了光学体全息存储。当用读出光照射存储介质时，由于介质光学性质的不均匀性，读出光由于受到介质的散射或衍射作用而改变传播性质，这种改变与介质记录的信息是相对应的。这样，材料中存储的信息就会被复现出来，实现信息的读出。

晶体体全息存储与读出系统原理：存储的时候，输入的数据首先通过空间光调制器（spatial light modulator，SLM）被调制到信号光上，形成一个二维信息页，然后与参考光在记录介质中干涉形成体全息图并被记录下来。利用体全息图的布拉格选择性，改变参考光的波长或者入射角度，可实现多重存储。在读出时，利用适当波长或入射角度的参考光照射全息图，就可以得到存储数据页的二维重建，再利用 CCD 光点探测阵列，读出光信号又被转化为电子信号，从而完成一个存储与读取过程。以光折变晶体作为全息记录的存储介质时，可以利用晶体的光折变效应将干涉图案光强分布的变化实时转化为相应的折射率变化，形成相位体全息图，所以全息图的衍射效率可以很高。另外，以光折变晶体作为存储介质记录全息图，记录过程简单且无需后处理，记录的全息图既能擦除重写，又可以进行固化定影（fixing）长期保存。目前生长高光学质量、大尺寸的光折变晶体的工艺已经比较成熟，因而光折变晶体目前已被广泛地应用于体全息存储中。

从上述光学体全息存储的原理可以看出，三维全息存储器和一维和二维存储器相比有以下的一些优点：

第一，存储密度大。由于受到衍射极限的限制，光存储器的最大存储密度可以达到（$1/\lambda$）^{n}的量级（λ是记录光的波长，n是记录介质的空间维数）。因此，如果用波长为 0.5μm 的光来记录信息，一维光带的最大存储密度是 10^4bits/cm，二维光盘的最大存储密度为 10^8bits/cm^2，三维存储器的最大存储密度则可以达到 10^{12}bits/cm^3，也就是说在可见光波段范围内，理论上可以将大约 1000Gbits 的数据存储在体积为 1cm^{3}的存储介质中。已有报道在单一体积单元中可以复用 10000 个携带数据的全息图[1]。由此可见，三维全息存储器的存储密度巨大，在理论上它比一维或二维存储器更适用于大型数据库、信息高速公路等的需要。

第二，数据传输速率快高，存取时间短。全息图采用面向页面的数据存储方式，一页中的所有位都并行地记录和读出，这区别于磁盘和光盘中的数据位以串行方式逐点存取。读出时，只要读出头定位到某一数据图像的物理位置，就可以在几 ns 内从介质中检索出该数据图像。在实际应用中，全息页面的读出与探测器的响应时间有关，其极限值由输入输出器件（I/O 器件，主要包括 SLM 和 CCD）决定，与高帧速、高分辨率的 CCD 探测器阵列相结合，在 100μs 的时间内并行恢复一页数据，可得到的总数据传输速率为 10Gbits/s，而现在的磁盘存储器或光盘存储器的传输速率为每秒几十兆到上百兆。另外，在数据检索过程中有可能进行非机械的寻址[2]，这使得寻址一个数据页面的时间小于 100μs，比目前所用的磁盘系统机械寻址时间 10ms 要快 100 倍。

第三，可通过并行方式进行内容寻址，寻址速度快。数据页或图像的光学再现可以从全息存储器直接输出，这使信息检索以后的处理更为灵活。再现出的光学图像被探测到并转换成电子数据图样之前，可以对其用光学方法进行并行处理，提高存储系统进行高级处理的功能。采用合适的光学系统，可能一次读出存储在整个存储器中的全部信息，或者在读出过程中同时与给定的输入图像进行相关，完全并行地进行面向图像的检索和识别。这种独特的性能可以实现用内容寻址的存储器，成为全光计算或光电混合计算的关键器件之一，在光学自动控制、神经网络、光学互连和模式识别等领域中有广阔的应用前景[3]。

第四，冗余度高。在传统的磁盘或光盘存储中，每一数据比特都占据一定的空间位置，假如存储密度增大，存储介质的缺陷尺寸与数据单元大小相当时，会引起对应数据的丢失。对于体全息存储来说，缺陷只会使信号强度降低，不会引起数据的丢失。所以体全息存储冗余度高，抗噪能力强。

第五，存储寿命长。只要光存储介质稳定，其存储寿命一般都在 10 年以上。而磁存储介质保存的信息一般只有两三年。

第六，具有抗电磁干扰能力。由于光的频率远远高于外界电磁干扰的频率，因而光全息存储器有很强的抗干扰能力，受外界磁场影响很小，可在强磁场环境下使用，且不同光束之间基本互不干扰。随着航天和地球内部探测的进步，在探测的信息存储方面，在强磁、电场环境下会受到电磁干扰的磁性二维存储器不再适用，而具有强抗干扰能力的光学体全息存储器是理想的选择，从而为航天和地球内部等探测的信息存储提供有利工具。

6.1　Mg:Ce:Fe:LiNbO$_3$ 晶体的存储性能

对镁铈铁铌酸锂晶体存储性能进行测试。该系统包括激光光源、实现信息傅里叶变换的物光光路、二维高精度机械运动寻址器及探测器四部分，实验光路如图 6.1 所示。镁铈铁铌酸锂晶体作为存储介质得到的输出图像如图 6.2～图 6.4 所示。

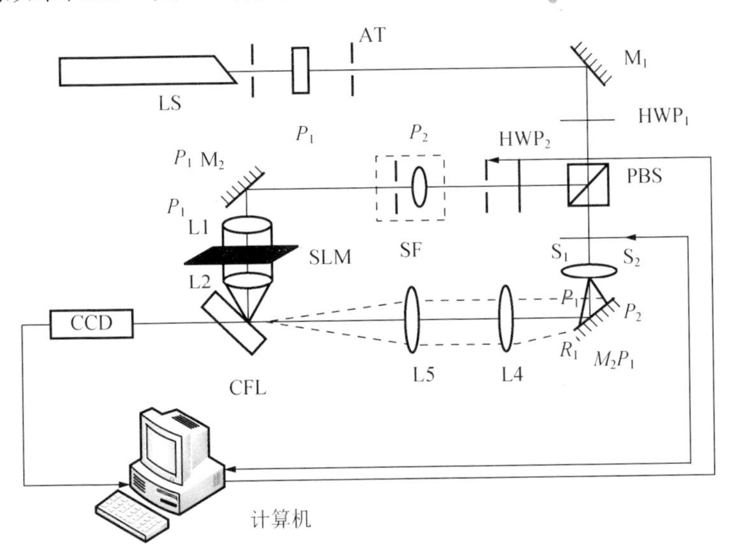

图 6.1　全息存储实验装置图

PBS. 偏振分光棱镜；L. 凸透镜；HWP. 半波片；SLM. 空间光调制器；M. 反射镜；SF. 空间滤波器；CCD. 电荷耦合元件；AT. 空间衰减器；LS. 532nm 半导体激光器；CFL. Ce. Fe. LN 晶体；P_1、P_2. 光阑；S_1、S_2. 快门

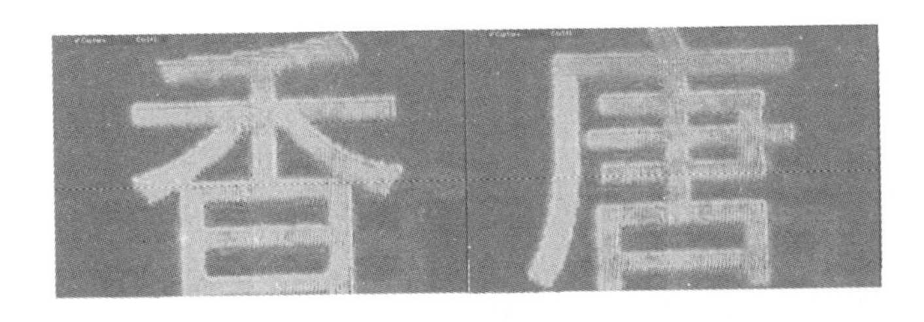

图 6.2　Mg(6mol%):Ce:Fe:LN 晶体全息存储图像

图 6.3　Mg(4mol%):Ce:Fe:LN 晶体全息存储图像

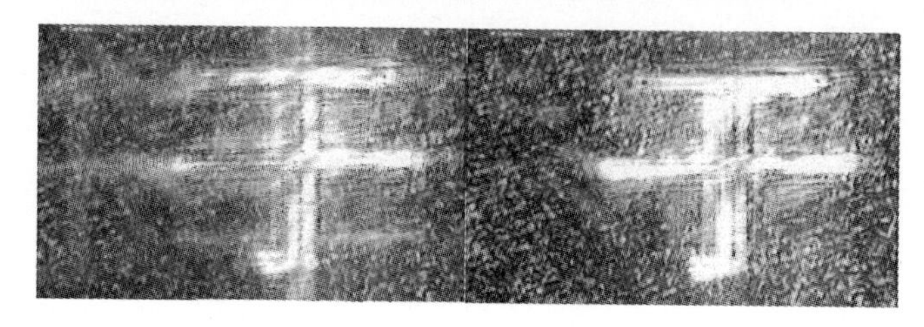

图 6.4　Ce:Fe:LN 晶体全息存储图像

从实验结果中可以看出，Mg(6mol%):Ce:Fe:LN 晶体作为存储介质得到的输出图像的质量好于 Mg(4mol%):Ce:Fe:LN 晶体，更好于 Ce:Fe:LN 晶体。这主要是因为 Mg(6mol%):Ce:Fe:LN 晶体的抗光致散射能力强于 Mg(4mol%):Ce:Fe:LN 晶体，更强于 Ce:Fe:LN 晶体，降低了晶体的散射噪声，提高了信噪比。同时从实验结果中也可以看出，再现出来的图像有不同程度的失真，这主要是全息存储实验过程中存在的干扰噪声所致。

6.2　Zn(Mg):Ru:Fe:$LiNbO_3$ 晶体的存储性能

Fe:$LiNbO_3$ 晶体因其衍射效率高，存储密度高等优点成为全息存储的首选材料，但其存储信息具有挥发性，不能实现长期存储，限制了 Fe:$LiNbO_3$ 晶体的应用。经多次实验，双波长非挥发全息存储技术因信息存储效果好，能实现非挥发读出而受到广泛关注。

双波长非挥发全息存储性能测试实验系统如图 6.5 所示。采用 Kr+ 激光器发出的 476nm 的蓝光作为记录光，采用 He-Ne 激光器发出的 633nm 的红光作为探测光。476nm 的蓝光经过分束镜分为光强相等的两束光：物光和参考光，两束光均经反射镜反射，以夹角 2θ=32° 角度入射到晶体上，相交于晶体内部某一点上。这一部分和测量晶体的光折变性能的二波耦合实验相同，并且，两束光的偏振态相同，相交于晶体上的光斑大小相等，这一点可以通过放置光阑来获得。氦氖激光器发出的 633nm 的红光以布拉格匹配角照射到晶体上，相交于晶体内部同一点上。采用功率计 D1 和 D2 来分别测量红光（633nm）的透射光强和衍射光强。在实验过程中，通过电子快门控制光束的开关，在 476nm 的物光和参考光光路及探测光光路均放置了快门来控制光束。

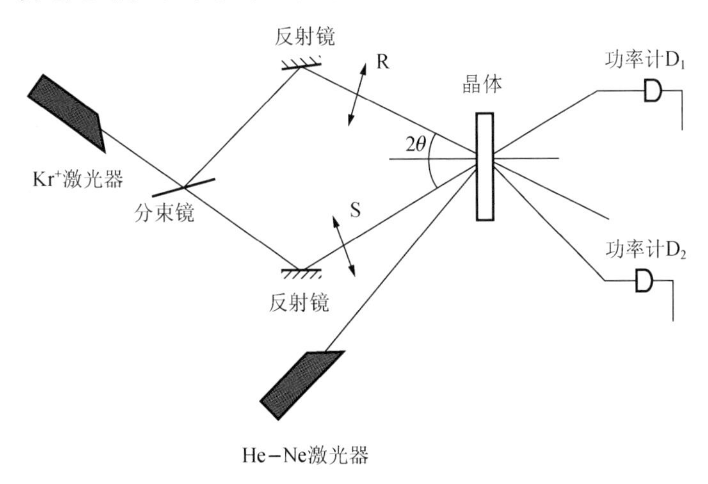

图 6.5　双波长非挥发全息存储性能测试实验装置图

非挥发全息存储性能实验主要分为以下几步完成。第一步，记录光栅。打开 633nm 的探测光的快门，通过功率计 D1 测量晶体的初始探测光。然后，两束 476nm 的物光和参考光快门打开，三束光均照射在晶体上，相交于晶体内部某一点上，此时开始记录光栅，通过功率计 D2 来测量探测光的衍射光光栅；第二步，再现光栅。将两束 476nm 的物光和参考光快门均关闭，只打开 632.8nm 的探测光快门，将浅能级中的光栅擦除，保留并固定深能级中的光栅，实现非挥发性存储。其中，晶体的初始探测光光强是 40mW/cm^2，两束记录光的总和为 160mW/cm^2，探测光和记录光的比值为 1∶4。

掺杂 $LiNbO_3$ 晶体的非挥发全息存储性能，如图 6.6 和图 6.7 所示，全息存储性能参数见表 6.1。由表 6.1 可知，随着镁（锌）离子浓度的增加，掺杂 $LiNbO_3$ 晶体的固定衍射效率逐渐增加，晶体的响应速度和灵敏度均得到提高。总体上说，Mg:Ru:Fe:$LiNbO_3$ 晶体和 Zn:Ru:Fe:$LiNbO_3$ 晶体的双波长非挥发全息存储性能随着镁或者锌离子浓度的增加而增强。一般情况，掺杂 $LiNbO_3$ 晶体的全息存储性能主要由晶体的敏感中心决定，在 Mg:Ru:Fe:$LiNbO_3$ 和 Zn:Ru:Fe:$LiNbO_3$ 晶体中，光折变敏感中心为 Ru 和 Fe，476nm 下的载流子以空穴为主，476nm 的蓝光有足够的能量来激发深浅能级的空穴，这样光栅能直接记录在深浅陷阱能级中。

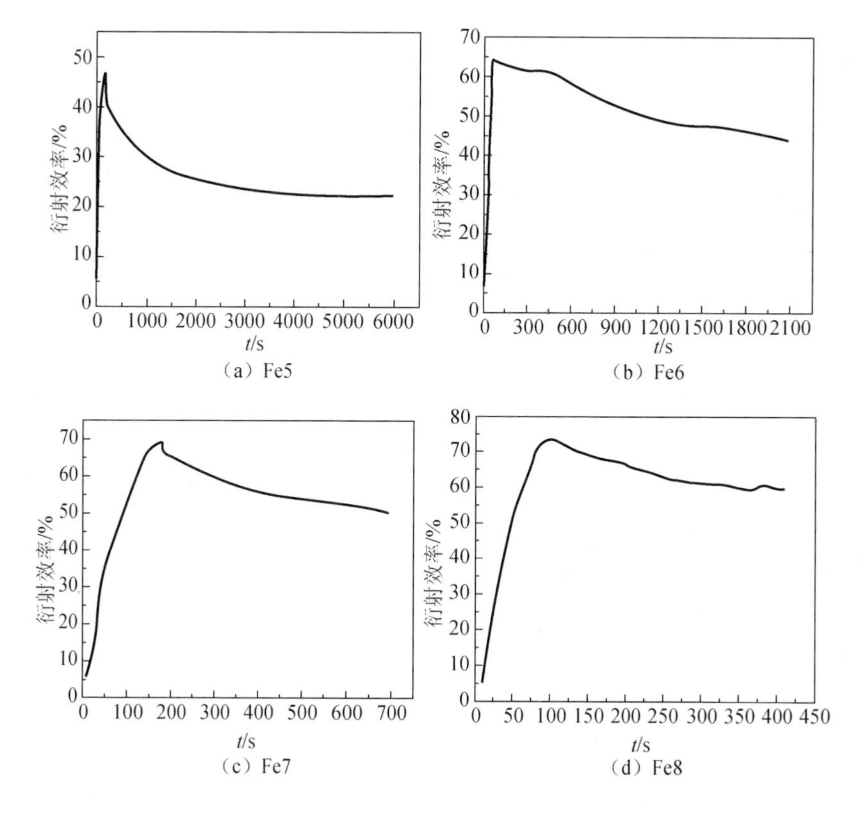

图 6.6　Mg:Ru:Fe:$LiNbO_3$ 晶体的非挥发全息存储性能

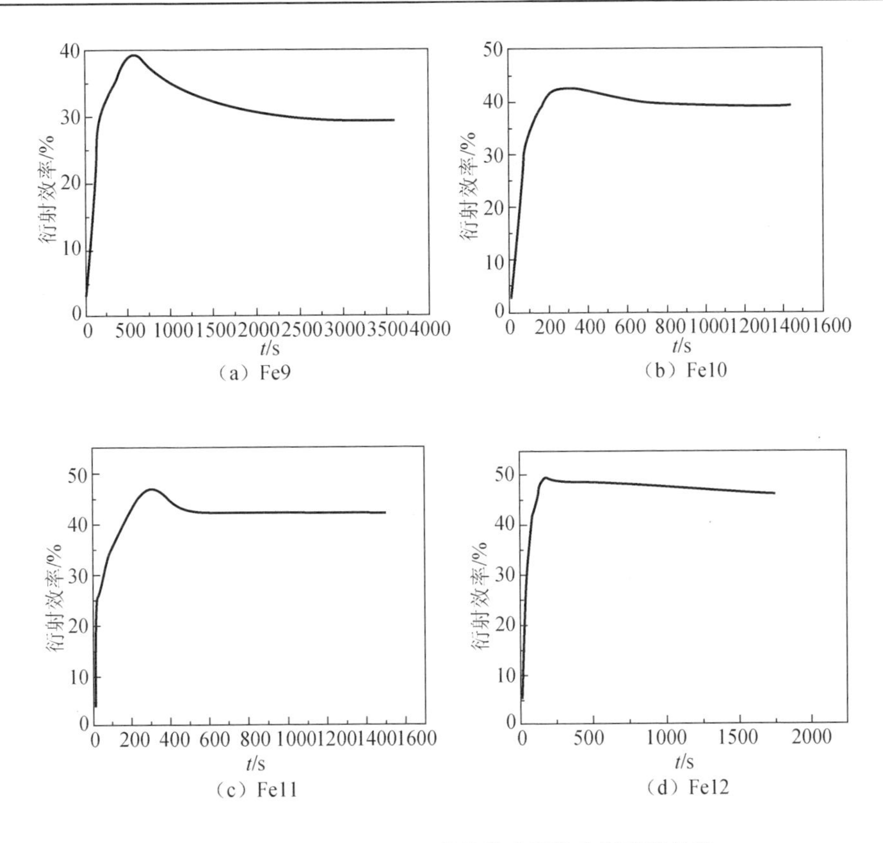

图 6.7　Zn:Ru:Fe:LiNbO$_3$ 晶体的非挥发全息存储性能

表 6.1　掺杂铌酸锂晶体的非挥发全息存储性能参数

晶体编号	最大衍射效率 η_{max} / %	固定衍射效率 $\eta_{固定}$ / %	写入时间 τ_w / s	灵敏度 S'/ (cm/J)
Fe5	46.77	22.04	180	7.62×10^{-2}
Fe6	64.62	43.71	160	1.02×10^{-1}
Fe7	68.99	49.87	100	1.66×10^{-1}
Fe8	73.57	59.82	70	2.74×10^{-1}
Fe9	39.22	29.31	200	2.82×10^{-2}
Fe10	42.07	39.31	410	3.17×10^{-2}
Fe11	46.77	40.03	300	4.56×10^{-2}
Fe12	47.01	42.01	160	8.57×10^{-2}

由晶体的光谱测试可以得知，当钌、铁、镁（锌）离子进入掺杂 LiNbO$_3$ 晶体内，钌、铁、镁（锌）离子首先取代反位铌 Nb_{Li}^{4+}，使反位铌 Nb_{Li}^{4+} 的浓度降低，而光电导与反位铌 Nb_{Li}^{4+} 的浓度成反比，导致光电

导增加，这样响应速度得到提高。由以上得出，Mg(7mol%)：Ru:Fe:$LiNbO_3$和Zn(7mol%)：Ru:Fe:$LiNbO_3$晶体是全息存储性能较好的晶体，并且Mg(7mol%)：Ru:Fe:LiNbO3的全息存储性能要好于Zn(7mol%)：Ru:Fe:$LiNbO_3$晶体。

6.3　Zr:Mn:Fe:$LiNbO_3$晶体的存储性能

书中从理论和实验上对Zr:Mn:Fe:$LiNbO_3$晶体的全息存储性能做了一定的研究，在这一节中我们将全息存储性能较好的近化学计量比Zr:Mn:Fe:$LiNbO_3$晶体（Fe20）用于光折变体全息图像存储和相关识别。

采用角度复用的光折变体全息相关识别的实验系统如图6.8所示。实验中所用的光源为半导体激光器（波长532nm）。由准直扩束镜（BE）、针孔滤波器（SF）、傅里叶变换透镜（FTL）、空间光调制器（SLM）组成数据输入系统。在这个系统中，扩束后的激光准直照射到SLM上形成物光，记录晶体被放置在傅里叶变换透镜的后焦面附近，在此物光与参考光发生干涉产生全息光栅，通过光折变调制后记录到晶体中。在相关识别实验中，数据记录介质采用Fe20晶体。数据输出系统由成像透镜和获取再现图像的探测器阵列（面阵CCD）组成。当参考光束再现出存储的图像时，经过成像透镜（IL），在CCD成像面上成像，输入计算机进行数据处理。光束旋转系统是利用两个透镜（MF_1和MF_2）中的MF_1平面移动形成。在整个系统中，旋转系统只起到改变参考光方向而不改变参考光入射点的作用。调节两束光强的分束比由偏振分束器（PBS）和两个半波片（HWP）控制，旋转HPW_2可使信号光和参考光的偏振状态一致，旋转HPW_1调节两束光的分束比。系统中的M为反射镜，作用是改变光束传播方向。S-shutter和R-shutter分别是信号光和参考光的电子快门。

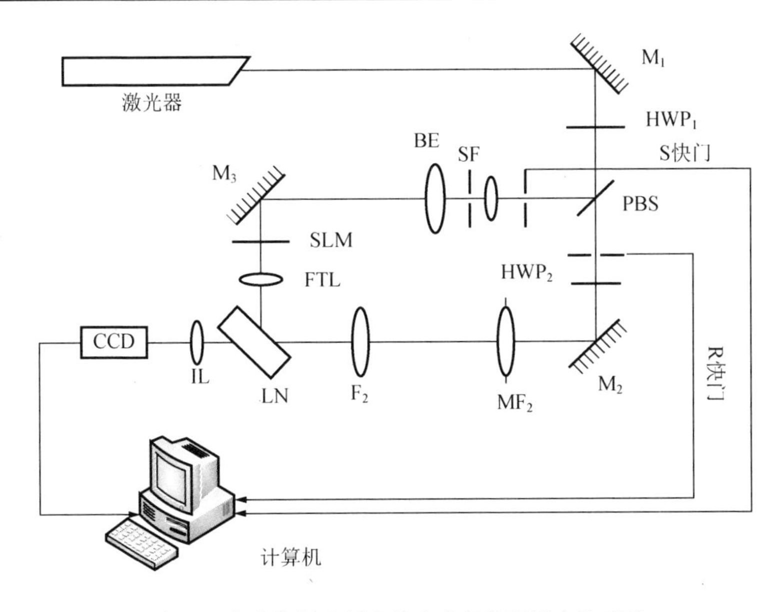

图 6.8　角度复用光折变体全息相关识别实验系统

实验中所采用的图像共 200 幅，将 200 张库图像通过二维角度复用存储到晶体中，然后输入一张白图，就得到了 200 个并行输出的相关点（10 行×20 列），如图 6.9 所示。将 200 幅库图像依次输入相关器进行相关读出，测试系统的正确命中率。

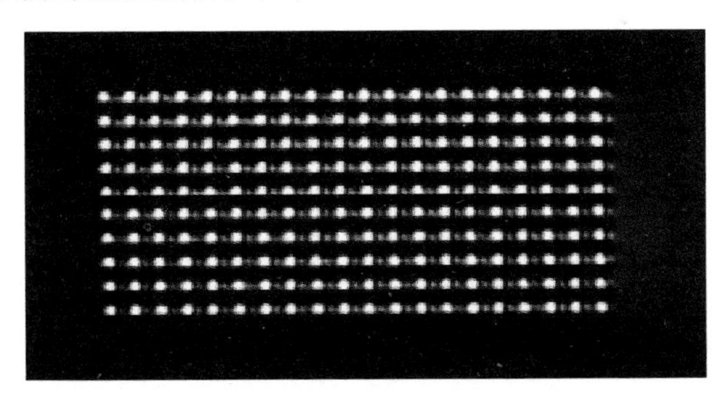

图 6.9　相关识别原始图像库

经测试，所有输入图像均被正确识别，正确命中率为 100%。如图 6.10 所示为输入图像依次是第 25、30、64、107、143 和 152 幅库图像的相关识别结果。

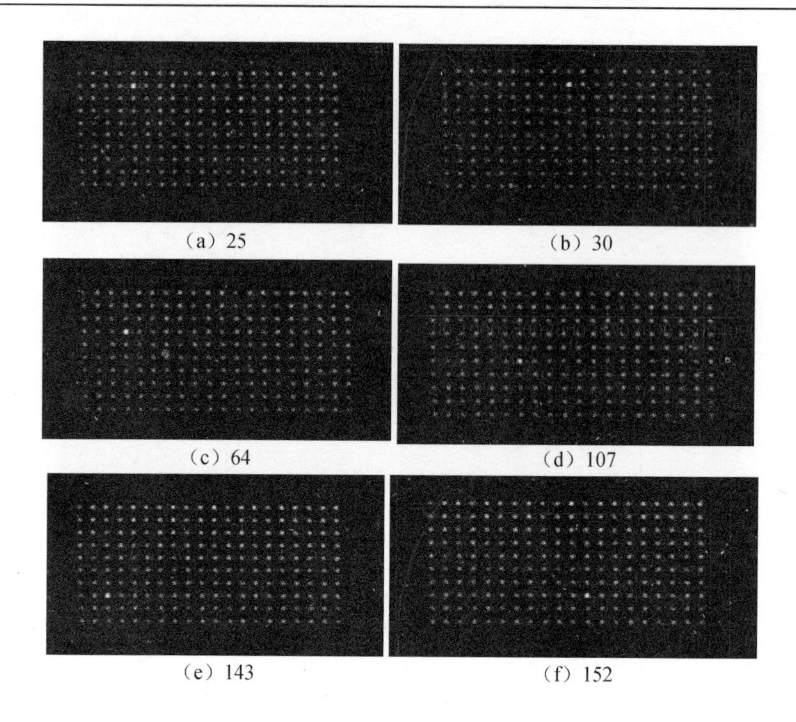

图 6.10　相关识别输出图像

全息图像的存储如下。

以 Fe20 晶体作为存储介质进行了单幅图像存储与输出，存储实验光路如图 6.11 所示。实验中采用 3 个图像分别作为存储图像，结果如图 6.12 所示。

为了与 Zr:Mn:Fe:$LiNbO_3$ 晶体的存储结果做对比，还利用 Mn:Fe:$LiNbO_3$ 晶体作为存储介质进行了同样的图像存储实验，结果如图 6.13 所示。

对比实验结果可以看到，以 Zr:Mn:Fe:$LiNbO_3$ 晶体作为存储取得了更好的存储效果，总体上来看其存储速度较 Mn:Fe:$LiNbO_3$ 晶体更快，灵敏度较高且噪声较小；而 Mn:Fe:$LiNbO_3$ 晶体的存储速度较慢，灵敏度低，而且由于抗光损伤能力相对较弱而产生了一定的散射噪声。这表明 Zr 的掺杂可以提高存储速度，增强灵敏度并能有效抑制存储过程的散射噪声，使输出图像更为清晰。

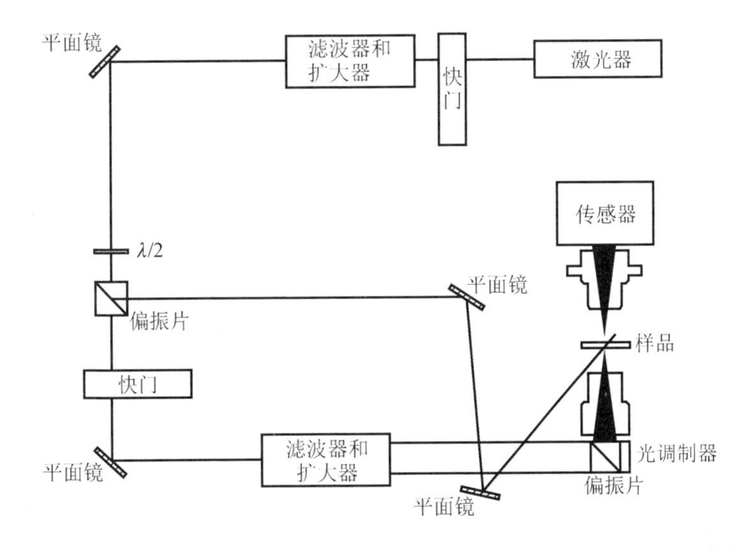

图 6.11　光折变体全息存储实验装置

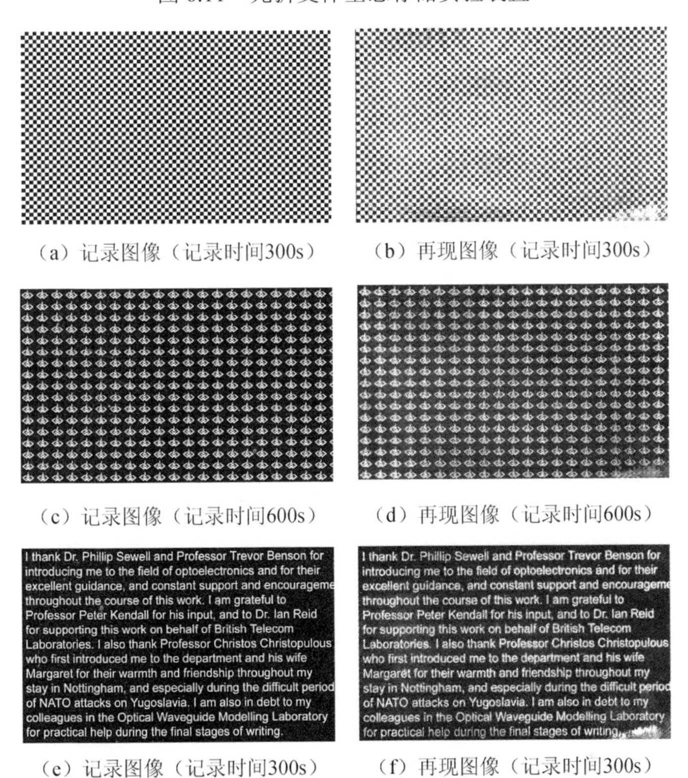

（a）记录图像（记录时间300s）　（b）再现图像（记录时间300s）

（c）记录图像（记录时间600s）　（d）再现图像（记录时间600s）

（e）记录图像（记录时间300s）　（f）再现图像（记录时间300s）

图 6.12　Fe20 晶体记录及再现图像

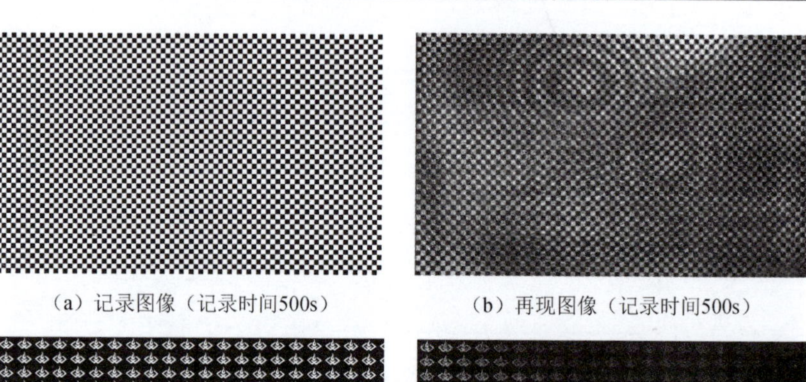

（a）记录图像（记录时间500s）　　（b）再现图像（记录时间500s）

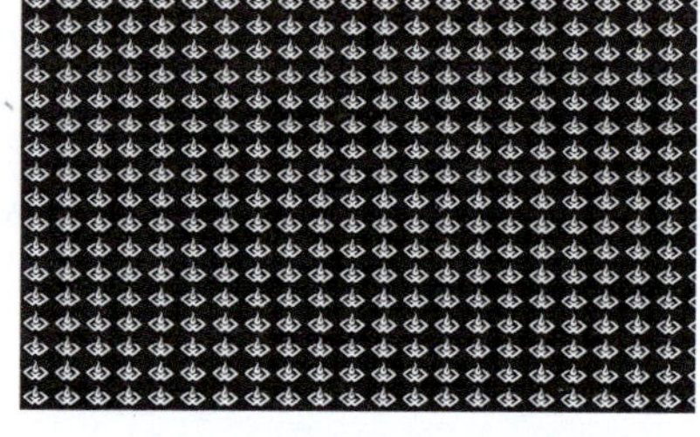

（c）记录图像（记录时间600s）

（d）再现图像（记录时间600s）

I thank Dr. Phillip Sewell and Professor Trevor Benson for
introducing me to the field of optoelectronics and for their
excellent guidance, and constant support and encourageme
throughout the course of this work. I am grateful to
Professor Peter Kendall for his input, and to Dr. Ian Reid
for supporting this work on behalf of British Telecom
Laboratories. I also thank Professor Christos Christopulous
who first introduced me to the department and his wife
Margaret for their warmth and friendship throughout my
stay in Nottingham, and especially during the difficult period
of NATO attacks on Yugoslavia. I am also in debt to my
colleagues in the Optical Waveguide Modelling Laboratory
for practical help during the final stages of writing.

（e）记录图像（记录时间1000s）

I thank Dr. Phillip Sewell and Professor Trevor Benson for
introducing me to the field of optoelectronics and for their
excellent guidance, and constant support and encourageme
throughout the course of this work. I am grateful to
Professor Peter Kendall for his input, and to Dr. Ian Reid
for supporting this work on behalf of British Telecom
Laboratories. I also thank Professor Christos Christopulous
who first introduced me to the department and his wife
Margaret for their warmth and friendship throughout my
stay in Nottingham, and especially during the difficult period
of NATO attacks on Yugoslavia. I am also in debt to my
colleagues in the Optical Waveguide Modelling Laboratory
for practical help during the final stages of writing

（f）再现图像（记录时间1000s）

图 6.13　Mn:FeLiNbO$_3$ 晶体记录及再现图像

参 考 文 献

[1] Burr G W. Storage of 10000 holograms in LiNbO$_3$:Fe. Conf. On Lasers and Electro-Optics (CLEO). Anaheim, CA, 1994.

[2] Paek E G. Volume holographic memory systems: techniques and architectures[J]. Optical Engineering, 1995, 34(8): 2193-2203.

[3] 王勇竞, 张延忻, 郭转运. 人工神经网络的光学实现[J]. 光子学报, 1997, 26(4): 289-296.